◎ 张群 卜范文 谭欢 主编

猕猴桃采收、贮藏保鲜与加工

U0348090

中国农业科学技术出版社

图书在版编目（CIP）数据

猕猴桃采收、贮藏保鲜与加工 / 张群，卜范文，谭欢主编. --北京：中国农业科学技术出版社，2023.9

ISBN 978-7-5116-6442-6

Ⅰ.①猕… Ⅱ.①张… ②卜… ③谭… Ⅲ.①猕猴桃－食品贮藏②猕猴桃－食品加工 Ⅳ.①S663.909

中国国家版本馆CIP数据核字（2023）第 179057 号

责任编辑	李　华
责任校对	李向荣
责任印制	姜义伟　王思文

出 版 者	中国农业科学技术出版社
	北京市中关村南大街 12 号　　邮编：100081
电　　话	（010）82109708（编辑室）　　（010）82109702（发行部）
	（010）82109709（读者服务部）
网　　址	https://castp.caas.cn
经 销 者	各地新华书店
印 刷 者	北京建宏印刷有限公司
开　　本	185 mm × 260 mm　　1/16
印　　张	14.25
字　　数	303 千字
版　　次	2023 年 9 月第 1 版　　2023 年 9 月第 1 次印刷
定　　价	85.00 元

编写单位

湖南省农业科学院农产品加工研究所

湖南省农业科学院园艺研究所

湖南省食品测试分析中心

张家界市永定区农业科学技术研究所

泸溪县农业农村局

衡阳市农业科学院

湖南省水果产业技术体系

猕猴桃栽培生产分布于世界五大洲23个国家和地区。据统计数据显示，近10年来，全球猕猴桃栽培面积和产量的增长率分别为71.25%和55.58%。我国是猕猴桃的原产地，是世界猕猴桃果品生产大国。近年来猕猴桃产业在我国发展迅速，据FAO（2022）数据，2021年我国猕猴桃收获面积占全球总收获面积的69%，2021年年产量占全球年产量的53%。

随着我国猕猴桃栽培面积和产量的不断增加，出口量也有所增加，不但能满足国内市场的需求，而且在国际市场上也有一定的竞争潜力。但我国猕猴桃产业在品种结构、标准化种植、贮藏保鲜、深加工和副产物综合利用等方面，与发达国家相比，还存在较大的差距。国外猕猴桃果品在贮藏保鲜物流环节的损耗率仅为1%~2%，而我国猕猴桃采后损耗率高达20%~30%；世界上猕猴桃产业发达国家如新西兰，猕猴桃果品采后商品化处理率达90%以上，我国却不足30%，有的产区仍以"统采统销"的模式进行鲜果销售。发达国家贮藏能力高达100%，而我国贮藏能力仅为总产量的50%，其中冷藏、气调贮藏只占贮藏能力的30%左右。我国猕猴桃深加工从无到有，开发的产品种类日益增多，但猕猴桃的深加工在总体上远远落后于猕猴桃生产的发展，加工比例不足产量的10%，无论在数量上还是质量上，均不能满足国内市场和对外出口的需求。国内猕猴桃深加工存在的问题主要表现在：加工能力低、加工工艺简单、机械化程度低、技术含量低、产品感官色泽不好、高档次产品少等。同时，猕猴桃皮渣中富含果胶、猕猴桃碱、膳食纤维等功效成分，籽粒中的脂肪含量最高可达35.62%，且富含多种不饱和脂肪酸、维生素以及矿物质，这些成分同样具有较高的利用价值，但这些副产物在我国有大部分却没有得到有效利用，不仅影响环境，而且浪费资源。

造成我国猕猴桃产业与发达国家有较大差距的主要原因是科技创新能力不强、产业化水平偏低。此种状况导致我国猕猴桃采后商品化处理技术缺乏，分级、挑选、预冷、贮藏保鲜及冷链运输欠缺，加工能力和技术不足，副产物综合利用能力差等问题，同时使得我国猕猴桃采后损耗大、上市集中、供应时间短、生产和加工水平偏低、加工产品少、档次低，有的产区仍以产地简易贮藏保鲜和初加工为主，仍以"统采统销"和"大路货"的鲜果销售模式，致使周期性出现卖难问题，"丰产不丰收"，在国际市场上缺乏竞争力。针对猕猴桃产业的发展，亟须大力发展以提高果品质量为中心的采后商品化处理和贮藏保鲜，加大猕猴桃的深加工和副产物的综合利用，力争使猕猴桃采后贮藏保鲜与深加工达到80%以上，缩短与猕猴桃产业发达国家的差距，有力推动猕猴桃产业的发展。

为满足我国猕猴桃生产的客观需求，笔者集多年来果品采收、贮藏保鲜与加工利用的研究成果和经验，从理论深度和实践广度编写此书，从猕猴桃采前的农业控制措施、采收、分级、包装、运输、贮藏保鲜原理、贮藏期病害及防治技术、贮藏中常见的问题和解决措施以及猕猴桃加工和副产物的综合利用等角度，对猕猴桃采收、贮藏与加工进行了比较系统、全面的介绍。

本书在编写过程中得到了湖南省农业科学院农产品加工研究所、湖南省农业科学院园艺研究所、衡阳市农业科学研究院、张家界市永定区农业科学技术研究所、泸西县农业农村局、湖南省水果产业技术体系等单位专家的大力支持和帮助，并参阅了国内外同行专家的研究成果，参考了有关论著中的资料，在此对各位同仁及作者表示最诚挚的谢意！

本书从整体构思到编写，以及章节划分无不倾注了编写人员的心血，但限于编写理论水平和实践经验，且由于果品贮藏与加工的新技术、新方法发展迅速，书中不足之处敬请读者指正。

湖南省农业科学院农产品加工研究所

2023年4月

目 录

第一章 概 述

　　猕猴桃是一种常见的水果，有藤梨、狐狸桃、毛木果、羊桃、奇异果等别称，因猕猴喜食故被称为猕猴桃。猕猴桃不仅含有独特的猕猴桃碱、单宁、果胶、蛋白水解酶等有机物及钙、锌、钾等微量元素，还含有维生素C、柠檬酸、葡萄糖等，因此营养价值高，风味鲜美，受到人们的普遍喜爱。

一、我国猕猴桃产量稳居世界第一

　　我国幅员辽阔，是世界猕猴桃果品生产大国，猕猴桃果品种类繁多，风味优良，营养价值高。我国猕猴桃不但能满足国内市场的需求，而且在国际市场上也具有一定的竞争潜力，已经跻身于世界主流消费水果之列。我国是猕猴桃的原产地，20世纪早期被引入新西兰。目前，猕猴桃栽培生产分布于世界五大洲23个国家和地区，据FAO（2022）数据，2021年我国猕猴桃收获面积占全球总收获面积的69%，年产量占全球年产量的53%。

二、猕猴桃的贮藏保鲜及深加工技术有待普及和提高

　　我国猕猴桃由于采后贮藏保鲜产业链的不完整，远远不能满足国际高端市场的要求，猕猴桃产业由数量规模向质量效益转变难以实现，因此我国猕猴桃的贮藏保鲜能力的落后，已经成为制约产业发展的瓶颈，特别是采收、贮藏保鲜、运输设备等不完善，使得猕猴桃果品不能实现优质、优贮和优运。在国际市场，我国优质猕猴桃产品没有实现优价，果农的效益没有得到完全的实现。随着人们生活水平的提高，消费者对果品的消费已从"数量型"转向"质量型"，不仅要求品种多，还要求产品感官、风味、品质都达到优级，所以需要大力开展以提高果品质量为中心的采后商品化处理，通过分级、挑选、预冷、包装和贮藏及冷链运输，提高猕猴桃果品的精品率，实现优果优价，实现果品的经济价值，提高果农的经济效益。

　　猕猴桃果品的商品化处理是提高其商品质量、满足市场需求、提高猕猴桃果品附

加值的重要途径。近年来，在猕猴桃主产区，果农卖果难、增产不增收的现象时有发生。这不仅与市场有关，更重要的是与果品的商品质量有关。消费者对果品质量的要求越来越高，特别是我国加入WTO后，我国农产品的质量是参与国际水果市场竞争的先决条件。因此，对果品进行科学的商品化处理，特别是规范化的采收、贮藏保鲜，冷链运输，提升包装果品的精品率和优果率，创建猕猴桃果品品牌是满足消费者需求、提高果品竞争力、增加果品经济价值、壮大猕猴桃产业的重要措施。通过贮藏保鲜延长猕猴桃果品贮藏期和货架寿命，实现优质优价，获得最大的经济效益。世界上猕猴桃产业发达国家如新西兰，猕猴桃果品采后商品化处理率达90%以上，我国却不足30%。这与猕猴桃采后处理和贮藏保鲜环节滞后有直接关系。据国家农产品保鲜工程技术研究中心（天津）研究发现，国外猕猴桃果品在贮藏保鲜物流环节的损耗率仅为1%~2%，而我国猕猴桃采后损耗率高达20%~30%；我国猕猴桃贮藏能力为总产量的50%，有的产区仍以"统采统销"的模式进行鲜果销售，其中冷藏、气调贮藏只占贮藏能力的30%左右。猕猴桃产业持续发展，需要针对猕猴桃产业发展，大力发展猕猴桃果品采后处理、贮藏和加工，力争猕猴桃果品采后贮藏保鲜与加工达到80%以上，从而延长产业链，促进产业的健康有序发展。

猕猴桃的贮藏保鲜是一个系统过程，贮藏效果的好坏与采后的操作有关，也与采前一系列因素有关。要做好鲜果贮藏保鲜，必须从品种选择开始，扎实做好栽培管理、采收、入库等每一步工作。另外，还应积极推广适合我国国情的贮藏保鲜技术，提高猕猴桃的贮藏技术水平。

三、国内外猕猴桃贮藏保鲜技术的现状和发展趋势

适宜的温度、湿度和气体组合是猕猴桃果品贮藏保鲜的三大要素，其中温度的影响效果是最为明显、性价比最高的第一类要素，也是通常猕猴桃果品贮藏保鲜的最基础控制条件。因此，能够实现温度控制的冷库是猕猴桃贮藏的基础设施。

近几年，我国猕猴桃果品贮藏企业和猕猴桃果品种植业相互促进，迅速发展。在贮藏保鲜方面，随着研究的不断深入，贮藏保鲜技术正在向以控温为主，气调、保鲜剂、保鲜包装等做辅助手段的综合贮藏保鲜技术发展。然而，我国的猕猴桃贮藏保鲜行业与先进国家相比，在技术、设施等方面还有明显差距。

（一）国外猕猴桃果品冷库与保鲜技术的现状

1. 发达国家猕猴桃果品冷库总体容量大，趋于大型化

发达国家注重冷库、气调库的发展，冷库贮藏能力总体容量大，拥有大型分级包装线。设备利用率高，生产成本低，便于统一管理，容易实现标准化、机械化、自动

化；产品质量控制严格，质量有保障；对市场的影响大，市场竞争力强。

2. 自动化程度高，现代化技术设施应用广泛

现代化的气调贮藏、冷藏物流应用比例高，制冷环节的温湿度、气体指标控制实现自动化，分级、包装、装卸各环节几乎全部采用机械化、自动化，高效节能型的螺杆制冷机、蒸发式冷凝器较为普遍地应用。预冷设备，清洗、分级、挑选、涂蜡、包装等商品化处理设备，冷库货架、铲车等装卸设备，贮藏环境监控设备，质量检测设备，冷链物流设备等配套完善。

3. 工艺、措施精细科学化

制冷系统采用小温差传热，减少猕猴桃贮藏过程中的水分损失，确保贮藏产品品质，并提高制冷效率。日本在采摘中推广无伤采摘、瓦楞纸箱包装等技术，并加强农村道路建设，以减少猕猴桃流通机械伤造成的腐烂严重问题。采后运输前预冷与低温运输结合有效增强流通保鲜效果。采用货架整架装卸和搬运，实现了快速平稳装卸。采用可移动式小冷库直接在产地田间地头入库，实现了贮藏和运输一体化，贮藏果出售和销售时可连冷库一起装车运输，减少了很多中间环节，确保了贮运物流质量。

4. 注重品牌化、专业化

国外注重品牌的培养和保护，除过硬的产品质量、严格的商品化处理外，包装设计新颖、美观、实用、注重品牌宣传。

（二）国外保鲜技术种类及应用

1. 冷藏

冷藏是应用最广泛的猕猴桃贮藏方法，目前世界范围内机械冷藏库主要向操作机械化、规范化，控制精细化、自动化方向发展。

2. 气调贮藏

气调贮藏（Controlled atmosphere，CA），其原理是使猕猴桃在低氧和高二氧化碳的环境中进行密闭冷藏，降低猕猴桃果实采后的呼吸强度，延缓后熟。此法使得猕猴桃贮藏效果好，前景广阔。

3. 减压贮藏

减压贮藏是一种特殊的气调贮藏方法，是将常压贮藏替换为真空环境下的气体置换贮藏方式。在低压条件下，抑制猕猴桃的呼吸作用，抑制乙烯的生物合成，延缓猕猴桃后熟和衰老，并能防止和减少贮藏期生理病害，保持猕猴桃鲜果品质。

4. 保鲜剂应用

保鲜剂主要有防腐保鲜剂、植物生长调节保鲜剂、涂膜保鲜剂、生物保鲜剂和乙烯阻断剂（1-MCP）。

四、我国猕猴桃果品贮藏保鲜的现状及存在问题

（一）猕猴桃冷库建设逐步由大城市转向主产区

冷藏是我国猕猴桃长期贮藏的主要方式。随着猕猴桃种植业和猕猴桃贮藏行业的发展，全国各地均有猕猴桃冷库，贮藏量不断增加。贮藏保鲜技术研究更加深入，猕猴桃贮藏设施的建设逐步由大城市转向主产区，计划经济变成了市场经济。

（二）猕猴桃冷库的设施建设进一步发展

我国猕猴桃贮藏设施虽有较大发展，但各地贮藏设备设施差距较大。在制冷、气调设备选型应用方面，节能型的螺杆制冷机、蒸发式冷凝器等开始应用；气调库建设中空气纤维分离膜、碳分子筛等先进设备、可靠的国外检测控制设备已被采用。

（三）配套的商品化处理设备逐步建立

采后商品化处理包括采收、分级、包装等措施。但总体来看，我国采后商品化处理设备较简单、规模较小，与国外相比有一定的差距。

（四）制冷及贮藏工艺有待改进

1. 对采后及时快速降温的重要性认识不足

冷库设计多数无预冷间，仍采用直接进库贮藏的工艺方式。入库质量和管理不严，入库量过大，部分贮藏户为了抢购低价猕猴桃或优质货源，1d之内入库量达总容积的50%；或者是入库速度过快，在2~3d基本将库填满，果品自带的田间热不能及时消除，促使库温升高，达不到低温贮藏的效果；同时由于温差大，造成产品损耗大。

2. 贮藏过程中消毒不彻底

虽然在果实入库前进行了库房和包装材料的消毒工作，但是忽视了果实入库后的消毒工作，达不到预期的效果。贮藏过程中需要间歇式进行臭氧熏蒸杀菌消毒处理，确保果实贮藏效果。

3. 果箱摆放不合理

为了贪图多贮，果箱堆放过于密集，通风不畅，形成死角，致使库温不均匀，局部地方果实严重腐烂。

4. 库温控制不严

由于贮藏库自身保温调控性能差、温度探头精密度不高、管理人员疏忽等原因，造成温度不稳定，加上库内湿度高，激发微生物侵染和繁殖，造成腐烂。

5. 分级方式有待改进

一般贮藏前后都应进行分级。现有的是直接带贮藏用原箱运往销售地销售的方式，质量无保障。

（五）不能适时采收、及时入库，滥用不良保鲜剂

采收期选择不当。部分生产者为了抢市场、卖高价，不等果实达到可采成熟度就提前采收，果实不能食用、不耐贮藏；也有些农民错过了最佳采收期，这样的果实很容易软化，也易使贮藏库内其他较硬的果实软化、腐烂。特别是对于相对较耐贮藏的品种，若采收、收购时间拉得太长，前期的成熟度不够，影响口感和商品质量，易产生贮藏生理病害；过度晚采的果实，不耐贮藏，货架期短；采后不及时预冷入库的现象在各地普遍存在，造成腐烂率居高不下；冷库使用保鲜剂不规范，浓度过高，造成猕猴桃不能正常软熟，不能食用。

（六）质量安全意识有待提高和加强

种植过程中农药的违规使用、采后滥用化学保鲜剂和杀菌剂，导致果肉中农药残留和化学保鲜剂及杀菌剂超标，对质量安全造成大的隐患。

（七）物流形式落后

物流形式落后，冷链流通意识缺乏、设施严重不足。在运输过程中果实受到划伤、挤压、碰撞和震动，使表皮出现机械伤或不可见的内伤。贮藏期间，这些受伤部位易软化、果肉腐烂、变质。

（八）产品国内外市场竞争力差

对商品化处理的增值认识不足，国际市场价格低，出口高端市场数量少；国内市场质量混杂，高质量不一定有好价格，挫伤了果农对先进技术应用的积极性。

（九）技术力量薄弱

操作人员未经专业培训无证上岗，缺乏真正既有理论基础又有实际操作经验的管理人员，因此在管理操作中生搬硬套、照本宣科、盲目模仿别人，不规范操作的做法普遍存在，甚至违章操作时有发生。因此造成能耗增加，产品贮藏质量无保障。

（十）缺乏行业自律和约束，无序竞争

在贮藏经营过程中缺少必要的行业指导和协调。在猕猴桃收购入库环节中的盲目

冲动与市场销售中相互挤压，成为猕猴桃贮藏经营过程中的两大弊端。

五、我国猕猴桃加工现状与存在的问题

我国猕猴桃的加工在总体上远远落后于猕猴桃生产的发展，加工比例不足产量的10%，无论是在数量上还是在质量上，均不能满足国内市场和对外出口的需求。猕猴桃加工存在不少问题。

（一）加工能力低，加工量太少

猕猴桃加工和生产发展不同步，比例失衡。猕猴桃产量居世界第一，但加工能力很小。猕猴桃果实的深加工能力欠缺，对猕猴桃生产的健康发展有一定的影响。

（二）加工工艺落后，机械化程度低

果脯蜜饯是我国的传统产品，但大部分仍然是作坊式手工操作生产，多为高糖产品，包装较差，工艺传统，无法实现现代化管理，仍处于同时代发展不协调的落后状态，有待改进和提高。

（三）产品标准不够健全，产品质量有待提高

猕猴桃加工制品存在档次较低、质量不稳定的现象。猕猴桃果脯蜜饯仍有添加剂超标、霉菌超标的问题。因此，需要健全产品加工质量标准体系，实现全程标准化、规范化管理。

（四）综合利用差，环境污染严重

如制备果脯蜜饯过程中的去皮处理，仍用强碱处理，严重污染环境，且工业烧碱存在重金属污染的风险。榨汁后的皮渣没有充分利用，大部分当作垃圾倒掉，严重影响周围环境。

猕猴桃产业的持续发展，需大力发展猕猴桃果品采后处理、贮藏保鲜和加工，延长产业链，促进产业的健康有序发展。

第二章　猕猴桃采收与果品商品化处理

第一节　影响猕猴桃贮藏的采前农业措施

猕猴桃果实皮薄多汁，易失水皱缩，对乙烯极为敏感，采后易软化腐烂，不耐贮藏。果农称其为"七天软，十天烂，半月之后坏一半"的鬼桃，极大地影响了猕猴桃产业的发展。因此，如何提高猕猴桃果实耐贮性，提高鲜果的贮藏技术已成为我国猕猴桃生产中迫切需要解决的问题。要提高果实的耐贮性，必须先了解影响果实耐贮性的因素。

一、栽培条件对猕猴桃果实贮藏性的影响

（一）温度

自然环境条件下，温度对果实的生长影响最显著。在适宜的温度范围内，温度越高，细胞拉伸的长度越大，果实组织发育越快，但细胞分裂速度会减慢，可溶性固形物积累就减少，导致果实风味淡，耐贮性降低。昼夜温差大，细胞拉长和细胞分裂同时进行，不但果实发育快，而且可溶性固形物积累多，果实风味浓，耐贮藏。在果实成熟前若遇到早霜危害，则会造成果实不能正常成熟，品质低劣，香味淡，不耐贮藏。一般晚熟品种比早熟品种耐贮，一方面因晚熟品种采收时气温较低，果实所带的田间热量相对少，能够快速降至贮藏温度，有利于果实的贮藏；另一方面晚熟品种生育期长，果实结构更紧实，内容物丰富，更耐贮，在低温贮藏时，也比早熟品种相对耐低温。

（二）光照

光照是作物进行光合作用的基本条件。光照强度直接影响植株的光合作用及形态

结构，影响果实的品质和耐贮性。如果在生长季节连续阴天，光照不足，会使叶片长得大而薄，影响果实中光合产物的形成和积累，可溶性固形物含量低，贮藏过程中容易失水萎蔫、衰老，或者感染病原微生物而腐烂。相反，连续高温、高湿的天气会促使果实产生日灼，失去贮藏的意义。

光照（红光、紫外光、蓝光和白光）对果实的生长发育及品质有一定影响。许多水溶性色素的形成都要求强红光，花青素、维生素C的合成更离不开紫外光。红心果肉的猕猴桃含大量的花青素，而花青素的合成主要受紫外光的影响。晴朗的天气和夜间低温，紫外光对果实的照射多，能促进花青素的形成。

在不同部位生长的果实，受光照条件的影响，其品质、色泽和耐贮性都有不同。树冠周围和顶部生长的猕猴桃果实品质和耐贮性都优于树冠中下部生长的果实。

（三）降水量

降水量多、阴天时间长，会增加土壤和空气的相对湿度，但光照时间减少，植物光合作用和果实的组织结构受到影响，导致果实品质差，不耐贮藏。试验结果证明，采前灌水或采收时果园土壤很潮湿，采收后果实不耐贮藏，果实软腐病较多。采前天气晴朗，所采的果实比阴天多雨或采前灌水的果实耐贮藏，减少腐烂。降水量的多少在一定程度上影响果实的裂果情况。在生长季节，连续干旱之后突降大雨或大量灌水，会加重裂果。裂果现象是由于在大雨后，果肉细胞迅速膨大，果实内部向皮层产生很大的压力，加上外部高温使果皮膨胀松弛，张力下降，造成开裂。

（四）土壤

猕猴桃适宜在质地疏松、通气良好、有机质含量丰富的沙质土壤上生长。它要求土壤具有良好的团粒结构，肥力好、保水排水性好。土壤黏重不适合猕猴桃的生长，因为黏土团粒结构差，通气透水性差，不利于根系发育，易积水，有机质含量少。土壤pH值的高低则与土壤中矿物质营养的利用有直接关系。在果园管理中需要通过加石灰或灌水来调节土壤中钙盐含量及pH值，使其适合树体生长。此外，土壤的理化性状、肥力、水分、温度等也都在一定程度上影响果实的品质。

（五）地理条件

果树生长地区的纬度、海拔高度等与温度、光照强度、降水量和空气湿度都是相互关联的。因此，不同种类、不同品种的果树在不同纬度和海拔高度生长，其品质差异很大，耐贮性也不一样。同一品种生长在纬度高的地区比生长在纬度低的地区果实耐贮性好。高海拔地区的猕猴桃果实耐贮性显著优于低海拔地区的。有研究者对不同海拔地区的果皮结构、组织结构进行比较，发现高海拔地区果实的果皮木栓比低海拔地区的厚，在贮藏中高海拔地区的果实呼吸高峰时间比低海拔地区的晚。

二、管理条件对猕猴桃果实贮藏性的影响

（一）施肥

适量增施磷肥和有机肥，有利于提高果实的品质和耐贮性。土壤中缺磷，果实着色不佳，干物质含量少，在贮藏过程中易产生生理性病害。缺乏某种微量元素如硼、锌、钼、锰等，也会影响植株生长发育、果实品质和贮藏性能。如果氮肥施用量过多，也会使果实细胞增大，风味变淡，干物质含量降低，品质变差，耐贮性降低。张群等（2022）研究不同施肥处理对东红猕猴桃采后软化的影响，合理施肥处理延缓了果实硬度的下降，延缓了淀粉、原果胶、纤维素质量分数的下降，延缓了可溶性果胶含量的提高；延缓了多聚半乳糖醛酸酶（PG）、果胶甲酯酶（PME）、纤维素酶（Cx）、β-半乳糖苷酶（β-Gal）及淀粉酶活性的升高，推迟酶活峰值的出现；在猕猴桃生产中采用复合化肥+有机肥+生物菌肥相结合的施肥方式可显著延缓贮藏期间果实的软化，延长果实的贮藏性。别智鑫等（2006）研究发现猕猴桃生产中采用氮肥+磷肥+农家肥相结合的施肥方式可显著延长猕猴桃果实贮藏期（后熟期），并可显著提高猕猴桃果实的食用和营养品质。

（二）灌水

只有水分充足，才能保证果实的正常生长发育，但含水量太高不利于果实贮藏。在采收前一周停止灌水，促进果实中干物质的积累，提高果实的耐贮性。如果控水时间过早，则会影响果实的生长，使果肉水分含量少，产量低，品质差，不耐贮藏。

（三）修剪、疏花和疏果

修剪可以调节果树各部分的生长平衡，使果实获得足够的营养，增加果实中的内容物，提高耐贮性。疏花和疏果的目的是保证叶、果比例适当，增加果实大小，使品质达到统一的标准，在同一贮藏条件下提高果实的耐贮性。

（四）喷药

在生产中，有的果农片面追求产量和经济利润，在盛花期过量使用植物激素，使果实的细胞拉长，以增大果实体积。如秦美用大果灵浸果可使果实产量增加1倍以上，但随之而来的问题是果实品质下降，失去原有风味或口味变淡，果实的耐贮性降低，贮藏期缩短，在贮藏期间果实软腐病和腐烂率增加，并且影响猕猴桃的正常后熟。

李圆圆等（2018）采前用氯吡脲（CPPU）处理加速了秦美猕猴桃贮藏期间果实硬度、原果胶和纤维素含量的下降，提高了可溶性果胶含量及多聚半乳糖醛酸酶（Polygalacturonase，PG）、果胶甲酯酶（Pectin methylesterase，PME）、纤维素酶（Cellulase，Cx）和β-半乳糖苷酶（β-D-galaetosidase，β-Gal）细胞壁降解活力，加速了贮藏期间果实的软化，降低了果实的耐贮藏性。为了维持秦美猕猴桃采后果实硬度，延长贮藏期，生产中不宜使用CPPU处理或使用的质量浓度不宜超过5mg/L。

（五）套袋

套袋作为一项提高果品品质的重要技术措施，越来越受到人们的重视。套袋可以减轻裂果和机械损伤，提高果实品质，避免阳光直接照射果实表面造成灼伤和果面颜色不均匀，使果实外观色泽新鲜；并且套袋可以减少喷药次数，减少农药使用量，降低果实农药残留量。

钟彩虹等（2002）研究发现套袋对猕猴桃果实品质有很大影响。套袋能显著降低猕猴桃采前落果率，套袋使果面光洁，无锈斑，色泽浅黄，外观品质好；另外套袋对果实成熟有一定的影响。在长沙，未套袋的丰悦猕猴桃果实贮藏性能优于套袋的果实；而在海拔较高的桂阳基地，套袋的果实贮藏性能较好。杨贵琴等（2019）研究套袋可改善贵长猕猴桃果实外观品质，适时套袋可改善猕猴桃果实品质，提高贮藏性，其中6月下旬套袋可提高猕猴桃部分贮藏指标。王斯妤等（2020）建议金艳猕猴桃的实际生产中用红色单层袋，红阳猕猴桃用深黄色单层袋，可增加贮藏性。马超等（2019）研究发现红阳猕猴桃双层套袋处理能促进果实早熟，果实感官品质较高，但耐贮性差；白色单层木浆纸处理的果实品质综合表现较好；黄色单层疏水纸袋处理的果实感官品质较差，但耐贮性较好。曾祥碧等（2016）研究发现贵长猕猴桃采用外黄内黑和棕黄色颜色套袋效果较好，推迟可溶性糖峰值的到达时间，明显改善猕猴桃的外观品质和耐贮性。

三、猕猴桃果实自身条件对贮藏的影响

（一）品种（品系）

猕猴桃品种不同，其耐贮性有差异。总体而言，美味猕猴桃的耐贮性比中华猕猴桃强，软枣猕猴桃最差。同一品种不同品系的耐贮性差异较大。一般来说，早熟品种的耐贮性较差，而成熟期较晚的海沃德、秦美等品种的贮藏性则较好。海沃德品种比秦美耐贮藏，在（0±0.5）℃的低温冷库中可贮藏6~8个月，秦美在同样的条件下可贮藏3~5个月，而中华猕猴桃只能贮藏1.5~3个月，常温条件下仅能贮藏1~2周。软

枣猕猴桃中的魁绿品种在0~2℃的条件下可贮藏25d，丰绿品种则可贮藏32d。张群等（2022）对湖南主栽的5个猕猴桃品种（红阳、东红、金艳、翠玉、米良1号）采摘后常温贮藏，5个品种的耐贮性依次为红阳<米良1号<翠玉<东红<金艳，红阳、翠玉和米良1号猕猴桃不适宜长期贮藏，金艳和东红耐贮性强。王强等（2010）研究发现在冷库温度（0±1）℃、相对湿度78%~85%贮藏条件下，海沃德猕猴桃耐贮性优于皖翠，81-5猕猴桃不适宜长期贮藏。梁根桃等（1990）研究发现临83-1后熟快，不耐贮藏；海沃德和阿里森后熟缓慢，耐贮性较好。

张浩等（2014）以猕猴桃果实为材料，在（0±0.5）℃、（1±0.5）℃、（2±0.5）℃的冷库中贮藏，华优、徐香、秦美、亚特、金香和海沃德6个品种猕猴桃果实均发生冷害现象，冷害出现时间早晚依次为华优、徐香、秦美、亚特、金香和海沃德，贮藏相同时间，华优的冷害率最大，冷害严重，不耐贮藏；徐香、秦美、亚特、金香、海沃德果实耐冷性依次增强，贮藏相同时间，冷害依次减轻。不同低温条件下，6个品种猕猴桃果实冷藏适宜温度不同。金香和华优猕猴桃果实的冷藏适宜温度为1℃，徐香、秦美、亚特和海沃德猕猴桃果实的冷藏适宜温度为0℃。王玉萍等（2013）研究表明红阳和华优对低温的耐冷性弱于徐香。红肉品种红阳、黄肉品种华优和绿肉品种徐香3种不同果肉类型猕猴桃果实均表现为采收越早，冷害发生越严重，采收成熟度越低冷敏性越高，冷害发生越严重。0.5μL/L的1-MCP处理可以延缓和减轻美味猕猴桃徐香冷害的发生，但却加重中华猕猴桃红阳冷害的发生，而对中华猕猴桃华优冷害的影响不显著。

（二）砧木

砧木的质量直接影响嫁接后的果树对环境的适应性、开花量、结果早晚、抗病性、果实产量、品质和风味。试验证明，秦美猕猴桃嫁接到海沃德的砧木上，其长势、产量、果实品质和贮藏性能均有所提高；若嫁接到中华猕猴桃的砧木上，其果实产量和贮藏性能大大降低。

（三）树势

果实的产量和品质不仅与肥水、叶梢比有关，还与树势有很大关系。试验证明，树势弱的果树，抗病性差，果实产量低，贮藏性差。

（四）果实大小

果实的大小与耐贮性也有一定的关系。一般来说，果实小、比表面积较大，因而水分蒸腾作用较强、失重快、硬度快速降低。据研究，中等大小的果实要比大果实耐贮藏。用亚特品种做试验，结果表明，平均单果重35.3～39.4g的果实失重率明显高于46.5～65.5g的大果实。

（五）结果部位

在同一果树上，果实的着生位置不同，其果实大小、颜色、品质和耐贮性也存在差异。向阳部位的果实着色深，干物质含量高，耐贮藏；背阴处的果实耐贮性较差。被树叶遮盖的果实与直接受阳光照射的果实比较，干物质、总酸、还原糖和总糖含量较低，而总氮量则比较高。在通风贮藏库中贮藏时，背阴处的果实腐烂率较高。

（六）挂树预贮

挂树预贮降低了猕猴桃采收时的硬度和淀粉质量分数，呼吸峰和乙烯峰出现时间提前，但降低了峰值。屈魏等（2020）研究发现，挂树预贮可提高果实采收时的可溶性固形物质量分数，显著降低冷藏过程中的可滴定酸质量分数和出库时的质量损失率（$P<0.05$），不同程度地缩短货架期，且挂树时间越长，该作用越明显。与其他处理组相比，处理1组（挂树预贮1周）猕猴桃冷藏过程中亮度、出库时维生素C含量、可食状态下感官得分最高，与对照组均无显著差异，货架期最长，出库时的冷害率最低，冷藏中后期过氧化氢酶、超氧化物歧化酶活力最高。故挂树预贮1周可有效保持果实耐贮性和品质，降低冷敏性，有利于缓解其采收期和上市集中的压力。

第二节　猕猴桃果实成熟度判断方法

猕猴桃果实成熟过程中，无外观颜色的明显转变，一般不容易从颜色判断是否成熟，确定适期采收比较困难。时间、硬度、可溶性固形物含量和干物质含量等与成熟度均有不同程度的关系。同一品种达到成熟的日期、成熟时的硬度在不同年份表现不一致，无法作为确定采收适期的指标。采收时的可溶性固形物含量与果实软熟后的风味关系密切。由于猕猴桃果实本身外观不发生明显颜色变化，不产生香气，采摘时也不能食用，所以仅依靠感官难以准确判定采收期。猕猴桃品种（品系）甚多，成熟期各有不同，就是同一地区相同品种，不同年份，成熟期也有5～10d的相差。但品种不同，采收时可溶性固形物的最低要求也不同。现在国际上通用的采收指标是可溶性固形物含量、干物质含量和硬度。

一、适时采收是保证果实质量的前提

刘旭峰等（2002）认为陕西G-3成熟最早，从9月上旬开始适宜采收，金魁、亚特品种从10月中旬起采收为好，秦美、海沃德、徐香、金香猕猴桃品种采收最佳时期是10月上旬至中旬，秦美品种可溶性固形物达到6.5%～7%采收最好。刘旭峰等（2002）研究还发现陕西主栽品种秦美的果肉可溶性固形物含量均在10月上旬达到6.5%以上，适合于采收。但在陕西发现8月就有猕猴桃上市，采收过早，甚至把晚熟品种当作早熟品种早采上市，这对猕猴桃产业的健康发展危害很大。同一地区、同一品种达到成熟的时期在不同年份之间存在差异，在新西兰，海沃德品种的成熟时期差异可达20d。在日本猕猴桃采收时其可溶性固形物含量最低要达到6.5%，新西兰是6.2%，其他栽培国家如中国、美国均为6.5%。国内目前对中华猕猴桃和美味猕猴桃各品种统一按可溶性固形物含量6.5%为最低采收指标，有一定的笼统性。但有些地方认为指标偏低，应定在7%～9%范围内，软枣猕猴桃应达9%～11%时才能采收。总的来说，适时采收是以保证果实质量为前提，结合当地具体情况与多年观察综合考虑确定采摘适期，不能盲从。

只有适时采收才能保证果实软熟后具备品种应有的品质和风味。较合理的做法是根据其某些理化指标确定采收期，如糖酸比、可溶性固形物含量和硬度等。

二、不同采收期对果肉颜色的影响

金方伦（2000）研究不同采收期对果肉颜色变化存在明显差异，从黔北山区猕猴桃平均果肉颜色变化看，9月3日果肉颜色开始变化，到9月13日至10月3日变化较大，其中贵长、海沃德两个品种，颜色基本不变，肉眼不能区分明显的变化，华光、79-2、秦美3个品种变化较大。从果肉颜色变化情况说明华光、79-2两个品种的采收期从9月13日开始较好，贵长、秦美、海沃德3个品种的采收期以9月23日开始较好。

三、采收期的确定

猕猴桃果实采收成熟度是否适宜对后期贮藏管理影响很大。采收过早，果实内营养物质积累少，呼吸旺盛，果实品质劣变快，耐贮性差；采收过晚，果实硬度下降，乙烯释放提前，衰老快，易腐烂变质，还可能遭遇低温、霜冻等危害。猕猴桃果实成熟在外观上没有特别明显的标志，但果实成熟时，其内部最明显的变化是淀粉含量降低，可溶性固形物上升，硬度发生变化。适时采收是提高猕猴桃果实质量的重要环节，猕猴桃果实的采收期主要取决于果实的成熟度，猕猴桃采收期，可根据其果实可溶性固形物含量、果实硬度及干物质含量等来确定。

因此，确定采收期常有以下3个依据：①测定果实可溶性固形物含量，平均含量达到6.5%以上时即可采收；②测定果实硬度（去皮），平均硬度达到10～13kg/cm^{2}即可采收；③测定果实干物质的含量，平均干物质达到15%以上方可保证果实品质，可以采收。

（一）果实生长期

不同品种或同一品种在不同地方种植，其成熟度和采收时间不一致。因此，不能简单地把某一时期确定为采收期。但栽培在同一地区的同一品种，从果实生长到成熟的整个发育过程中经历的时间大致相同。由于每年气候有差别，生长期应以年平均数作参考；遇到高温干旱或低温多雨年份，采收期可适当提前或推后几天。

王勤等（2021）研究表明，苍溪地区海拔高度在600m以下的园区在8月25日前后、600～800m的园区在8月26日至9月1日、800m及以上的园区在9月25日至10月10日为苍溪红心猕猴桃最适采收期。金方伦等（2000）研究在黔北地区自然条件下，79-2、华光等品种的采收期以9月中旬开始为好，而贵长、海沃德和集美等品种的果实采收期以9月下旬开始为宜。

不同产地对猕猴桃采收期有一定影响，刘旭峰等（2002）试验发现，秦美、海沃德品种在周至司竹的适宜采收期比在楼观早5d左右，而在杨凌的适宜采收期基本与司竹相同。可能与司竹为沙土地，杨凌地处渭河北岸，风较多，气温下降较快，而楼观靠近秦岭北坡，比较避风，相对温暖有关。由于不同年份之间气候的差异，同一品种的适宜采收期有所差异。

（二）果实的硬度

未成熟的果实，由于原果胶含量多，果实坚硬，在果实成熟后，原果胶在果胶酶的作用下，分解为可溶性果胶、果胶酸酯等；淀粉则在淀粉酶的作用下转化为单糖，使细胞结构受损，果肉硬度下降，果实变软。因此，也可根据果实硬度确定果实采收期，果实的硬度可以用硬度计测定。不同品种之间耐贮性也有较大差异，耐贮品种的果实硬度较高，不耐贮品种的果实硬度较低，一般以果实硬度达14～15kg/cm^{2}为采收期，不耐贮藏品种可低于10kg/cm^{2}时采收。

刘旭峰等（2002）研究表明，陕西猕猴桃的几个主栽品种进入成熟期之前猕猴桃果实硬度的差异很大，同一时期的差异最大可达4kg/cm^{2}左右。成熟期间果实硬度均逐渐降低，各品种的下降幅度不同，达到最适采收期时的硬度也不相同，各试验品种（系）之间也不相同，秦美最高，达15.2kg/cm^2，而亚特最低，为11.8kg/cm^2。

（三）可溶性固形物含量

可溶性固形物中主要是糖，根据糖酸比值可判断果实的品质和成熟程度。果实成熟度高，则糖分高、酸少，糖酸比值大；果实成熟度差，则糖酸比值小。采收时果实中可溶性固形物含量与果实软熟后的质量有密切关系，年份之间相对稳定。因此，人们可根据可溶性固形物含量来确定最佳采收时期。

采样，每园选5株，每株随机取3～4个果，每个果分析1次。由于果实之间的可溶性固形物含量存在差异，所以必须有一定的取果量。不能选用伤残、次果和有病虫害的果实。

用手持糖量计测定可溶性固形物含量。测定时，向果实中部不同方向，用锋利的刀片分别取3～4个直径为1cm左右的圆片，用轻便式榨汁器榨取果汁，将澄清的果汁滴在手持折光仪上，读取读数，以多次测定结果的平均值为最终结果。

（四）各品种不同采收期品质差异

不同时期采收的同一品种果实品质存在明显差异，总的趋势是采收偏早的果实软熟后品质差，可溶性固形物含量低，味淡，偏酸，有青草味。随着采收期的推后，软熟后的品质逐渐提高，品质优，可食性好，直到具备品种本身的风味。从陕西周至地区猕猴桃各采收期果实软熟后的综合品评结果看，按照果实成熟的时期排列，G-3成熟最早，从9月上旬开始适宜采收，秦美品种从10月上旬起采收最佳，金魁、亚特品种从10月中旬起采收为好，海沃德品种成熟最晚，应从10月中下旬开始采收。

（五）不同年份采收期的差异

刘旭峰等（2002）试验发现，由于不同年份之间气候的差异，同一品种的适宜采收期有所差异。陕西的秦美、海沃德品种1999年分别在9月下旬和10月上旬进入适宜采收期，成熟相对较早；2000年则分别在10月上旬和10月中旬，适宜采收期均推迟。

（六）不同采收期对猕猴桃果实耐贮性的影响

猕猴桃品种很多，但耐贮性差异很大。用于贮藏保鲜的猕猴桃果实应是符合采收要求的硬果，而不是软熟果。一般美味猕猴桃比中华猕猴桃耐贮，金魁、沪美1号等晚熟品种比魁蜜、庐山香等中熟品种耐贮，山区种出的果比平原的耐贮，施用有机肥的果比用化肥的果耐贮。红阳猕猴桃Ⅱ时期（6%～7%）采摘最耐贮藏，在果实贮藏70d时好果率仍为80%以上；Ⅰ时期（4%～5%）果实最不耐贮藏，果实好果率仅为38%；而Ⅲ时期（8%～9%）果实贮藏效果较好，好果率为71%。

肖松山等（1994）发现采收期不同，贮藏效果不同，湖北省蒲圻市海沃德猕猴桃花后158d采收，常温贮藏至90d，好果率只占25%，而花后176d采收的果实，贮藏90d，好果率占81%。在冷藏条件下，保鲜效果明显优于常温贮藏，采用花后176d采收的鲜果贮藏65d好果率占100%。海沃德在花后180d左右采收，鲜果在0~3℃、相对湿度90%以上冷库中可贮藏150d以上。张群等（2020）研究发现湖南岳阳地区金艳猕猴桃采收期Ⅳ~Ⅵ，即盛花后170d、180d、190d为湖南岳阳地区金艳猕猴桃的适宜采收期。早期采收（采收期Ⅰ~Ⅲ）即盛花后140d、150d、160d的果实常温贮藏2周腐烂率>70%，耐贮性较差。晚期采收（采收期Ⅶ）即盛花后200d，贮藏1周腐烂率高达100%。采收期Ⅳ~Ⅵ采收的果实，常温贮藏3周腐烂率<50%，具有较好的耐贮性。屈慧鸽等（1997）研究发现软枣猕猴桃魁绿采收适期（8月28日）的果实，其营养成分、果实重量、风味都达到了较好的状态，耐贮性也比较好。王明召等（2018）确定广西桂林地区红阳猕猴桃最佳采收期为8月21日，在冷库贮藏4周时硬度接近4kg/cm^2，在常温下货架期接近1周。

第三节　猕猴桃果实的采收和运输

猕猴桃有抗肿瘤、抗衰老的作用，故又称它为长生果。采收时，果实的淀粉、含酸量和硬度较高。采后后熟期，果实变软，果实可溶性总糖含量增高，含酸量下降，果实酸甜可口，风味最佳。如果继续在高温下存放，果实很快发酵、变质、腐烂，失去商品价值。一般而言，早、中熟品种不耐贮藏，晚熟品种较耐贮藏。即使是同一品种的果实，大果实不如中等个头的耐贮藏。猕猴桃能否丰产又丰收，采收是关键。生产中因采收不当造成损失或无商品价值的并不鲜见。因此，必须把好采收关。

果实的采收既是栽培过程的终结，又是贮藏过程的开始。所以，采收期合适与否不仅直接关系水果的品质，还与果实贮藏性能密切相关。根据不同用途（即食、加工、贮藏）掌握其适宜成熟度并及时采收。即食的果实在接近九成熟时采收；制作果汁或果酱用的果实，如是短途运输、加工或能及时处理的可在九成熟时采收；制作糖水切片罐头用的果实，可以八成熟时采收；贮藏用的果实在生理成熟时采收。

随着果品市场竞争日益激烈，消费者品质观念不断增强，果品质量在生产种植、物流、包装、贮藏分选、市场流通、商超售卖等各环节都越来越成为体现果品价值的核心竞争力。对于猕猴桃来说，果实采收已成为制约果品质量的主要因素之一。

一、猕猴桃果实采收存在的主要问题

（一）采前果园管理存在的问题

1. 采前缺少修剪

按照猕猴桃标准化生产要求，整个生长季节猕猴桃园要有一定的透光率。据调查，无论是长江流域的南方产区还是黄河流域的北方产区，绝大多数果园在采收前以及果实成熟前1个月的架面管理中均存在严重的夏剪或秋剪不到位问题，导致叶幕层过厚，通风透光恶化，树冠下层老化叶片增加，灰霉病发生较重，果实软腐病蔓延，直接影响果实干物质合成、转化和提升。

2. 采前不除杂草

随着果园生草技术的不断推广，许多果园开始实行生草制，但无论南方还是北方产区，采前果实糖分合成期务必清除园内杂草，保持园内湿度≤60%，这样才有利于控制病虫害特别是叶斑病、炭疽病、灰霉病和软腐病，同时有利于控制麻皮蝽、吸果叶蛾、斜纹夜蛾、柳扁蛾和叶蝉等害虫。因此，采果前1个月要及时刈割园内人工生草和自然生草，以减少采前落果和贮藏果实贮期病害。

3. 采前盲目用药

由于猕猴桃成熟采收前1个月，果实干物质加快积累，会诱发病虫侵染为害。特别是近年来以椿象刺吸果实和软腐病侵染为主的采前落果，在各地发生有加重趋势，许多果农无视农残对果品质量的影响，采前用药防控病虫，这是标准化生产、绿色化防控所严禁的，应引起高度重视。

（二）果实采收时间存在的问题

1. 早采生卖现象频频发生

近几年来，许多客商和果农为了追求眼前利益，屡屡发生早采生卖现象，早采果实糖分积累不够，酸度过高，果实软熟后失去原品种的特性和风味。贮藏后果品质量下降，上市的货架期缩短，消费者普遍反映口感偏淡，不好吃。买回家的果子前期硬，不能吃，后期软熟后变坏，来不及吃，人为缩短了食用期限。例如徐香品种，品质优良，风味独特，是主产区猕猴桃的主栽品种之一，由于人为的早采生卖，价格出现下滑，好品种不能卖上好价格，果农和经销商均受损。在政府和技术部门的大力倡导下，实施果园可溶性固形物的测定，按期采收，徐香价格一路攀升，比往年高出1倍。若果农和收购商为了图一时之利，一味地早采生卖，将直接打击猕猴桃果品的市场声誉，给猕猴桃产业的健康发展带来极大的危害。

采收时间普遍偏早，即我们经常所说的早采，已成为严重影响果品质量的主要因子。根据近年来的调查，无论早熟、中熟还是晚熟品种都存在不同程度的早采生卖现象。早采生卖除果品经销者的先卖抢价投机心理作崇外，与猕猴桃果实属性有直接关系。猕猴桃果实具有后熟性，不经后熟不能直接食用。正是这个后熟的特性使商贩有了可乘之机。据了解，依不同品种生理成熟期生长要求，提早上市早采生卖最早的提前1~2个月，"生果"上市，导致果实无法完成后熟过程，消费者购买后一直放不软，不能食用，严重影响了猕猴桃的市场声誉。

2. 人为延长采收期，商品性降低

猕猴桃的价格，近几年普遍表现早熟果价位高、中熟果回落、晚熟果有所上升的现象。有部分果农到了采收期为了卖高价，延迟采收，一直延长到"霜降"，目的是卖更高的价格，造成部分果实在树上已软化，不但没卖出高价，降价出售都没客商敢收。这是由于过晚采收，果实在树上已变软，客商没办法长途运输。近几年许多果农一味地抬价，屡屡发生人为延迟采收，致使采收期果实在树上变软落果，造成客商不收果，果农利益下滑。

（三）采收过程存在的问题

1. 采收工具陈旧落后

目前采收果实使用的依旧是盆、钵，采果装筐过程极易出现果实磕碰伤，直接影响果实质量。

2. 采收果实运输存在问题

许多果实入库后脱水严重，损耗大，提前变软，病害增加，多半因为采收转运装卸环节出现了问题。采前对园区道路未平整；采果出园入库所用车辆五花八门，各种款型应有尽有；运输过程赶路赶时、颠簸严重。以上情况使果实产生了大量无法觉察的"内伤"，成为果品入库贮藏和上市流通的质量隐患。

二、猕猴桃果实科学采收方案的确定

（一）制定详细的采收计划

无论采果量大小，采果前提前1个月制定翔实的采收方案。采果方案包括采果计划、采果时间、物资准备、人员安排、采收标准、责任分工、操作要求、现场监督、检查验收等，确保果实采收有目标、有节点、有步骤、有标准、有要求、有规范、全程受控。

（二）加强秋剪，做好通风透光

要彻底摒弃无秋剪、忽视秋剪的传统管理。果实采前1个月，要把架面所有多余秋梢、结果枝二次三次枝、内膛长枝等全部疏除，保证树冠通光率≥30%。

（三）清除园草，降低果园湿度

秋季高温结束后，对高度30cm以上的杂草及时刈割，始终保证园内杂草高度不超10cm，特别是树盘和树行要保持清耕状态，无论人工锄草还是化学除草，秋季树盘、树行杜绝生草，减少园内湿度，抑制病虫发生。另外，针对中长期贮藏果，杜绝带雨采果、带露采果，以减少入库果病原菌侵染。

（四）严禁采前用药，保证果品安全

1. 推行果实采前检测制度

果实采收前最好实施定点抽样检测（这一行为可由政府相关部门组织实施），将检测结果通过各种途径及时通报至各果业协会、合作社等，一旦发现有农残超标的情况，即应按相关规定进行处罚并阻止采收上市。

2. 采收前加大宣传和技术培训力度

使广大果农深刻认识采前用药规范，自觉提高科学用药意识，同时推广园艺措施减少病虫害对产量的影响。

3. 果商自检

随着果品市场准入制的不断推进，要确保果品质量安全，果品收购商自己也要对订单农户的果品进行定期检测，确保每批次上市果品的质量。

（五）严格采收标准，做到适时采收

要明确采收果实的上市目标，一般猕猴桃果实采收要参考两个因素，一是上市时间，二是贮藏时间。上市时间分为鲜果采收直接上市、采后短期贮藏上市、采后入库贮藏等不同情况。不同的上市时间有不同的采收标准。不同上市时间对猕猴桃可溶性固形物含量的要求参考表2-1。

表2-1 不同上市时间对猕猴桃可溶性固形物含量的要求

贮藏上市时间	可溶性固形物含量（参考值）
鲜果直接上市	≥6.0%
贮藏1~2个月上市	≥7.5%
贮藏3~5个月上市	≥8.5%

有条件的贮藏收购商除参考可溶性固形物指标外，还要参考干物质、硬度等参数，以保证果实基本的成熟度。

（六）摒弃传统的唯"硬"标准

长期以来国产猕猴桃之所以上市质量不过关，频频受到消费者冷落，一个主要原因就是以硬论质，结果诱发早采上市、入库超量使用保鲜剂、采用偏低的贮藏温度等有利于保"硬"的错误做法。新西兰无论绿肉还是黄肉品种，从采收到入库、贮藏到上市几乎全程表现了不同程度的手感，就是说和国产猕猴桃比较，从来就没有手感过"硬"的猕猴桃，也正因如此，才造就了新西兰猕猴桃过硬的品质。

（七）研制配套的采收设备

1. 大力推广使用采果袋

研制适合国内园区小筐装用的采果袋，减少果实采收过程中的机械磕碰。

2. 研制适于一家一户小果园使用的小型平板转运车

园区转运车要求底盘低，有一定装载量，操作灵活，装卸方便，抗颠簸。生产中一些产区已开始使用。

3. 推广少套袋、不套袋生产

让果实在自然环境下生长，提高果实自身耐贮耐运能力，保持天然口感，对一些需要套袋的园区提倡采前7~10d除袋，杜绝带袋采摘入库。

4. 运输装卸果品过程以托盘和装卸车操作为主

尽量减少人为装运造成的果实震动、碰撞、晃动机会，从而减少"内伤"，为果实入库、上市质量奠定基础。

三、猕猴桃的采收方式与注意事项

（一）采收方式

采收方式对猕猴桃的采后品质、贮藏效果影响很大。一般采用人工采收和机械采收两种。人工采收可以做到轻拿轻放、轻装轻卸，避免机械损伤、减少腐烂。但是，人工采收效率低。机械采收效率高，不足之处是容易造成果实机械损伤，影响贮藏效果。在提倡生产"精品"和"高档"产品前提下，国内外猕猴桃采收主要靠人工采收。

猕猴桃果实成熟时，果梗与果实之间形成离层，采收时把果实拿在手中，用手指将果梗轻轻一按，果实与果梗便自然分离。采收技术的关键就在于避免一切机械损伤，保证果实完整无损。为达到这一目的，在采收前应对采果人员进行基本操作培训，采收人员应剪短指甲或戴上手套，以免指甲划伤果实。

准备好采果篮、采果筐、采果袋以及运输用的塑料周转箱、纸箱等工具。使用采果篮、采果筐时，要预先在果篮和果筐底部铺上稻草或棉线等柔软物质作衬垫。果实装至离容器上沿5cm左右即可。若果实装得过满，在搬运过程中很容易滚落在地，产生磕碰；还容易加重底部果实受到挤压或碰撞的程度，造成机械损伤，引起腐烂。使用采果袋比较方便，采摘人员可以将其挎在肩上，一边采摘，一边顺手将果实放进袋中。采果袋一般用帆布制成，对果实有一定的缓冲力，不易因挤压造成伤害。

猕猴桃要在采收当天运回操作间，在自然通风或人工通风条件下，摊晾，除去田间热，第二天按照分级标准包装入库。采收后，如果堆放在田间或不透风的房间里，果实从田间带来的热量难以散发，加速果实软化，而且还增加微生物侵染的机会，尤其是从机械伤或挤压伤处侵染。

张群等（2022）研究发现留果柄采摘的东红猕猴桃果实的耐贮性优于常规去果柄采摘的果实。常规去果柄采摘，猕猴桃果蒂处的保护性薄层被破坏，受到各种微生物的侵染，水和氧气的渗透失去了阻隔层，容易腐烂。留果柄采摘可使猕猴桃果蒂处的保护性薄层不被破坏，保护了果实组织的完整性。王明召等（2019）研究结果显示留果柄采摘能显著降低红阳猕猴桃常温贮藏果实的腐烂率和失重率，保持较好的果实品质，可以提高果实的耐贮性。果农不注意使用光滑的容器和轻拿轻放，再加上多次翻倒，增加了发生撞伤的概率。果实的变质腐烂一般都是先从受伤部位开始。受伤的果实软化而释放出大量乙烯，加速了未受伤果实的软化，致使贮藏期大大缩短。

（二）采收时注意事项

1. 采前处理

在采收前20d、10d分别喷施0.3%氯化钙溶液各1次，以提高果实耐贮性。

2. 采前停止灌水

确定采收适期后，还应注意在采前10d左右，果园应停止灌水，为长途运输销售和长期贮藏提供可靠的质量保障。如果下过大雨，应在天晴3～5d后进行采收。采前灌水对猕猴桃果实耐贮性有不利影响，不仅导致伤果、烂果和软化果百分率急剧增加，而且缩短了果实的贮藏寿命。

3. 采收时间

最好选择在无风的晴天上午或晨雾、露水消失以后采收，灌水后、阴雨天及露水未干的早晨都不宜采收，因为果皮细胞沾水膨胀，易造成机械损伤，且果皮潮湿，利于病菌寄生侵染，易引起烂果。避免在中午阳光直射时采收，中午阳光直射时采收果实，由于果实温度高，所带的田间热多，采收后容易加速果实的软化，不利于贮藏。

4. 分批采收

生长在同一棵树上的果实，由于其生长部位不同，开花时间也不同，所以成熟期也略有不同。采收时，要轻采、轻放，小心装运，避免碰伤、堆压。在人工采收时可分批进行，先采大果，其次采中果，再摘小果；最后扫清不能销售的过小、病、虫、残、次、畸形果。采果时先采外部果，后采内膛果；先采着色好的大果，后采着色差的小果。采时向上推果柄，不要硬拽，要剪短指甲，不要因指甲长刺伤果实。果实一旦受伤，会诱导乙烯突然大量增加，加速果实软化。乙烯还会催熟周围的果实，严重影响贮藏性。猕猴桃成熟时，离层细胞已形成，采时应注意避免掉落。采收时，应先下后上、由外向内，避免碰断短枝而影响第二年产量。

5. 分级

不同品种、不同海拔、不同大小、不同成熟度、不同施肥方法等的果实必须分开采收、分开装箱、分开包装、分开贮藏、分开出售，不能混摘混放。对病虫、畸形果应严格剔除。使商品果每批应大小、形状、重量、包装、说明、价格等相同或相近。首先进行手工分选，剔除病虫果、日灼果、伤果和畸形果，然后按照标准《猕猴桃质量等级》（GB/T 40743—2021）分级。要求整齐美观、成熟度一致。如果以营养成分含量高低来划分等级将更加科学。对初次经营者、生产者应主动说明等级的重要性，以利提高产品声誉，引导消费。装果的箱（盒）都应注明产地、品种、重量、等级等，商品果出售时最好进行单果包装并贴上标签或商标。采后24h内分级包装完毕入冷库。未及时分级包装的果实，连同运果筐一起进行预冷。

6. 轻采、轻放（装）、妥善贮运

猕猴桃皮薄、易腐烂，不能碰、压、挤、跌。采收用的贮藏箱必须兼顾耐用、透气，内垫柔软衬物等。一箱以装12.5～15kg为宜。禁止用化肥袋和麻袋装、运，反对散堆散贮，采果盛具应用竹篮或布袋（系腰上）。采果时一手握果，一手持剪刀齐果肩采平或握住，用指头轻轻折下果柄。果实装箱时切勿倾倒，用手逐个放入箱（筐）中逐层摆放好。运输、搬运要尽量减少摇晃和震动。贮藏果不可装密封箱（筐）中，否则易软化腐烂。冷藏贮果贮前应预冷降温。销售用包装要精致适中，便于携带。为树品牌，商品果应注册商标后上市。纸箱不适合鲜果贮、运，销售果现销现装为好。无论哪种包装，都应印有食用方法及简易贮藏法等。

7. 避免多次倒箱

采摘、运输、分级、包装过程中，尽量减少倒筐、倒箱次数，减少摩擦损伤。虽然猕猴桃在采收时比较硬，但果皮薄，容易受到机械伤和挤压伤，尤其是表皮上的茸毛，极易在倒箱过程中因摩擦而脱落，使表皮的完整性受到破坏，从而影响其贮藏效果。研究表明，直接采收入箱的秦美猕猴桃可贮藏40d，而多次倒箱的果实仅贮藏15d；海沃德猕猴桃一次入箱可比多次倒箱的贮藏期延长20d。因此，在猕猴桃的采收过程中要避免多次倒箱。倒箱过程中果实容易受到机械损伤，引起微生物的侵染，导致腐烂变质，伤果极易软化并释放出大量乙烯，加速完好果实的软化。

8. 合理使用膨大剂

经过量膨大剂处理后的果实，虽然果实体积增大，但其食用品质和耐贮性有所下降。建议合理使用膨大剂。

9. 及时入库保存

采收后尽快入库可以抑制呼吸消耗，延长果实的贮藏期，采收后24h内入库预冷，贮藏效果最佳。

四、猕猴桃采收"五忌"

一忌过早采收。猕猴桃果实采收过早，不仅果小、味淡、芳香不浓，不耐贮藏，故在果实生长足而未软、果面呈现该品种的颜色、不皱缩、种子呈黑色或红黑色、果柄果基易落、可溶性固形物和干物质含量均达到要求的情况下进行果实的采收。二忌高温采收。久晴无雨中午或午后采果，由于果实温度较高，田间热量大，摘果后置于室内，易导致室内温度升高，使果实软化，在短时间内大量腐烂，造成经济损失。避开高温时段，夜间自然预冷，第二天分级包装，迅速外运或入库。三忌带水采收。阴雨、雨后或露水未干及有雾时采收，由于果皮细胞膨胀，易造成机械损伤，并因果实表面潮湿，有利于病原微生物寄生侵染，易引起腐烂。四忌病果与健康果混收。分期分批采收，先采大果、好果、无伤果，再采小果、次果，对伤果、病果、日灼果、极小果、畸形果分别放置，不与好果混杂，以免因果实参差不齐，影响果实耐贮性，降低果实品质及商品价值。五忌机械损伤。采摘果实要轻摘轻放，忌摇打、震落和乱扔乱抛，要小心装运，避免碰伤、损伤、堆压。包装时，最好在篓内或木箱内垫柔软衬物，以防挤伤果实、擦伤果皮影响耐贮性。

五、猕猴桃果实的运输

猕猴桃采收后，除极少数就地销售外，大量需要转运至贮藏库、加工厂、人口集中的城市、工矿区及集市贸易中心进行贮藏、加工和销售。运输是猕猴桃流通过程中必不可少的重要环节，是联系猕猴桃产、供、销三者之间的"桥梁"和"纽带"。

（一）运输的基本要求

1. 快装快运

果实在收获之后仍然是活的有机体，有所不同的是来自母株供给的营养物质断了。因此，猕猴桃果实的新陈代谢，只能凭借自身部分营养物质的分解来提供生命活动所需要的能量，果实不断地进行呼吸作用，就意味着不断地消耗体内贮存的营养物质，呼吸作用越强，体内营养物质的消耗就越大。果实在采收后存放时间越长，其品质下降越明显，运输和贮藏效果越差。所以果实采摘后应及时装运，尽量缩短产品在产地和运输途中的滞留时间。

2. 轻装轻卸

装卸是果实运输经营中一个极为重要的问题，也是目前引起猕猴桃腐烂并造成损失的主要原因之一。猕猴桃果实含水量高、组织脆嫩，在搬运、装卸中易造成机械损伤，导致腐烂。我国目前绝大多数果实的装卸仍然依靠人力，因此，在装卸过程中，要加强管理，严格要求，必须做到轻装轻卸、精细操作，确保果实完好无损，利于运输和贮藏。

3. 防热防冻

猕猴桃贮藏保鲜的适宜温度为0～2℃，冰点在-2℃左右。温度过高，导致呼吸作用加强，促进果实的衰老和品质劣变；不适当的低温或过低温度容易造成冷害和冻害。运输途中温度波动太大也不利于贮藏，因为温度波动大时，容易冷凝成水滴，增加环境湿度，有利于微生物的滋生和侵染。

（二）运输工具和设备

1. 公路运输

公路运输工具包括汽车、拖拉机、畜力车和人力车等，它们都以短途运输为主，是销售与收购、分配、批发和转运的主要交通工具，没有这些交通工具就难以把分散在各个果园的产品集中起来，送到火车站和海、河港口整运批发。这类交通工具设备简单、成本低、灵活方便，是果实运输中不可缺少的主要力量。但由于设备简陋、震动力强、速度缓慢，因此装载时要求排列整齐，逐件紧扣，不宜留过大的空隙，以防互相碰撞，引起机械损伤。根据当地的气候条件和温度情况，采用不同的遮盖物，以避免日晒雨淋，而且要防热防冻。堆叠层数不宜过高，以免压坏下层果品。严禁在货堆上坐人或堆放重物。运送时间最好在气温条件比较适宜的时候，尽量避免在炎热的中午前后或果实易遭受冻害的时候运送。崎岖路面要慢行，停车时要选择阴凉的地方，卸车时要逐层依次搬卸。

2. 水路运输

水路运输工具既包括产地使用和附近销区调拨使用的木船、小艇、拖驳和帆船，亦包括海、河上的大型船舶、远洋货轮等。船舶运行平稳，震动损伤小，运载量大，运输费低廉，对猕猴桃果实等新鲜易腐产品具有特殊的优越性。加之我国领土广阔，海岸线长，江河纵横交错，因而水路运输也是猕猴桃果实运输的重要途径。

由于船舶等水路运输设备不是专为猕猴桃果实运输而设计，属于综合使用的交通运输工具，因此装载果实前，先清洗船舱，必要时还应消毒杀菌，尽量避免与其他不同性质的货物混装在同一舱房，防止各种有毒、有气味物质的污染和不利于猕猴桃果实保鲜的刺激性气体的残留。一般船舱底部凹凸不平，堆放时应设法使其平稳，避免引起倒塌。没有遮盖的船只应准备遮盖物，散装装载的舱底应铺上一层软绵的材料，避免磕碰而伤及果实。当大型货轮装载采用机械装卸时，应注意安全、科学操作，防止包装容器挤压变形而损伤果实。近年来远洋运输中大量采用集装箱装卸运输。注意果实货舱内温度的调节和空气的更换，防止果实因闷热而加速衰老和品质劣变，造成腐烂。

3. 铁路运输

铁路运输具有运量大、速度快、行驶平稳、安全可靠、时间准确和运费低廉等特点，它是我国长距离调运果品的主要运输形式。果实在铁路运输中除采用无温度调控设备的普通棚车外，主要是使用有控制温度设备的机械保温车和冰箱保温车两种。

4. 空中运输

空中运输也称航空运输，与其他运输方式相比具有速度快、损失少的特点，但运载量小、运费昂贵，水果经营者鉴于高昂的运费，一般不进行空中运输，有时为了市场竞争或满足某种特殊需要，对某些名贵、高档、易腐的果实产品也采用空运，但数量有限。

第四节　猕猴桃果实的愈伤、入库

一、猕猴桃果实损伤愈合

据不完全数据统计，我国每年果蔬损耗率达20%~30%，而发达国家果蔬损耗率不到5%。机械损伤是造成我国水果损耗率居高不下的一个重要原因。机械损伤往往发生在水果的采收、运输和加工的过程中，通常会引起水果中的水分过度流失、伤口氧化加速、微生物侵染以及后熟进程加快，使得水果品质下降和货架期缩短。猕猴桃作为较高商业价值的水果，具有独特的风味且富含大量对人体有益的生物活性物质，例如抗坏血酸、酚类化合物、类胡萝卜素和生育酚。然而，猕猴桃在果实采收、运输和加工过程中容易发生机械损伤，会引起失水、腐烂、果实软化和微生物侵染等一系列生理和病理反应。因此，快速进行伤口愈合对于恢复组织完整性、保持猕猴桃的新鲜度和质量极为重要。面对轻微的机械擦伤，果实自身可以进行自发修复，保持果实品质和防止果实腐烂，但严重的损伤就会对果实本身造成不可逆转的修复。

（一）损伤愈合木栓质的形成

损伤愈合是响应机械损伤的自发过程，受伤部位的愈合是一个复杂的生理过程，该过程在合适的温度和湿度条件下会在损伤后几天内完成。果实的损伤愈合首先在伤口表面形成闭合层，然后形成木栓质层。具体过程可以分为两个阶段，第一阶段为损伤闭合层的形成，伤口表面现有的一层或两层非分生薄壁组织细胞迅速木栓化，形成一个封闭层，可作为初始的保护屏障；第二阶段为木栓质层的形成，伤口诱导细胞形成分生组织层，大量生成木栓质，形成依附于细胞壁上的层层堆叠的木栓质。因此，木栓质的形成对于维持损伤水果的品质至关重要。伤口愈合过程通常伴随着细胞壁和细胞膜之间生物聚合物木栓质层的积累，木栓质作为保护植物伤口表面重要屏障，主要由木栓质多聚脂肪类物质（SPA）和木栓质多聚酚类物质（SPP）组成。苯丙烷代谢产生的次级代谢物，包括对香豆酸、咖啡酸、阿魏酸是形成SPP的重要单体。植物的木栓化是一个由多种激素共同调控的过程，包括脱落酸（ABA）、茉莉酸（JA）、乙烯（ET）、水杨酸（SA）、细胞分裂素（CTK）和吲哚乙酸（IAA）。猕猴桃果实损伤后JA含量急剧增加，之后JA迅速合成，同时也伴随着SPP单体的积累。ABA处理显著促进了损伤猕猴桃果实愈伤组织中SPP的合成。JA处理激活苯丙烷代谢提供单体，从而促进SPP的合成。

（二）植物激素对损伤愈合的调控作用

植物激素作为调控植物生长和发育过程中重要的调控因子，参与应对各种生物胁迫和非生物胁迫，植物损伤后会产生一系列响应损伤的激素参与调控损伤木栓化。目前报道较多的激素有脱落酸（ABA）、茉莉酸（JA）、吲哚乙酸（IAA）、细胞分裂素（CTK）和乙烯（ET）。外源ABA激活了抗氧化代谢途径、脂质代谢途径和苯丙烷代谢途径，从而加速猕猴桃果实损伤木栓化，促进木栓质的积累，加速猕猴桃果实的损伤愈合。JA及其衍生物茉莉酸甲酯（MeJA）统称为茉莉素（JAs），在植物生长发育过程中应对各种生物和非生物胁迫。MeJA可以激活抗氧化系统从而促进损伤愈合。果实响应损伤时，会产生活性氧类物质，例如超氧阴离子（$O_2^- \cdot$）、羟基自由基（$\cdot OH$）和过氧化氢（H_2O_2），进而诱导抗氧化物酶的活性增强。H_2O_2不仅是激活相关防御反应的启动信号，而且还参与愈伤组织中形成SPP所需的底物的氧化交联过程。损伤愈合过程参与调控H_2O_2生成的关键酶主要包括NADPH氧化酶（NOX）、过氧化物酶（POD）和过氧化氢酶（CAT）。NOX催化O_2还原为$O_2^- \cdot$，然后SOD催化$O_2^- \cdot$转化为最稳定的活性氧物质H_2O_2，而CAT可以清除H_2O_2防止其过度积累不利于损伤愈合；POD可以使木质素和SPP发生氧化交联反应。

果实的损伤愈合是一个多激素协同调控的过程，植物激素对果实的损伤愈合有非常重要的调节作用。在植物的生长和发育过程中，生长素（IAA）可以诱导细胞伸长；而细胞分裂素（CK）是细胞周期进程、细胞分裂和维持分生组织所必需的。IAA和CK可以协同调控分生细胞的形成以及细胞分裂，从而生成木栓化细胞，促进伤口周皮的形成。ABA通过促进抗氧化代谢、苯丙烷代谢和脂质代谢来调控猕猴桃果实的损伤愈合。猕猴桃果实损伤愈合可能在不同时期受到不同的激素调节，在猕猴桃果实损伤愈合的过程中观察到内源ABA和JA含量变化具有相似的趋势。在损伤愈合的最初6～12h，内源ABA和JA含量迅速增加，但内源玉米素（ZT）和IAA含量在损伤后24h内保持较低的水平。损伤后48～120h，内源ABA含量迅速下降，同时内源JA含量变化与ABA具有相似的变化趋势，内源ZT和IAA含量呈现不断增加的趋势。ABA促进JA生物合成从而促进猕猴桃果实损伤愈合过程中SPP的合成，外源ABA通过下调基因的表达来抑制ZT和IAA的合成，通过调控JA、ZT和IAA的合成来协同调控猕猴桃果实的损伤愈合。

二、猕猴桃入库前的准备工作

入库前一个月，对所有设备进行检修和维护，主要包括制冷压缩机、风机、冷却塔、进回气管道、膨胀阀、动力、照明电路及库门等。设备检修完后进行调试，保证降温正常。

（一）库房及贮藏用具的消毒

排除库内异味，清除库内杂物后进行库内消毒。

1. 消毒对象

库房墙壁、门窗、地面、果箱及搬运工具。

2. 消毒方法

（1）喷洒消毒。可用下列试剂之一，用量均为每平方米面积250～300mL。10%漂白粉，配置后澄清使用；1%甲醛；250mL 40%甲醛原液加水10L搅匀；0.2%过氧乙酸；0.1%高锰酸钾溶液。

（2）熏蒸消毒。

①每立方米用硫黄20～30g点燃加锯末熏蒸，发烟后密闭库房48h，然后开门、窗通风，排放废气。

②每立方米用10mL甲醛和5g高锰酸钾进行熏蒸，48h后通风排气。

③臭氧熏蒸：用臭氧机消毒48h，浓度6～10mg/kg，臭氧量15～25mg/（m³·h），可根据库容和污染程度连续开机，主要杀灭霉菌。

（二）温度计校正

每个贮存年度都必须对温度计进行校正，确保温度计读数准确，可采取冰水混合物和标准温度计对比来校正温度。

（三）库房预冷

入库前2～3d开机降温，使库温降至0℃左右，减少猕猴桃进库时库温的波动。降温时应分段降温，降温过快会造成对库体的损坏。

（四）猕猴桃采收技术要求

（1）确定最佳采收期。

（2）选择果实品质好的果园。

（3）采收前10d左右最好喷一次杀菌剂（甲基硫菌灵、多菌灵、代森锰锌）。

（4）果实具备本品种应有的果形、大小、色泽（包括果肉及种子颜色）、质地与风味。

（5）雨天、雨后和露水未干的早晨都不宜采收。

（6）使用过催熟处理的果实应该单独存放，不与常规冷藏果实混存。

（7）采收应分批进行，先采大果、好果。

（8）采收时轻拿轻放，避免一切机械损伤。

（五）猕猴桃采后处理

1. 挑选分级

挑选、分级的目的是挑出不符合贮藏要求的猕猴桃。

2. 预冷、装袋

消毒后的冷库间或预冷间要提前2～3d降温至0℃左右。将采摘果在24h内入库预冷，待全部入库预冷结束后，根据要求进行分级装箱。装袋时应选用不漏气的保鲜袋，将袋底部撑开，平铺于箱内，将果实一层一层地轻放于袋内，防止果顶损坏或刺伤其他的果实。将扎好袋的果箱按级别堆垛，目前较为理想的堆垛方法为梅花堆垛。

（六）猕猴桃入库技术要求

1. 入库量

入库时应分期分批地进行，不可一次进库量过多，每天的入库量可占库容的10%～15%，第一次入库可以达到20%，进库量过大，一次带入的田间热过多，库温难以短时间降到技术要求的温度。

2. 果箱堆码要求

按等级分垛堆码，堆垛排列方式、走向及间隙应力求与库内空气环流方向一致。

3. 冷库降温及果实预冷

果实采后24h内入库逐步预冷降温。猕猴桃入库前本应进行预冷，但目前猕猴桃贮藏库大都没有预冷间，贮藏库直接兼预冷库，导致库温波动较大。因此，猕猴桃入库时必须当天把库温降至0℃，猕猴桃入库满后，应尽快使猕猴桃果温降至0℃左右。

4. 库内湿度控制

库内湿度维持在90%～95%。

（七）猕猴桃入库后管理技术

猕猴桃预冷入库后，不需要装箱的直接进入管理阶段；而需要装箱的，就必须挑选装箱，再进入管理阶段。猕猴桃进入管理阶段，主要是温度、湿度、气体成分的管理；另外就是定期检查，并做好详细记录。规范保鲜库管理，闲杂人员不得入内；不得酒后或携带芳香类物质入库；严禁烟火；严禁与挥发性气味的果蔬混放；保证冷库的密封性，定时检查库温；加强制冷机和设备的定期检查、维修保养，防止自控失灵或失控。

1. 贮库类型的选择

以冷藏库和气调库为好，气调库贮藏效果最好。

2. 预冷入库

猕猴桃果实采收后须先预冷后入库，预冷方式有冷库预冷和压差预冷等。冷库要提前消毒。猕猴桃入库用消过毒的木箱或塑料箱装，每箱装10～15kg，经预冷后24h内堆垛入库，垛堆离墙0.3m左右，距顶0.5m左右，底部垫高10cm左右。

3. 温度管理

猕猴桃在贮藏期30d，贮藏环境平均温度控制在-0.5～0.5℃，库内温度最低点不能低于-1.2℃。在温度管理时必须注意以下问题。

（1）库内不同部位的温度可能有差异。因此，要在库内的四角及中间部位分别挂温度计，注意温度的差异。温度计要挂在高1.5～2m的部位。

（2）靠近冷风机以及冷风口的部位温度较低，因此，这些部位的猕猴桃要注意增加保温措施。

（3）由于包装及猕猴桃呼吸热等原因，猕猴桃的温度与库温存在一定差异，猕猴桃适宜贮藏温度以果品中心温度为准。

（4）猕猴桃入库阶段，每天至少查温度一次，确保库内温度基本分布均匀，并做好详细记录。冷藏库温度保持在0～0.5℃（各品种温度略有不同），湿度保持在

90%~95%。每隔2~3d检查库温,注意通风换气。气调库内温度保持0~0.5℃,浮动不超过±0.5℃（各品种温度略有不同）。

4. 湿度管理

湿度管理主要防止猕猴桃贮藏过程中失水。为掌握库内湿度情况,库内应安装湿度计,随时检查,并做好详细记录。湿度保持在90%~95%。

5. 空气管理

猕猴桃代谢中产生气体乙烯和挥发性芳香物质,这些气体会促进猕猴桃果实的后熟衰老,因此应定期换气,但换气必须慎重。利用夜间或早晚低温时通过进风口和排风口进行通风换气,但要注意防止库温有较大的波动。雾天或雨天湿度太高,不宜进行换气。氧气浓度2%~3%,二氧化碳浓度3%~5%,一般可贮存6~8个月。

6. 定期检查

猕猴桃在贮藏期间应进行定期检查,主要检查是否失水、是否腐烂、是否发生生理伤害、质地和风味是否正常等（可切开检查）,发现问题及时解决,并做好记录。贮藏期间应经常检查,发现软熟果或烂果要及时拣出。猕猴桃的贮藏必须抓好以下四"度":

（1）温度。温度是猕猴桃贮藏的最关键因素,恒定的低温是降低猕猴桃呼吸、减缓糖化、软化的最有效手段之一。贮藏温度不仅要适宜（0℃左右）,还要有稳定性,在一定时期内骤然变冷的贮藏温度对猕猴桃贮藏保鲜十分不利,也可能对猕猴桃造成冷害,影响贮藏的品质。

（2）气体浓度。猕猴桃为呼吸跃变型浆果,在贮藏过程中消耗氧气,产生二氧化碳和水。因此,降低氧气浓度,提高二氧化碳浓度（氧气浓度2%~3%,二氧化碳浓度3%~5%）,消除乙烯气体是猕猴桃贮藏保鲜的重要手段。库内通风换气是改善库内气体环境的有效办法。

（3）湿度。湿度过小,可使猕猴桃失水,果皮发皱。湿度宜控制在90%~95%。

（4）净度。不仅要有果实的净度,还要有环境的净度。果实必须无虫害、无污染,在贮藏过程中要及时处理感染病菌或腐烂变质的果实;库内要及时清理杂物,排出有害气体。

（八）猕猴桃出库管理技术

猕猴桃根据市场需要,随时出库,主要做到以下几个方面:一是在包装过程中轻拿轻放,在搬运过程中做到轻搬轻卸;二是当外界气温较高时,出库时最好进行升温处理,避免猕猴桃结露,容易发霉;三是猕猴桃运往气温高的南方销售,一般应用冷藏车运输。

出库后至销售前果实硬度不低于$4kg/cm^2$。因此,必须定期抽检,确保及时出库。

猕猴桃出库至一半时应继续检查和调整库温，避免出现冻害现象。

猕猴桃为浆果，果实皮薄肉嫩，含水量高，碰伤后极易腐烂，若运输操作不当，会造成较大损失。因此，在果实运输途中应注意快装轻装，防热防冷，迅速运达，有条件的可用冷藏车运输。

第五节　猕猴桃果实的分级、包装

猕猴桃的品质是影响其销量与价格的主要因素之一。将猕猴桃按照一定的标准进行分级是提高果实附加值、提升国际竞争力的重要手段。

在果实成熟采摘后，需要对果实进行分级。猕猴桃分级是其进入市场前的一个非常重要的环节，通过分级能够提高果实的附加值，提高猕猴桃在国际市场的竞争力。果实分级方法有很多种，主要是按照果实大小分级、重量分级、外观品质分级和内部品质分级等。果实分级分为人工分级和机械分级。人工分级，劳动量大，生产率低而且分选精度容易受主观因素影响，难以实现快速、准确的要求。机械分级与人工分级相比成本要大大降低，精准率大大提高，同时节约时间、降低果农的劳动强度。

一、猕猴桃分级现状

我国是猕猴桃种植大国，猕猴桃种植面积和产量都遥遥领先其他国家，果园面积与产量均居世界第1位。按FAO统计数据，2020年中国猕猴桃种植面积约为19.3万hm^2，同比增长5.5%；中国猕猴桃产量约为229.1万t，同比增长4.3%。但2020年我国进口猕猴桃总量为116 863.6t，出口总量为12 688.8t，仅有进口总量的10.86%。我国猕猴桃进口远远大于出口，进出口比例严重失调，猕猴桃出口份额极低。随着经济的发展，人们的生活水平逐渐提高，对猕猴桃品质的要求也越来越高。因此，需要制定和推行猕猴桃的分级标准，引导、激励果农按照标准生产，提高我国猕猴桃的档次，扩大出口，提高我国猕猴桃的国际竞争力。猕猴桃采后标准化分级是一种衡量其质量的重要手段。

国外常见猕猴桃分级设备品牌有Compac、Mafroda、Unitech等，国内也有绿萌公司等。不论是否采用机器设备分级，人工操作都是不可缺少的。日本是比较早的基于图像来对猕猴桃大小进行无损检测进而分级。以色列Eshet Eilon公司、美国Autoline公司生产的电子称重式分选机，在分选检测技术上已经很成熟，工作效率高，并具有较高的分选精度。

常规的以大小或重量来区分水果等级的方法已难以满足现代社会人们对高品质

猕猴桃的需要。基于此，国内外学者纷纷加入猕猴桃鲜果在线检测与自动分级方面的研究中。其中，西北农林科技大学对猕猴桃分级方法展开了系统地研究，霍迎秋等（2019）提出高光谱技术结合机器学习建立识别模型的检测方法，对过量使用1-MCP化学保鲜剂的猕猴桃快速、无损检测，平均识别率达100%。闫彬等（2020）通过比较猕猴桃果萼区域最小外接矩形的长宽比来判别是否经过膨大剂处理，其识别率达91.55%。刘忠超等（2020）设计了基于面积的猕猴桃大小分级控制系统，平均分级速率可达2.5s/个。杨涛等（2021）提出了一种基于猕猴桃表面缺陷的分级方法，搭建一套猕猴桃图像采集系统，运用K-means聚类分割算法对其表面缺陷进行分割，再通过颜色对比判断是否为残次果；随后提取正常果的形状特征并设计了SVM分类器进一步判断其所属等级。该方法具有成本低、算法简单、运行高效等优势，为水果分级打开了新思路，对于促进我国水果分级产业发展、提升国际竞争力有重要意义。

国内外猕猴桃分级相关研究可知，猕猴桃分级方法较多，可以按照果实大小、果实重量、内在品质进行分级。有基于PLC和MCGS的猕猴桃果实称重的分级控制器，称重精度和分级精度较好，可以有效降低分级成本。结合PLC控制技术和MATLAB图像处理技术，依据猕猴桃果实面积大小可对猕猴桃进行快速分级，实现分级设备的自动化和小型化。何国荣（2019）设计了一个基于单片机的猕猴桃果实称重分级控制器，该控制器能够实现猕猴桃果实分级、价格便宜、可提高果实分级效率。经过试验验证该控制器称重精度和分级精度较好，可以有效降低果实分级成本，有助于提高果农收益。

我国猕猴桃的栽培品种较多，有海沃德、徐香、秦美、亚特、翠香、瑞玉、华优、金艳、红阳、脐红10个品种。目前国内有《猕猴桃质量等级》（GB/T 40743—2021）标准，以此标准为依据设计猕猴桃分级控制器。该标准将猕猴桃按照果实单果重将不同品种的猕猴桃果实分为3个等级，分级标准如表2-2所示。

基本要求为具有品种典型特征，采收时期果实可溶性固形物含量≥6.5%，干物质含量≥15%。规格划分为小果型（S）和大果型（L）两种，其中小果型（S）≤70g，大果型（L）>70g。

表2-2 猕猴桃等级指标要求

项目		等级		
		特级	一级	二级
感官指标	形变总面积（cm²）	无	≤1	≤2
	色变总面积（cm²）	无	≤1	≤2
	果实表面水渍印、泥土等污染总面积（cm²）	无	≤1	≤2
	轻微擦伤、已愈合的刺伤、伤疤等果面缺陷总面积（cm²）	无	≤1	≤2
	空心、木栓或果心褐变等果肉缺陷总面积（cm²）	无	≤1	≤2

（续表）

项目		等级		
		特级	一级	二级
单果重（g）	小果类型（S）	≥75	60～75	40～60
	大果类型（L）	≥90	75～90	50～75

注：1.形变指果面不平整、存在缺陷。

2.色变指果面有水渍印、泥土、污物及其他杂质。

3.小果类型（S）代表品种：徐香、布罗诺、猕宝、米良一号、华美1号、红阳、华优、魁蜜、金农、素香；大果类型（L）代表品种：海沃德、秦美、金魁、翠香、贵长、中猕2号、金艳、金桃、翠玉、早鲜。

二、猕猴桃分级中存在的问题

猕猴桃分级主要群体有果农、收购商、果品公司及消费者。如图2-1所示，果农种植收获猕猴桃并在出售的时候跟收购商同时负责预分级的工作；收购商负责对猕猴桃简单分级后运往果品公司；果品公司进行精细分级、包装，并销往市场；市场上消费者喜好信息反馈给上述3个群体，影响其种植过程、收购价格、分级指标及量化等方面。当地政府提供激励政策、分级标准、装备推广、加大服务和监测力度等支持，能够增强各群体的分级意识，从而保障猕猴桃分级工作顺利进行。猕猴桃采后分级存在如下问题。

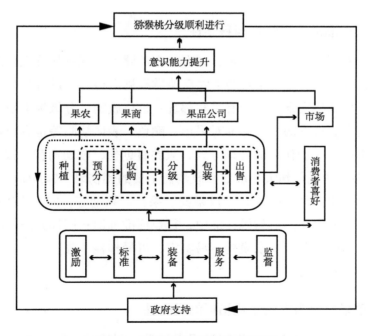

图2-1　猕猴桃分级产业流通系统

（一）分级标准不明确

在猕猴桃的收购以及加工出售的过程中没有明确的分级标准；分级过程中主要以单果质量为等级量化指标；分级装备型号比较单一。

（二）服务监督体系不完善

目前，我国猕猴桃分级方面的服务监督体系较少，即使有分级标准，受到果农意识等原因的影响，分级标准不一定能够落实。这和政府给果农提供技术支持及市场信息等服务较少有关。政府较少参与果农种植与生产销售的过程，果农意识不到分级可以增加猕猴桃的附加值。

（三）分级意识没有得到普及

果农不清楚分级与不分级之间的价格差距，所以果农在种植生产过程中一味地追求数量，对于质量并没有足够重视。果农认为自己的投入与产出不成正比，不愿意付出劳动参与分级。收购商认为"只要有冷库，就可以收购猕猴桃"，所以现在我国猕猴桃收购商竞争力大。现在猕猴桃的收购过程中都是倾销，收购商也接受"随行就市"这一观点。目前，分级标准不明确、合同履行率低、果农和果商都"随行就市"，所以经常造成毁约现象。由于市场恶性竞争而忽略分级标准化，由于竞争压力而很少执行分级标准。

（四）分级标准缺乏灵活性与科学性

猕猴桃每年的产量以及单果质量分布有一定的浮动，现有的分级标准没有考虑到这个问题，缺乏灵活性。93%左右的果农反映猕猴桃出售时是进行预分选的。收购商在收购果实时，目视果实划价，所有果实都统一价格收购，分级标准缺乏科学性。分级过程中标准混乱。现有的分级标准对果形、颜色、表面缺陷等也有要求，但不同收购商分级标准不同。对创伤果的处理方式，只要有创伤，收购商就一律不要的占99%左右，仅有1%左右的视创伤大小决定。收购商不要的创伤果，74.4%左右的果农卖给次果收购商，销往果品加工公司，做成果酱、果汁、果脯等；25.6%左右的果农采取吃掉或者扔掉。目前存在的猕猴桃标准中，行业标准陈旧；国标笼统，缺乏灵活性；地方标准分级指标少，分级要求模糊不易鉴定，可操作性不强。另外，不同收购商要求指标各有差异，标准也有不同。

（五）以单果质量为等级量化指标的局限性

在猕猴桃的收购以及加工出售的过程中，没有明确的分级标准。在整个猕猴桃采后分级生产流通中，主要是以单果质量为评价指标；但是在收果的时候，收购商采取目视的方式确定果实价格。消费者也是凭着对果实外观尺寸的直观感受购买，现在北京、南京、深圳等地猕猴桃销售都是以"个"为单位，消费者在购买的时候关注的主要是果实的外观尺寸，而不是单果质量。猕猴桃分级直接参与者主要是果农、收购商、果品公司，消费者判断果实价值的主观意识也影响猕猴桃分级决策。果农和收购商在分级的流程中主要是负责预分选的工作。调查发现，预分选指标同样是猕猴桃单果质量。以海沃德为例，一般收购商都要求90g起收。然而在实际操作过程中，并不是对每个果实进行称重处理，而是收购商目视果实外观尺寸确定其单果质量。果农为了获得外观尺寸较大的果实，在种植过程中过量使用膨大剂等。正式分级过程是由果品公司进行的，分级量化指标是单果质量。通过对某果业公司的调研发现，果品公司的分级设备只有称重系统，没有图像处理系统，日灼果、创伤果、畸形果等仍需要人工分拣。通过猕猴桃单果质量分级得到的果实目的是同一包装盒内果实大小一致，赢得消费者的喜爱。消费者在购买猕猴桃时也没有严格测量每个果实的单果质量，消费者更关注的是果实的外观尺寸。参与猕猴桃分级的4个群体中，果农、收购商、消费者都是直接以果实外观尺寸来判断果实价值的。虽然果品公司是以单果质量为分级指标，但也是为了获得大小均匀的果实来适应市场，以提高猕猴桃的附加值。所以，以单果质量作为猕猴桃等级分级量化指标的分级方法不够方便、直观。

（六）分级装备的单一性

果品公司分级装备包括自动卸垛机、上果机、精选台、主控室、多通道分选机、包装台和贴标机7个主要部分。其成本高，占地面积也很大。在出售猕猴桃时，人工分级占农户的98%左右；人工与机械同时使用的占2%左右。大部分采取人工分拣的方式分级，极少使用到机械。现在的分级装备规模偏大，由于经济及场地的制约，一般农户负担不起，设备摆放也不易实现，果农没有参与分级。收果时收购商目视定价，在运回到公司以后基本会采用分级生产线进行分级；但是分拣日灼、创伤、畸形果的工作仍由人工完成。考虑到启动成本偏大的情况，公司只有在市场需求量达到一定数值时才会使用机械装备，造成了果农劳动力剩余而果品公司负担大的现象。目前，我国在分级装备研究方面也取得了一定的成就，但主要是针对果品公司的大型及中型设备，型号比较单一。

三、猕猴桃分级发展对策

（一）完善服务监督体系，加强各群体的分级意识

完善服务监督体系，有利于指导果农、收购商、果品公司及消费者树立正确的分

级意识，从而普及分级，促进猕猴桃产业的发展。首先，明确服务监督体系的职能：一是服务，二是监督。服务部门传授有关分级的知识，国家进行经济技术投入；监督部门要确保猕猴桃分级工作能顺利进行，落实猕猴桃分级标准。服务监督部门应该加大宣传力度，使各群体意识到分级可以增加猕猴桃附加价值而接受分级。

（二）小范围标准化生产和分级试验

专业人员可以选取试验基地，在小范围内进行标准化生产以及分级的试验。同时，过程监督中突出重点，在容易制约和忽略标准化分级的过程（如种植、收购）中，加大监督力度，做到全程、全方位监控。如果经济收益明显增加，便对其进行推广，用事实来改变意识，确实做到上行下效，维护标准化工作的严肃性，形成一种生产标准化的风气。

（三）制定科学灵活的分级标准

制定符合猕猴桃生产规律的科学灵活的分级标准，能够充分利用猕猴桃的附加值，从而确保果农、果商、果品公司、消费者的利益。只有有了科学的猕猴桃分级标准，才能正确指导果农、收购商以及果品公司进行分级。猕猴桃标准在制定的过程中，既要兼顾我国的具体条件和特色，又要有效地吸收世界先进科技知识和管理经验。2012年和2013年，在西北农林科技大学猕猴桃试验站分别采集了2 888个海沃德果实的单果质量信息。对这两年的果实单果质量进行正态统计分析后发现，这两年猕猴桃单果质量的中位数、平均值、标准差、分布区间都有变化。这就需要符合猕猴桃生产规律的、灵活的分级标准，所以需要有专业制定标准的人员，针对猕猴桃的生产规律制定科学、灵活的分级标准，以充分提高果实的价值，从而实现利益最大化。猕猴桃分级标准的制定使猕猴桃的收购以及销售过程都标准化、简单化，节省人力、物力和财力。制定科学的分级标准，并加以推广和实施，实现猕猴桃的标准化生产，是我国猕猴桃产业竞争力大幅度上升的必然要求。

猕猴桃分级相关的果农、果商、果品公司、消费者都更倾向于直接观察果实外观尺寸大小和形状决定果实的价值，所以基于图像信息的分级方法更具有实际意义。调查发现，分级以猕猴桃果实外观尺寸为量化指标比单果质量更直观、更方便。猕猴桃果实单果质量与外观尺寸之间有一定的关联性，李平平（2014）提出了外观尺寸与图像资料之间也有一定的关联性。因此，可以通过研究果实的图像资料与单果质量之间的关系来进行分级。采集猕猴桃的图像资料，进行图像处理后得到面积的像素值，将像素值与单果质量进行拟合，计算相关性。将分级指标从单果质量向外观尺寸转化，更符合猕猴桃分级相关的各群体的要求。猕猴桃分级线上可以加入图像处理系统，与称重系统同时工作，分级结果更科学。崔永杰（2012）提出了可通过近红外光提取猕猴桃表面缺陷阈值的方法。所以，采用图像处理系统可以同时判断猕猴桃表面缺陷及畸形果，比只采用单果重系统的分级线更智能化、科学化。

（四）研发适合不同分级规模的装置

种植农户直接参与分级，可以充分利用剩余劳动力，降低成本。果农种植收获后进行分级并贴溯源卡，运往果品公司后再由果品公司检验分级质量，落实责任到户。这就需要基于果农的经济实力设计成本低、规模小的分级装备，供果农使用。前文曾提到，果品公司分级装备没有得到完全利用。由于季节、节假日等原因影响，市场对果实的需求量不稳定。在达不到一定的供应量时，使用该设备成本高于收益。因此需要研发适合不同分级规模的装置，从规模、占地面积、成本、人工等方面综合考虑。果农、中小型企业及大型果品公司都能根据实际情况选择使用分级装备。这样果农也参与机械分级，形成机械分级的风气。机械化分级能够减少劳动力的使用，降低工人的劳动强度、改善分级的效率、提高果实的质量，同时可以使果农得到更多的收入。所以，应该研发适合各种分级规模的装置，以达到双赢的局面。

四、猕猴桃果实的包装处理

合理的包装是果实商品化、标准化、安全运输和贮藏的重要措施。科学的包装可减少果实在搬运、装卸过程中造成的机械损伤，使果实安全运输到目的地。同时，还可减少果实腐烂程度，延长贮藏寿命。因此，合理的包装处理在果实贮运中起着重要的作用。

（一）包装基本要求

包装材料质地要坚固、轻便，容器大小、重量要适合，便于运输和堆码；容器内部要光滑，以避免刺破内包装和果品；容器不要过于密封，应使内部果品与外界有一定的气体和热量交换。包装容器要美观、方便，对顾客有一定吸引力。

包装的作用有6个方面，一是包装可减少果实摩擦、碰撞、挤压。二是猕猴桃果实为易失水的鲜活体，包装材料既要有一定的保湿性能，又能透气，这样才能维持果实呼吸。三是包装材料对气体有选择透性，便于延长后熟期和催熟两方面技术措施的实施。四是猕猴桃含有丰富的维生素C和蛋白酶类，一次不宜食用太多。作为送礼之佳品，包装宜小，或大包装套小包装。五是包装要有艺术性，应美观、大方、漂亮，底色图案突出猕猴桃特色。六是要体现出商品性、注册商标、价位、果实规格、等级、重量、数量、品种名称、生产者名称、产地、经营单位、出库期、保质期、食用法、营养价值甚至品质程度（含绿色水果、有机水果所规定的各种有害物质的量）、联系电话等都要明确标出。做到货真价实、质量取胜、竞争中求生存，发展中创名牌。

（二）包装容器应具备的条件

防止机械损伤；包装容器要坚固美观；减少自然损耗，有利于保证果品质量；有利于贮藏堆码；降低运输费用，并适应新的运输方式；方便购销者处理。

1.包装容器的种类和材料

猕猴桃的包装方式不同，其贮藏时间和贮藏效果也就有所不同。如果选用合适的包装材料，可降低盒内气体浓度，增加二氧化碳，使猕猴桃的呼吸强度受到抑制，从而使果实的贮藏期得以延长。如果包装选择不当，气体的浓度超过了猕猴桃贮藏的适宜范围，果实就会受到气体伤害，而水蒸气透过性差，就会在包装物的内壁上形成水滴，使环境湿度增大，有利于微生物滋生和繁殖，从而缩短了果实贮藏期。生产上一般采用硬纸盒、硬纸箱包装，有的也用木条箱、塑料箱等。在箱底铺垫柔软的纸张或辅以PE/PVC塑料保鲜膜贮藏。国家农产品保鲜工程技术研究中心（天津）研制生产的PE/PVC防结露保鲜膜，具有良好的透气性、透湿性，对猕猴桃的贮藏保鲜作用效果良好。

2.包装容器的大小和类型

要根据使用目的和对象来选择。目前我国猕猴桃果实的包装，使用的容器有塑料箱、纸箱和木条箱。其中纸箱用得相当多，塑料箱和木条箱次之，泡沫箱很少见；这是因为纸箱具有其他包装箱无法相比的优点。日本的试验表明，初夏季节白天气温上升，货车内的温度也上升，而纸箱内温度上升很少，过了3d也没有很大的变化，说明纸箱本身有一定的保温性，对常温贮存也是有利的。猕猴桃采摘后一般经过预冷处理，在装入瓦楞纸箱后，箱内猕猴桃温度相对稳定，进入低温贮存后以及离开低温贮存条件又无冷藏车运输时，箱内猕猴桃温度不会产生跃变，这对于长途运输极为有利。

装猕猴桃的纸箱，质量一定要好，一定要坚固，否则在果实运输期间，经不住运输和长时间堆放而压伤果实，造成不应有的损失。由于猕猴桃是浆果，不耐压，用瓦楞纸箱包装运输以10~15kg为宜。硬质纸箱作为果品贮运直至销售的适宜包装，代替当前木条箱，可大量减少木材的消耗。

资料表明，当纸箱的长宽比值为1.4时，抗压强度最高；但一般要求堆码强度和堆码稳定性两方面兼顾，长宽比值以1.5为佳。所以，纸箱的长宽比值在1.4~1.5时，纸箱抗压、堆码等性能均处于优势状态。纸箱长宽尺寸之比确定后，从抗压、堆码强度来考虑，其高度以30~40cm为佳。生产中常见的塑料箱的长、宽、高

（内径）为40.5cm×29cm×33cm，可装猕猴桃约12.5kg；木条箱的长、宽、高为45cm×33cm×23.5cm，可装猕猴桃约12.5kg。

根据绿色食品建议标准，鲜食果要用有绿色食品标志的塑料箱包装，果实按大小分级，用软纸包装后放在果盘的凹槽内，每槽装果盘3~4层。如用木条制成的带绿色食品标志的木箱包装，要在板条之间留有窄的空隙，以利于通气；木箱不宜过深，约摆5层果实即可，放果前在箱底和周围铺1层草帘，避免碰伤果实。将分级后的果实分箱包装，果实分层排列在木箱内，每放一层，中间加些碎麦秸或其他软物填充。装满果实后，上面加一层草帘，然后加盖，即可运往市场或贮藏库。

作为销售果实的小包装即盒子，其大小、形状、用材不等，但其目的都是为贮运服务，减少成本费用，降低损耗，提高商品价值。

第六节　猕猴桃果实的催熟

用于鲜销或短期贮藏的猕猴桃果实，往往采用不同的方式进行人工催熟，使果实在短时间内达到应有的品质和风味，满足消费者购买和消费时的需求。人工催熟可缩短果实成熟时间，达到提前上市的目的。成熟后期的果实可分为两个阶段，即成熟和完熟。成熟是指果实生长的最后阶段，达到充分成长。在这个阶段，果实中含糖量增加，含酸量降低，淀粉减少，果实中固有的芳香物质开始形成，表现出该品种特有的颜色和形状特征，即果实到达成熟阶段。根据成熟阶段的一些特征，可确定果实的采收时期，但此时并非食用果实的最佳时期。完熟则是指果实完全成熟，可食用了，果实表现该品种形状、颜色和风味等特征，并达到了果实的最佳食用品质。

猕猴桃具有生理后熟期。采收后的果实，处在成熟阶段，果肉坚硬，酸味浓，甜味淡，没有表现出该果实应有的品质和风味。采收后经过人工催熟处理或经贮藏才趋于完熟，达到食用品质标准。

一、催熟原理

果实成熟过程是复杂的生理生化过程，既有合成分解过程，又有氧化还原过程。果实成熟过程主要涉及呼吸作用及其类型，而这种过程是在酶的作用下进行的，所以凡是能增加酶活性的因素，都可促进果实成熟。人工催熟果实是采取各种措施，提高酶活性，加快呼吸进程，促进果实内物质转化，加快果实成熟。

促进果实成熟的因素很多。对催熟来讲，主要是某些对果实成熟有刺激作用的气体，如乙烯、丙烯、乙炔、乙醇、四氟化碳等均有催熟作用，但普遍采用的是乙烯。我国近年来用乙烯利催熟果实较为普遍，其作用原理是乙烯利分解后释放出乙烯，靠乙烯催熟果实。

二、催熟方法

刚采收或在冷库中贮藏的猕猴桃，因果实坚硬，酸味浓，不能食用。为上市销售可将果实放在塑料帐或密闭室内用乙烯催熟，经过催熟的果实，可上市销售。目前，常用乙烯利催熟果实。乙烯利（二氯乙基磷酸）是液体，不需要密闭的环境，只需把配好的药液喷在果面上或用药液浸果，便可加快猕猴桃果实的成熟。可根据需要人为地控制果实成熟，分期分批供应，满足市场的需要。丙烯、乙醇等方法也有一定的催熟效果。

猕猴桃的催熟处理应用于鲜销或短期贮藏，而用于长期贮藏作为反季节销售的猕猴桃和用来深加工处理的猕猴桃，不仅不能做催熟处理，而且要尽量避免果实的后熟。

第七节　即食猕猴桃的发展前景

猕猴桃虽广受消费者喜爱，但一直以来，消费者购买的国产猕猴桃太硬太酸，不可即食是国产猕猴桃一直以来的痛点。为解决国产猕猴桃的消费痛点，"即食猕猴桃"的概念由此提出。即食猕猴桃无需等待其自然后熟，肉质成熟度均一、口感风味较好，消费者可即买即食（钟曼茜，2023）。

"即食猕猴桃"的概念早在三、四年前已被提出，但由于催熟工艺不完善、催熟成本较高、采后冷链设施不足及损耗高等因素，在国内仍处于讨论和概念范畴，各商家的催熟技术水平也参差不齐，并未进入大规模商业化生产和应用。目前，国内即食猕猴桃市场价格昂贵，售价为国产猕猴桃的3～4倍，国内市场上的即食猕猴桃产品被进口品牌新西兰佳沛（Zespri）、意大利JingGold等占领。目Zespri 2021年财报显示，公司全球销售总收入达到35.8亿新西兰元（约合人民币153.78亿元），在中国的销售额达9.1亿新西兰元（约合人民币39亿元），全球占比25%。据新西兰Zespri预计，在中国的销售量每5年翻一番，到2026年新西兰猕猴桃的销量预计在中国有6 000万～7 000万标准箱。与此同时，国产即食猕猴桃产品才刚进入技术研发和生产应用初级阶段，其品质与新西兰Zespri猕猴桃差距较大（杨金娥，2022）。

所谓"即食性"就是让后熟过程在果品进入零售终端前完成，使得消费者在购买的时候就是一个可食的状态。正常后熟且能够保持一段时间的货架期，对果品质量要求非常严格。生产环节是果实品质形成的基础，贮藏、分拣、包装、运输、催熟等环节都会影响果品的即食性。严涵等（2022）研究"即食"红阳猕猴桃鲜果制备工艺为：红阳猕猴桃采后在（20±2）℃使用250μL/L乙烯催熟24h，再立即使用0.5μL/L的1-MCP进行保鲜处理，可得到"即食"猕猴桃，可食窗口期为19d。李辣梅等（2023）研究发现1-MCP处理可有效维持可食窗口期内的红阳猕猴桃果实中的货架品质，保持了果实的"青草""甜香""果香"口味，而0.5μL/L1-MCP处理可维持即食红阳猕猴桃的货架寿命，且风味最佳。

我国猕猴桃种植面积和产量逐年增长，品种日益增多，即食猕猴桃产品的进口量逐步攀升，且国内猕猴桃消费市场需求不断扩大。可见，我国对高品质猕猴桃的需求量越来越大，即食猕猴桃将成为未来猕猴桃消费趋势，优质的、性价比高的国产即食猕猴桃产品也将成为市场新宠（钟曼茜，2023）。国内猕猴桃催熟技术仍采用较为传统的方法且硬件配套设施不足，操作繁杂，催熟后的猕猴桃品质与销售链路不匹配，硬度太高或太低，货架期难以保障，且极易出现催熟不均匀和口感不佳等弊端，即食猕猴桃产品包装后因用于贮藏和周转的不同温区冷链配套设施不足，导致即食猕猴桃产品销售链路损耗较高，影响即食猕猴桃产品的品质、销售价格和经济效益（钟曼茜，2023）。由于产品质量的均一性不过关、成熟度不一致，加上分拣过程对干物质、可溶性固形物含量等不能进行精准分级，造成猕猴桃催熟困难。解决猕猴桃"即食性"问题是一个系统工程，需要"前生产"和"后整理"全产业链发力才能完成（杨金娥，2022）。即食猕猴桃产品的硬度较低且后续链路还需经过"干线冷链运输—销地周转—城市配送—门店货架"环节后才能到达消费者手中，因此精准配套即食猕猴桃产品贮藏、周转和运输的冷链物流设施极其重要。

猕猴桃产业在后期发展中需科学构建种植生产标准体系并严格落实采后标准化操作规程，促进即食猕猴桃规模化生产、提升即食猕猴桃果品品质和市场竞争力。需要多渠道推动我国猕猴桃产业种、产、贮、运、销全链路数字化升级，共建标准、规范的数字化、标准化猕猴桃产区，建立云仓储物流中心，通过实时监控种植情况、贮藏环境、物流条件、配送时效及果品品质变化，提升即食猕猴桃种植、贮藏保鲜、催熟、分选、包装和运输能力，并通过数字化、精细化管理为每一颗猕猴桃定制专属"身份证"，做到"来源可追、去向可查"。将数字化技术深入"从田间到消费者"全链路中，真正实现种植生产、采后技术、物流运输等全方位可视化和监管，提升产业效益，并为支持企业开展绿色有机认证、低碳认证、全球良好农业操作（GlobalGAP）认证及出口备案基地建设等提供技术支持（钟曼茜，2023）。

第三章　猕猴桃果实采后贮藏

第一节　猕猴桃果实采后生理生化变化

猕猴桃果实是一种营养丰富、风味独特的水果。猕猴桃采后必须经过后熟软化才能食用。猕猴桃对乙烯的敏感性远高于苹果，即使有微量的乙烯存在，也足以加速呼吸进程，促进果实的成熟软化。猕猴桃在贮藏期间，原果胶容易转化为水溶性果胶，导致果实软化。贮藏中控制乙烯的生成，可明显地延迟果实的后熟和衰老，延长其货架期和维持好的品质。

由于猕猴桃的特殊生理特性，猕猴桃贮藏果应在呼吸高峰出现之前采收，采后必须尽快预冷，温度快速降至0～2℃，以延长贮藏期。贮藏中，应避免猕猴桃与其他货物混存，避免病、虫、伤果入库，因为病、虫、伤果会刺激果实的呼吸作用，产生较多的乙烯，因互感作用，影响整库果实的贮藏期。在贮藏过程中需及时挑拣出已提前软化的果实，减少对其他果实的影响。另外采用乙烯吸附剂脱除乙烯是猕猴桃贮藏的必要措施。

一、猕猴桃采后的生理变化

猕猴桃果实采摘后，虽然脱离了树体，但仍是一个生命活体，开始了一个新的生理变化过程。贮藏指在能够维持正常呼吸代谢的环境下，延长果实后熟衰老的时间。中国林业科学研究院王贵禧博士在研究猕猴桃软化过程后认为，猕猴桃贮藏期的成熟过程受其特定基因的调控，并予以表达，这种酶称为"阶段性专一酶（SSE）"，并找出了猕猴桃果实软化的关键SSE，试图从调控贮藏环境着手控制SSE，从而调节果实软化进程，达到延长贮藏期的目的。果实采收后生理上包含着一系列复杂的生理生化变化，在猕猴桃果实采后软化过程中，多糖类物质如淀粉、果胶和纤维素会发生明显的降解，因此，引起多糖类物质水解相关软化酶活性的变化可能与果实软化有关。

猕猴桃果实采后成熟及果实生理变化生成乙烯，称为内源乙烯。猕猴桃对乙烯十分敏感，果实释放内源乙烯后加速软化，乙烯形成酶（EFE）的活性变化对果实软化起着重要作用。贮藏初期果实中内源乙烯生成浓度极低，果实硬度没有什么变化，贮藏中期果实中乙烯生成有一个较长时间的稳步上升阶段，达到果实呼吸高峰，之后内源乙烯生成稍有下降。

（一）猕猴桃果实呼吸跃变现象

猕猴桃在生命过程中的不同阶段，果实的呼吸强度是不同的。幼果期果实的生命活动最旺盛，呼吸强度最高，随着果实的生长发育，呼吸强度逐渐降低，在成熟衰老阶段进一步降低。但在猕猴桃成熟衰老过程中，其呼吸作用会出现反弹现象，即在猕猴桃果实的生命活动后期，猕猴桃果实的呼吸强度呈现突然的上升，然后再下降，出现了一个小的呼吸高峰，这种现象叫做果实的呼吸跃变。有些学者将呼吸跃变描述为一些果实个体发育中的一个临界期，它标志着果实从生长到衰老的转折。因此，从猕猴桃贮藏保鲜的角度讲，呼吸跃变出现得越早，跃变峰值越高，也就越不利于贮藏。

（二）猕猴桃果实呼吸方式——有氧呼吸和无氧呼吸

猕猴桃果实的呼吸方式分为有氧呼吸和无氧呼吸。当贮藏环境的氧气含量充足时，果实吸收氧气将呼吸底物如糖和有机酸等完全分解，释放二氧化碳，同时生成水、能量和热量，这种呼吸方式叫做有氧呼吸。在正常状态下，猕猴桃果实的呼吸方式是有氧呼吸。在缺氧状态下，果实得不到呼吸所需要的氧气，呼吸底物不能完全氧化分解，呼吸产物不是二氧化碳，而是乙醇、乙醛等物质，这种呼吸方式称为无氧呼吸。无氧呼吸时对果实的营养消耗更快，生成的乙醇、乙醛等产物积累在果实内，对果实有毒副作用。因而在猕猴桃果实贮藏时既要降低有氧呼吸，更要避免无氧呼吸。

1. 采收后猕猴桃果实呼吸强度的变化

在常温条件下，不同品种的猕猴桃果实呼吸强度变化趋势是一致的，都有一个呼吸跃变期，其呼吸强度随着存放时间延长而上升，出现呼吸高峰后又下降。但是，不同品种的呼吸强度和呼吸高峰出现的时间都有差异，如中华猕猴桃临83-1的呼吸强度始终高于海沃德和阿里森品种，特别是10d后呼吸强度迅速上升，到15d出现呼吸高峰，海沃德的呼吸强度始终低于临83-1，呼吸高峰也推迟3d出现，阿里森的呼吸水平与海沃德相近，而呼吸高峰要比临83-1推迟6d出现。王强等（2010）研究发现猕猴桃呼吸高峰出现的时间与果实组织产生褐变是一致的，即果实出现呼吸高峰之后就会加速品质衰老。

2. 猕猴桃果实呼吸作用及其与贮藏的关系

呼吸是猕猴桃果实进行生命活动的主要标志，表面上是一个吸收氧气、放出二氧化碳的过程，内部是果实的营养物质如糖、有机酸、淀粉、蛋白质和脂肪等物质在一系列酶的催化作用下，分解成简单物质并释放能量的过程。如果呼吸作用停止，猕猴桃果实得不到维持生命活动所需的能量，就会衰老、腐烂。因此，在猕猴桃果实的生命周期中，必须保证正常的呼吸。同时猕猴桃呼吸作用也有其不利的一面。首先是呼吸作用要消耗果实积累的营养物质，使果实的营养下降，风味变淡；其次是呼吸作用产生的热量叫做呼吸热，呼吸热使猕猴桃果实自身和周围环境温度升高，同时又促进呼吸作用，导致果实内部的有机物消耗更快，使果品的贮藏期缩短。因此，控制猕猴桃果实的呼吸作用是做好其贮藏保鲜的主要工作之一，要维持猕猴桃果实正常的呼吸代谢，以获取能量供果实的生命活动，又要将呼吸作用降到最低，以减少呼吸对果实营养的消耗。呼吸作用的强弱常用呼吸强度来表示，它是指每小时每千克果实呼吸放出的二氧化碳或吸收的氧气的毫克数，呼吸强度大说明呼吸作用旺盛，果实的营养消耗多，衰老快，贮藏保鲜期短。

3. 影响猕猴桃呼吸作用的因素

果实呼吸作用的强弱既与自身的遗传特性有关，又与果实所处的环境条件有关。不同品种猕猴桃果实的呼吸强度不同，猕猴桃果实的呼吸强度还与成熟度有关，幼果期果实的呼吸强度最大，果实充分生长发育。在生长末期果实已基本长成，呼吸强度明显下降，此时采收有利于贮藏保鲜。温度是影响猕猴桃呼吸作用的最主要的环境条件，在一定温度范围内（如0～35℃），环境的温度越低，果实的呼吸强度越小，低温能延迟呼吸高峰的出现时间，降低呼吸峰值。猕猴桃贮藏环境的气体成分对呼吸作用也有明显的影响，降低氧气浓度、提高二氧化碳浓度可使得果实的呼吸作用降低，但不同品种的猕猴桃果实对低氧和高二氧化碳都有一个适应范围，氧气并非越低越好，二氧化碳并非越高越好。当猕猴桃果实受到外界因素的伤害时，如碰伤、挤压或摩擦伤、虫伤及微生物侵染等，果实的呼吸作用都会增强。此外，猕猴桃果实的呼吸作用还与植物生长调节剂有关，乙烯和脱落酸等激素使果实的呼吸加强。

（三）果实软化

猕猴桃果实采后极易变软。贮藏保鲜过程中只要管理稍有失误，就会导致整库果实软化，造成严重的经济损失。有研究表明，猕猴桃果实采后置于20℃条件下，从采收当天算起，到采后7d果实硬度下降很快，平均每天的硬度下降速率为6%左右；7～25d果实硬度损失率相对变缓，贮藏前期果实硬度下降很快，后期果实硬度下降缓慢。

对于还没有充分软熟的果实，如果要立即或短期内食用，需要催熟处理。可食成熟度的指标硬度为$0.5 \sim 1.0 \mathrm{kg/cm^2}$，可溶性固形物约14%。

二、采收后的猕猴桃果实化学成分变化

（一）可溶性总糖量的变化

在生理后熟期间，不同品种的猕猴桃果实其总糖变化趋势是一致的，即随着后熟的加深其总糖逐渐增加，达到高峰后再逐渐降低。含糖出现高峰，并维持在较高水平，果实变软达到最佳食用阶段。后期消耗基质，果实过熟衰老。但不同的品种，总糖出现高峰的时间不同，总糖含量也不同。

（二）可溶性固形物含量的变化

可溶性固形物是果实中的总糖、总酸、维生素、矿物质等所有可溶解于水的化合物的总称。在猕猴桃生理后熟期间，可溶性固形物含量的变化趋势与总糖的变化十分相似，品种间的差别也与总糖量类同。

（三）维生素C含量的变化

维生素C（即抗坏血酸）是水果的品质指标之一。据研究报道，水果中维生素C的存在，可将醌类还原为酚类，从而解除了醌对细胞的毒害作用，有利于贮藏保鲜。猕猴桃果实在生理后熟期间，不同品种维生素C含量不同，维生素C含量是逐步降低的，尤其是出现呼吸高峰之后其含量下降较明显，这或许是果实产生褐变的重要原因。

（四）有机酸总量的变化

猕猴桃果实在生理后熟期间其有机酸总量没有明显的变化规律。猕猴桃后熟过程中，其甜味的增加主要是总糖量增加的缘故。总酸量在品种之间是有差异的，如海沃德含酸量平均为1.32%，变动范围是1.20% ~ 1.45%。

（五）猕猴桃果实水分的变化

1. 采后猕猴桃果实的蒸腾脱水

猕猴桃果实采摘后，不能从植株上获取水分和营养，但仍然进行呼吸作用，消耗果实自身物质而失水。贮藏保鲜的目的有"保水"的一面，一旦果实水分散失多，果实出现萎蔫，品质下降。因此，一定要在相对湿度较高的贮藏环境中，才能防止果实失水，所以，猕猴桃果实贮藏保持较高湿度十分重要。

2. 猕猴桃果实的水分含量与贮藏保鲜的关系

猕猴桃果实内充足的水分是其进行正常生命活动的保证，果实内的所有化学反应都是在水溶液中进行的。在缺水的状态下，酶的活性受到影响，细胞内物质的运输和交换减少，化学反应也会受到影响。果实严重失水时，生命活动无法进行，导致果实死亡。因此，控制猕猴桃果实采收后水分的蒸发是贮藏工作的一个重要环节。

3. 影响猕猴桃果实失水的因素

影响猕猴桃果实失水的因素很多，既与果实自身的因素有关，也与果实所处的环境条件有关。猕猴桃果实的失水快慢还与果实的大小有关，一般小果比大果失水快。影响猕猴桃果实失水的环境因素主要有温度、湿度、空气（风）流动速度等。温度高、湿度低（干燥）、空气流动快（风大），太阳晒等都会加速果实的失水。

（六）猕猴桃果实乙烯的变化

乙烯促进果实的呼吸作用，加速果实内物质的分解，加快果实的衰老速度。在猕猴桃贮藏过程中一定要严格控制乙烯的含量。猕猴桃对乙烯的反应非常敏感，在贮藏期间，原果胶容易转化为水溶性果胶，导致果实软化。猕猴桃果实采后成熟及果实生理变化生成乙烯，统称为内源乙烯。贮藏初期果实内源乙烯生成浓度极低，果实硬度没有什么变化；贮藏中期果实中内源乙烯生成有一个较长时间的稳步上升阶段，呼吸高峰过后，内源乙烯生成稍有下降。秦美猕猴桃贮藏20d后乙烯生成量达到高峰，有研究表明，在0℃条件下，猕猴桃成熟软化的乙烯阈值仅为30μL/L，在乙烯浓度极低的0.01μL/L时对猕猴桃就有催熟作用。因此，猕猴桃果实在贮藏时控制乙烯浓度非常关键。

第二节　猕猴桃果实的贮藏保鲜原理

猕猴桃采收后的各种代谢活动都是在向衰老、腐烂方面变化，这种变化是必然的，可以通过调控环境条件和其他辅助措施，减缓这种变化的速度。

贮藏保鲜的基本原理是通过控制影响猕猴桃贮藏的内外因素，使其向有利于贮藏的方向发展，减缓猕猴桃代谢活动和防治病菌的侵染，达到延长猕猴桃贮藏时间的目的。猕猴桃果实采后有自然后熟过程，常温不耐贮藏。如何延长贮藏期、提高贮藏质量、保证季产年销是生产环节中的一个重要问题。低温虽然可以延长其贮藏寿命，可是它对乙烯极其敏感。所以，控制乙烯的作用是猕猴桃贮藏中的一个关键因素，贮藏用猕猴桃应在呼吸高峰出现之前采收，采后必须尽快入库，温度快速降至0~2℃，以延长贮藏寿命。

一、猕猴桃贮藏保鲜的内外因素

（一）内因

猕猴桃自身品质是贮藏的基础。果实在采后运输、销售过程中要保持猕猴桃的完整性，切忌造成机械损伤。

不同品种的猕猴桃其耐贮性不同，张群等（2022）对湖南主栽的5个猕猴桃品种（红阳、东红、金艳、翠玉、米良1号）采摘后常温贮藏，5个品种的耐贮性依次为红阳<米良1<翠玉<东红<金艳，红阳、翠玉和米良1号猕猴桃不适宜长期贮藏，金艳和东红耐贮性强。

（二）外因

贮藏方法是外因，是猕猴桃维持其品质的主要手段。具体方法有清洗消毒，添加保鲜剂，控制好贮藏环境的温度、湿度，调节空气成分比例等。猕猴桃对乙烯气体特别敏感，猕猴桃后熟过程中会释放乙烯，故冷库中若有成熟的果实，就会引起乙烯积累。其他果品后熟也会释放乙烯，故猕猴桃不能贮藏于杂果库中，特别是不能与苹果和梨混藏。除避免一切乙烯来源之外，还应尽可能地将贮藏环境的乙烯浓度控制在最低范围之内，最好不超过0.01μL/L。

各种外因的具体指标因猕猴桃种类的不同而不同，如表3-1所示。

表3-1　猕猴桃贮藏外因指标

指标	特性
温度	各种猕猴桃的适贮低温不同，大多适宜0℃左右低温贮藏
湿度	提高贮藏环境湿度，一定要与贮藏温度相配合，低温贮藏配以高湿环境（90%~95%的相对湿度）
空气	总原则是尽量减少氧气，增加二氧化碳，适宜贮藏的气体比例为氧气2%~3%、二氧化碳3%~5%

无论采取哪种贮藏技术，猕猴桃贮藏寿命都是有限的，只有采前生产栽培与采后贮藏保鲜技术相辅相成才能获得最佳贮藏效果。猕猴桃果实贮藏保鲜的基本要求为温度0~1℃，相对湿度90%~95%，气调时氧含量为2%~3%、二氧化碳含量为3%~5%。猕猴桃的贮藏通常采用低温、高湿和少氧的处理方法来减少果实的呼吸和

营养物质的消耗，达到保持其品质的目的。经分析表明，经过5～6个月的贮藏，除维生素C有所减少外，总糖和可溶性固形物含量均有所增加。

三、猕猴桃果实的贮藏特性及影响因素

（一）猕猴桃果实的贮藏特性

猕猴桃皮薄、肉厚、水多，易受伤引起腐烂。因此，果实的采收应根据市场需要和目的要求确定。采摘一般在晴天进行，可分期、分级采摘，这样既可减少碰伤，还可使小果继续长大。有条件可将果实先预冷，再分级、包装、入库或外运。猕猴桃果实采收后，一般不宜即采即食，须经一定的后熟期才能显示其美味，因此贮藏成为提高猕猴桃品质的重要技术措施。

猕猴桃贮藏作为一项系统工程，要想实现良好的贮藏效果，除需要有科学、完整的采后处理技术和贮运条件外，还必须充分考虑采前因素和采摘环节对果实的影响，采前确保生产健康优质的果实才是成功贮藏的基础。猕猴桃果实在采后的生理后熟期间有一个呼吸跃变期，其呼吸强度随着时间延长而加强，出现呼吸高峰后又逐渐下降。在呼吸高峰出现的同时也伴随着果肉组织褐变过程，使果实腐烂变质。呼吸高峰出现的迟早在品种间有很大差异，这是果实耐贮性的重要指标。

猕猴桃果实的营养成分分析表明，可溶性总糖含量和可溶性固形物含量是随着果实生理后熟而提高，甜度增加。维生素C的含量在果实生理后熟期间有下降的趋势，尤其是在呼吸高峰之后，其含量下降更为明显，这对果肉组织的褐变产生直接影响。有机酸含量在生理后熟期间没有大的变化。

环境因子与猕猴桃生理后熟过程密切相关。在常温条件下，密封状态能加速果实的生理后熟过程，但容易腐烂变质；果实处在裸露通气状况下，虽能延长存放时间，但加速失水，不利于贮藏。较高的室温会加速果实生理后熟，0～1℃以上的低温能明显起到贮藏保鲜的效果。

（二）通气状况对猕猴桃果实贮藏性的影响

以海沃德猕猴桃果实为例，用通气（裸露）与不通气（装袋）两种方法进行通气状况对猕猴桃果实贮藏性的对比处理，在不通气条件下，果实后熟快，4d后就变软可食，这主要是果实自身释放的乙烯加速了果实的后熟过程，12d后就全部腐烂。在通气条件下，果实的后熟进程要相应推迟3～5d，但果实失水严重，到10d时失水率达19.6%，约为不通气条件下的20倍，这对果实贮藏是个不利因素。

（三）温度对猕猴桃果实贮藏性的影响

猕猴桃临83-1的果实装在聚乙烯薄膜袋里，分别放置在低温（4℃）和常温（25℃）条件下，发现低温能明显地延缓果实的生理后熟过程，到12d后果实变软可食，21d后开始腐烂，比在常温条件下推迟7～20d。与常温相比，低温贮藏降低了猕猴桃果实中酯类物质的种类和相对含量，保持较高醛酮类物质种类和相对含量。常温贮藏下猕猴桃果实风味物质随贮藏时间变化明显，而低温能较好地维持猕猴桃果实的特征风味。与常温贮藏相比，低温贮藏抑制了脂肪酸代谢中脂氧合酶（LOX）、脂氢过氧化物裂解酶（HPL）、乙醇脱氢酶（ADH）以及醇酰基转移酶（AAT）等关键酶活性及其基因的表达，降低了果实亚油酸和亚麻酸的分解，通过脂肪酸代谢途径合成的酯类物质也因此有所降低。

猕猴桃为呼吸跃变型果实，低温能有效延长其贮藏期，但在不适宜的低温下长时间贮藏容易发生冷害。猕猴桃的冷害症状主要表现为外果皮有水渍化斑点，严重时表皮表现木质化和褐化。猕猴桃冷害发生后在低温下不易察觉，待贮藏温度上升后，其冷害症状才逐渐表现出来。冷害导致贮藏中和出库后货架期果实大量腐烂，这已成为猕猴桃采后冷链物流的最大障碍。

杨青珍等（2013）对徐香猕猴桃采后采用逐步降温处理有效降低冷藏猕猴桃果实的冷害指数和冷害率，并保持较高的好果率和货架期品质；显著减少膜脂过氧化产物丙二醛的积累和抑制细胞膜透性的增加，保持较高的超氧化物歧化酶、过氧化氢酶及抗坏血酸过氧化物酶活性和较低的脂氧合酶活性，并降低超氧阴离子自由基生成速率和过氧化氢含量。这表明，逐步降温减轻徐香猕猴桃果实冷害的发生与活性氧清除酶活性的提高及活性氧积累的降低有关。10℃→5℃，2d→2℃，2d→（0±0.5）℃逐步降温对冷害的控制效果更为显著。逐步降温是逐渐适应低温防止冷害发生的冷锻炼/预冷过程。猕猴桃果实在逐渐适应低温过程中，一方面将大量的田间热散去，另一方面是愈伤的过程，第三方面可能启动了果实的防御系统，这将有助于提高果实的抗冷性。逐步降温处理显著抑制了徐香猕猴桃冷害的发生，并对改善果实的一些品质有着积极的作用，如货架期结束时，保持较高的硬度、可溶性固形物含量、可滴定酸、维生素C等品质指标。综上所述，逐步降温处理提高了活性氧清除酶活性，并降低了活性氧自由基积累，进而延缓膜脂质过氧化，最终减轻了徐香猕猴桃果实冷害症状。

贾德翠等（2008）研究表明，采用不同预冷处理对猕猴桃的贮藏效果有明显影响，翠玉经室温预冷处理的贮藏效果最好。米良1号以间歇预冷处理的贮藏效果最好，贮藏60d时的果肉硬度（1.7kg/cm²）和好果率（70.0%），均显著高于对照（1.5kg/cm²，64.0%），而软果率与对照相同（36.0%）。

（四）1-MCP对猕猴桃果实贮藏性的影响

猕猴桃果实采后有自然后熟过程，常温不耐贮藏。延长贮藏期、提高贮藏质量、保证季产年销是生产环节中的一个重要问题。低温虽然可以延长猕猴桃果实的贮藏寿命，可是它对乙烯极其敏感。控制乙烯的作用是猕猴桃贮藏中的一个关键因素。

猴桃果实进入成熟期，产生乙烯，并与细胞内部的相关受体相结合，吸引乙烯受体中金属离子的电子，并与之配对，但两者的结合呈竞争性。当乙烯与其受体结合后会很快从受体位点上解离下来，乙烯的解离是形成生理活性物质的必需步骤，即乙烯的结合和解离诱导果实产生一系列的生理反应。1-甲基环丙烯（1-Methylcyclopropene，1-MCP）是一种人工合成的乙烯受体抑制剂，它通过与乙烯受体优先结合抑制乙烯的生理效应。1-MCP是一种高应变分子，靠自身双键与受体金属结合后，它具有的高应变力及较强的受体抑制效应，可使1-MCP与受体位点牢固结合，并长期封锁受体而不发生解离，从而可防止乙烯与其受体的结合。1-MCP与受体的这种结合状态也可阻碍果实形成生理活性物质，从而可破坏乙烯的信号传导，抑制乙烯生理效应的发挥。因此，在果实内源乙烯释放出来之前使用1-MCP，它就会抢先与相关受体结合，封阻了乙烯与它们的结合和随后产生的负面影响，延迟了成熟过程，达到保鲜的效果。1-MCP已用于其他一些猕猴桃品种的采后处理，延缓果实后熟，延长贮藏期。叶昕等（2011）研究发现，1-MCP能明显延长红阳猕猴桃的贮藏期和货架期，且对后熟品质无不良影响。

1-MCP不是万能的，它只是鲜果采后处理的辅助手段。王玉萍（2013）研究表明，0.5μL/L的1-MCP处理可以延缓和减轻美味猕猴桃徐香冷害的发生，但却加重中华猕猴桃红阳冷害的发生，而对中华猕猴桃华优冷害的影响不显著。0.5μL/L的1-MCP处理降低徐香果实中丙二醛（MDA）含量，显著抑制乙烯释放高峰值，却提高了红阳猕猴桃果实MDA含量和乙烯释放峰值；同时1-MCP处理显著降低红阳贮藏期间的呼吸速率，但对华优和徐香贮藏后期呼吸速率的影响不明显。

第三节　猕猴桃果实的贮藏保鲜方法

一、贮前处理

（一）果实采收前的药剂处理

加强采前果园管理，特别是防治病虫害。

（二）热处理

热处理是控制采后病害和虫害的处理方法，可以延缓冷害的发生，抑制乙烯的产生，并且可抑制果实采后病原菌的生长繁殖。马秋诗等（2014）的研究结果表明，贮藏前用（35±1）℃和（45±1）℃的热水处理10min能切实有效地降低红阳猕猴桃的冷害指数、降低乙烯的释放率与果实的呼吸速率。其中（45±1）℃热水处理10min效果最显著。热处理在一定程度上可以有效地增强果实硬度，抑制果实的呼吸作用，但目前热处理的贮藏保鲜方法还不成熟，可作为一种辅助性的采后处理方式。

（三）臭氧处理

臭氧作为杀菌剂具有速度快、易操作、无残留、无死角等特点，近年来使用较广泛。氧化能力极强的臭氧，将细菌、真菌等微生物的细胞膜、细胞壁损伤，将菌体的蛋白质变性、破坏酶系统、使菌体休克死亡，从而达到灭菌、消毒与防腐等效果。曹彬彬等（2012）采用浓度为10.7mg/m³的臭氧处理皖翠猕猴桃，在冷藏（2±1）℃条件下贮藏，猕猴桃果实的呼吸强度被显著抑制，腐烂率降低，延缓丙二醛和相对电导率的上升，超氧化物歧化酶和过氧化物酶则维持较高的活性，冷藏140d时的好果率可达95%。臭氧具有广泛的抗菌性，能够分解乙烯，延缓果实衰老，诱导植物抗病性。经臭氧处理的果实，果肉软化和细胞壁分解程度减少，果实的货架期得到有效延长。臭氧处理抑制了与乙烯合成相关的1-氨基环丙烷-1-羧酸合酶（1-Aminocyclopropane-1-carboxylate synthase，ACS）基因的表达，使猕猴桃细胞中氨基环丙烷羧酸（Aminocyclopropane carboxylic acid，ACC）水平降低，从而达到抑制乙烯合成的目的；同时，经过臭氧处理使猕猴桃果实软化和细胞壁肿胀明显减少，果胶多糖延迟溶解。不同浓度的臭氧，能明显延缓猕猴桃果实的劣变，保持果实的硬度与弹性。国外研究者等将灰葡萄孢菌接种在猕猴桃上，连续采用臭氧处理猕猴桃果实，与对照相比，臭氧能够抑制灰葡萄孢菌菌丝的发育及孢子的形成，降低果实茎端腐烂的发生率。刘焕军等（2018）发现臭氧处理对猕猴桃灰葡萄孢菌和扩展青霉菌的菌丝生长以及孢子萌发有明显抑制作用，对猕猴桃果实硬度、维生素C、可溶性固形物和可滴定酸含量具有较好的保持作用，延缓果实衰老，使果实具有更强的抗病性。为了研究臭氧对猕猴桃采后品质的影响，研究人员将猕猴桃果实分别冷藏于有臭氧和无臭氧存在的无乙烯的观察室中进行观察，发现臭氧能抑制乙烯的产生，延缓果实成熟，提高果实的抗氧化和抗自由基活性。臭氧处理对猕猴桃的贮藏虽然有一定的效果，但是在贮藏期间需要多次进行处理，工作烦琐且成本偏高，浓度越高，对猕猴桃的贮藏品质和后熟生理损害越大，对人体也会造成伤害。在实际操作中需注意臭氧的浓度和熏蒸时间，并注意安全性。

（四）1-甲基环丙烯处理

采用1-甲基环丙烯（1-Methylcyclopropene，1-MCP）进行处理。1-甲基环丙烯是一种乙烯受体抑制剂，它可以通过阻断乙烯与受体蛋白的结合来抑制乙烯诱导果实成熟与衰老。1-MCP可以有效抑制呼吸跃变型果实在贮藏期间硬度的下降，保持不同成熟度猕猴桃的贮藏品质，提高猕猴桃的贮藏效果。经1-MCP处理的猕猴桃呼吸速率显著降低，且1-MCP还可通过抑制果胶酯酶（Pectinesterase，PE）和多聚半乳糖醛酸酶（Polygalacturonase，PG）等水果软化酶的活性来延长猕猴桃的保质期。1-MCP可通过减少乙烯的产生和贮藏过程中对乙烯的响应来保持果实的硬度，1-MCP处理促进了猕猴桃果实的伤口愈合，降低了乙烯生成量，减少果实软化和腐烂，且经1-MCP处理后灰霉病发病率明显下降，抗氧化活性物质增加。

1-MCP在不同的贮藏温度和浓度下都能有效地延长猕猴桃的贮藏期，保持果实品质，降低果实腐烂率；随着温度的降低，贮藏效果更佳。但使用1-MCP时要注意品种之间的差异和合理浓度范围，否则会对果实造成伤害。研究发现较高浓度（1.5μL/L）的1-MCP处理的秦美猕猴桃，其保质期内的食用品质较低，不利于销售。

（五）二氧化氯（Chlorine dioxide，ClO_2）处理

二氧化氯具有较强的抗菌活性，ClO_2是世界卫生组织允许使用的杀菌剂，被广泛用于保持食品质量以及安全控制。ClO_2增加病毒细胞膜的渗透性，还能与氨基酸类的酪氨酸和色氨酸反应使蛋白质变性。此外，ClO_2处理可抑制呼吸速率和乙烯生物合成，延迟果实的成熟。适宜浓度的ClO_2溶液能够更好地保持猕猴桃细胞膜的完整性，降低猕猴桃的呼吸强度，提高超氧化物歧化酶和过氧化物酶的活性，延缓其后熟衰老速度，延长货架期。曹凡等（2019）发现，ClO_2溶液处理既能杀灭猕猴桃表面丁香假单胞杆菌的猕猴桃致病变种，又能保持果实货架期品质。近年来发现ClO_2气体作为保鲜剂时其浓度比较稳定，与液体ClO_2消毒剂相比，能更好地杀灭一部分细胞间隙中的微生物；ClO_2气体处理猕猴桃可以有效抑制果实的采后生理变化，保持果实贮藏品质以及商品价值。

（六）生物保鲜剂

1. 壳聚糖及其衍生物

壳聚糖具有广谱抗菌性和较好的保鲜效果，能够减少真菌对果实的侵染和由此引起的腐败。壳聚糖涂膜能降低猕猴桃果实多酚氧化酶活性，降低呼吸速率和重量损失，有效延长猕猴桃的贮藏期。祝美云等（2010）采用壳聚糖、海藻酸钠和卡拉胶按不同配比制成可食性复合膜对猕猴桃进行涂膜后贮藏，与对照壳聚糖相比，贮藏效果

达到极显著水平，卡拉胶保鲜效果达到显著水平，而海藻酸钠保鲜效果不明显。壳聚糖涂膜处理可减少猕猴桃贮藏中霉菌的侵染，这可能与其诱导的宿主防御机制有关。不同分子量壳聚糖对猕猴桃的贮藏保鲜效果不同，低分子量的壳聚糖更容易穿透猕猴桃果实组织的细胞壁并激活其防御反应，低分子量的壳聚糖对猕猴桃灰霉病的抑制效果最佳，更有助于保持猕猴桃中的维生素C含量。

2. 中草药提取物

中草药中含有丰富的化学活性物质，具有广谱抑菌、安全和环保等优点，能够较好地解决猕猴桃因真菌感染而导致贮藏品质下降的问题。程小梅等（2018）发现川芎、肉桂和高良姜的乙醇提取物对侵染猕猴桃的青霉菌均有抑制作用，其中川芎可显著抑制果实病斑扩大，延长猕猴桃果实的贮藏期。槲皮素对猕猴桃采后蓝霉病有较好的抑制作用，这可能与槲皮素对猕猴桃蓝霉病真菌病原体的抑制作用有关。姜黄素可以抑制灰霉菌孢子萌发和菌丝体的生长，且能显著抑制病害的发生而不影响果实的品质，其原因是姜黄素处理对菌丝体的渗透胁迫具有较高的敏感性，抑制了菌丝穿透植物细胞壁的能力，且参与灰霉菌菌丝生长、渗透性和致病性的丝裂原活化蛋白激酶（MAPK）基因 *bmpl*、*bmp3* 和 *sakl* 下调表达。郭宇欢等（2017）研究发现银杏叶粗提物可提高猕猴桃内部抗性酶活性和酚类物质积累，促进真菌菌丝细胞壁降解，使猕猴桃在贮藏过程中能有效抵抗灰霉病的侵染。肉桂提取物作为高效绿色保鲜剂，对猕猴桃中的尖孢炭疽菌和葡萄座腔菌有良好的抑菌以及杀菌效果，肉桂精油对炭疽病的抑制作用与肉桂精油能够破坏其细胞膜有关。

（七）复合保鲜技术

猕猴桃单一保鲜技术发展比较成熟，但仍存在保鲜效果不强的缺点。物理保鲜与生物保鲜相结合能够达到优势互补的目的，取得更好的保鲜效果。溶菌酶和纳米包装处理相结合能够不同程度地延缓猕猴桃果实的后熟和衰老，显著地提高猕猴桃果实的品质和价值。与单一臭氧处理或单一二氧化钛光催化氧化相比，利用二氧化钛光催化结合臭氧氧化能够协同降解有机化合物并抑制真菌病原体的分生孢子萌发，有效控制猕猴桃采后病害。牛远洋等（2017）发现采用臭氧处理结合低温冷藏（0±1）℃复合处理，相比单一处理，可更好地抑制乙烯的释放，维持较高的超氧化物歧化酶（SOD）活性水平，减少因丙二醛积累造成的损失，延长其贮藏期。研究发现通过溶菌酶与1-MCP复配以及水杨酸与壳聚糖复合等方式处理猕猴桃果实能够抑制酸度和硬度的变化，延缓维生素C和可溶性固形物的分解，保持猕猴桃采后品质和延长其贮藏期。因此复合保鲜技术较单一保鲜技术能够更好地保持猕猴桃的营养价值以及延长其贮藏期。

二、猕猴桃果实贮藏方法

（一）常温贮藏

该法是将经过充分冷却的猕猴桃鲜果装入垫有0.03mm聚乙烯塑料袋的塑料筐中，每袋内放猕猴桃保鲜剂1包或放入一些用饱和高锰酸钾溶液浸过的碎砖块，用橡皮筋扎紧袋口，放于冷凉的房间或地下室，每隔半个月检查1次。此法适于冷凉地区少量存放。

塑料筐一般采用50cm×35cm×15cm规格，每筐装2.5kg为宜。为延缓猕猴桃品质劣变，用抗氧化剂如0.2%赤藓糖酸钠溶液浸果3～5min，晾干后装在聚乙烯袋内，可以提高贮藏效果。

（二）简易短期贮藏

简易短期贮藏也称自然贮藏。将果实箱码垛在尽可能阴凉、通风、相对湿度90%～95%、不漏雨和水的水泥地面、地窖或房屋内。码垛高在2m以内，宽1.5～2m，每排码垛间留宽1.5～2m的走道，有利于通风、降温及降低空气中的乙烯含量。此种方法只能贮放20～30d。

（三）挂树贮藏

如沪美一号、华美一号等能挂树贮藏的品种，可用此法。此法不仅节本增效，而且可提高果实风味与品质，出售时鲜果品质好，随要随采，深受消费者欢迎。有的品种延迟到春节前或春节时采收，可获高利。不过，绝大多数品种必须在降霜前采收。否则果实易被冻伤，造成腐烂。

（四）沙藏

沙藏是一种简单易行的分散贮果方法，适用于个体经营者中、短期贮藏。选择阴凉、地势平坦处，铺15cm左右厚的干净细沙，然后一层猕猴桃一层沙子摆放。一层沙子的厚度约5cm，果与果之间约有1cm间距，外盖10～20cm湿沙。沙子湿度要求以手握成团，手松微散为宜。此法可使猕猴桃放置2个月左右。应注意的是，10d左右检查1次果品质量，及时剔除次果、坏果，以免相互感染，使病情蔓延。检查时间以气温较低的清晨为好。

（五）土窑洞贮藏

土窑洞是一种结构简单、建造方便的节能型贮藏设施，缺点是无法精确控制库温。其构造由窑门、窑身和排气筒组成。窑门最好面向北或西北方向。窑门宽1.2~1.5m，高2~2.5m，共设3道门。头道门为栅栏门；二道门紧挨栅栏门，用木板或铁皮做成；三道门距离头道门3~5m，称为门道，是为了缓冲进入窑洞内的空气温度，使温度均匀，防止骤热骤冷。此门不设门板，只挂门帘即可。

土窑洞贮藏主要是利用外界低温进行冷藏，所以它的使用和管理要求较严，每次贮藏前和结束后，都应对土窑洞进行彻底清扫、通风，并将使用器具搬到洞外消毒晾晒。库内消毒一般可采用硫黄燃烧熏蒸，用量为5~10g/m³，药剂在库内要分点放或者按100m³容积用1%~2%福尔马林3kg或含氯浓度0.5%~1.0%的漂白粉溶液对库内地面和墙壁进行均匀喷洒消毒。

消毒时，将贮藏所用的包装容器、材料等一并放入库内，密闭1~2d，然后开启门窗通风1~3d，之后方可入贮猕猴桃。

（六）通风库贮藏

通风库是在良好的绝热建筑和灵活的通风设备的情况下，利用库内、外温度的差异，以通风换气的方式来保持库内低温的一种场所。它的基本结构与窑洞相似，但通风换气系统和隔热结构更为完善，降温和保湿效果比窑洞明显提高，便于机械装卸和堆垛。

通风库应选在交通方便、地势高、地下水位低、接近产地或销地的地方。库体的方向一般以南北延伸较好，库门朝北，便于将冷空气引入库房。一般通风库都要安装2道门，间隔2~3m，作为空气缓冲间。空气流经通风库自然对流，但为了加速空气流动，需要设置进气口和排气口。一般50t的通风面积不应少于1m²，排气筒应高出库顶1m以上，筒体越高，排气效果越好，若在排气筒的下方安装排气扇，气体流动更快、效果更为明显。

可用旧平房改建，方法是在库房一端的下方挖一个地窗，装一台进风扇，相对的一端上方装一台排风扇，并开出气口。库房上方装两盏紫外线灯，供杀菌用。库内沿纵墙开两条贮水沟，以利保持库内相对湿度90%~95%。猕猴桃预冷后立即用适宜的保鲜剂处理，晾干后装入底部和四周垫有消毒纸屑的竹（木）箱内，每箱限装10~15kg，然后码堆于库内。贮藏前期和后期库温较高时，每隔8h开紫外线灯30min，去除乙烯并杀菌。每天晚上和早上要打开进气扇和排气扇通风。将库温控制在16~20℃、相对湿度90%~95%，此法可贮藏鲜果160d左右。

（七）冷藏

冷藏是指在低温情况下（以猕猴桃不发生冻害为前提），果品的呼吸将变得很微弱，从而减少了营养物质的消耗，延缓果实衰老以达到保鲜的目的。

1. 贮藏前的准备

入库前，首先对冷库和所有的容器集中进行消毒，常用的方法有硫黄熏蒸（10g/m³，12～24h）、福尔马林熏蒸（36%甲醛12～15mL/m³，12～24h）、过氧乙酸熏蒸（26%过氧乙酸5～10mL/m³，12～24h）和0.2%过氧乙酸或0.3%～0.4%有效氯漂白粉溶液或0.5%高锰酸钾喷洒等方法，最简单的办法是把冷库密封起来熏硫消毒，具体做法是按每100m³库容用1kg硫黄加干锯末点燃熏蒸。密封2～3d后启封排除残留，然后对冷库进行预冷，轻质库一般预冷3～5d，土建重质库（夹层墙库）预冷在7d以上，即能将库内温度稳定降至0℃左右。

2. 果品处理

作为贮藏果品的采收指标一般以果肉的可溶性固形物含量6.5%～8.0%时采果较为适宜，过早或过晚采收都对贮藏不利。采后应立即进行初筛分装，伤残果、畸形果、病虫为害果和劣质果都不得入库贮藏。从采收到入库贮藏一般不超过48h。

3. 库温控制

猕猴桃的最适贮藏温度一般在0℃左右。在果品入库之前库温应稳定控制在0℃左右。果品入库初期带有大量田间热，会使库温有所回升。因此，一次入库果品不宜过多，一般以库容总量的10%～15%为好，这样不致引起库温明显升高，有利于猕猴桃的长期贮藏。果实入库完毕，应尽快将库温稳定在最适贮藏温度，避免再次出现大的温度波动。

在果实出库上市时，如果库外温度过高，果实表面会出现水珠，容易引起腐烂。因此，可采用逐步升温的办法，使果实在高于库温但低于外界气温的缓冲间（或预冷间）先放一段时间，然后再出库上市，可避免因温度骤变而引起腐烂。

4. 湿度调节

适宜猕猴桃贮藏的相对湿度为90%～95%。由于换热器管路不断结霜和化霜，致使库内湿度降低，无法满足果品对湿度的要求。解决的办法有3种，一是在设计冷库时冷风机要有较大的蒸发面积，缩小蒸发温度与库温之间的差距（如2～3℃）；二是洒水增湿或安装加湿器，增加贮藏环境的相对湿度；三是把猕猴桃放在塑料薄膜袋内或帐内，提高果实局部环境的相对湿度，采用这种办法应配合使用乙烯吸收剂，以降低乙烯的催熟作用。有时冷库相对湿度偏高，果实表面会出现"出汗"现象，这是由于库外暖空气进入冷库引起的。解决的办法是加强管理，控制果品出入库次数；也可用氯化钙、木炭、干锯末等做吸湿处理。

5. 通风换气

冷库内果实通过呼吸作用释放出大量二氧化碳和其他有害气体，如乙烯等，当这些气体积累到一定浓度就会促使果实成熟衰老。因此，必须通风换气，降低气体的催熟作用。一般通风时间应选在早晨，雨天、雾天或外界湿度较大时，不宜换气。若条件允许，也可在库内安装气体洗涤器，清洗库内空气。这种洗涤器多用溴化活性炭或其他吸附性较强的多孔材料制成。

6. 乙烯脱除

除掉冷藏库内乙烯的最好方法是加装乙烯脱除器，对乙烯脱除效果明显。若没有上述设备，可选用下面两种简易办法降低库内乙烯含量。一种是稀释法，另一种是吸收法。前者是将大量的清洁空气吸入库内，通过气体循环把乙烯带出库外，采用这种方法必须使用无污染的清洁空气并在贮藏库内、外温差较小的时候进行，以防止温度波动和果实失水。后者是采用化学方法将乙烯脱除，当前国内使用较多的是多孔材料（如蛭石、氧化铝、分子筛、新鲜砖块等）作为载体吸收饱和的高锰酸钾（$KMnO_4$）水溶液，晾干后做成小包放入库内（或塑料袋和塑料帐内），用来吸收乙烯（有些地方也把这种乙烯吸收剂叫做保鲜剂）。一旦载体失去鲜艳的红色，即表明药剂已经失效，应重新更换吸收剂。

7. 检测与记录

果实入库后要经常检查果品质量、温度和湿度变化、鼠害情况以及其他异常现象等，并做好记录，出现问题及时处理。猕猴桃在贮藏后期会出现一个品质下降的突变阶段，果实应在这一阶段到来之前出库销售，以免造成损失。在贮藏当中也可能有个别果实因其他原因提前发霉腐烂，发现这种情况应及时拣出坏果，以免影响周围好果。

8. 运输

普通货车运输要采取防震措施，以减轻果实碰撞，运输过程中可加冰或先预冷再加保温层。有条件的可以采用集装箱式保温车，先预冷，后隔热保温运输；或采用冷藏保温车（自身可以制冷）。

（八）气调贮藏（Controlled atmosphere，CA）

气调贮藏是改良贮藏环境气体成分的冷藏方法，已在世界各国广泛使用。CA贮藏是在传统的冷藏保鲜基础上发展起来的现代化贮藏保鲜技术，被认为是当今贮藏水果效果最好的贮藏方式。

适当地降低氧气浓度和提高二氧化碳浓度，有利于抑制果品的新陈代谢和微生物的活动，这是气调贮藏的依据。在控制气体成分的同时，保持适宜的低温，可以获得更好的贮藏效果，因此贮藏包含冷藏和气调两层作用。一般所说的气调贮藏是指在冷藏的基础上，进一步调节气体成分的一种贮藏方法。气调贮藏与冷藏相比，更能降低乙烯的释放量，从而有效地保持果实的硬度和品质。目前推荐的猕猴桃果实气调贮藏的条件为：O_2 2%～3%+CO_2 3%～5%，温度为0℃，乙烯浓度小于0.01μL/L。气调贮藏能有效地保护细胞组分免受氧化损伤并通过抑制活性氧（Reactive oxygen species，ROS）水平来延缓果实衰老。与常规贮藏相比，气调贮藏的猕猴桃果实能够更好地保持其硬度。王亚楠等（2013）发现气调贮藏可抑制多聚半乳糖醛酸酶（Ploygalacturonase，PG）和纤维素酶（Cellulase，CL）的活性，延缓果实细胞壁果胶、纤维素的降解与果实的软化。胡花丽等（2015）发现气调贮藏可减缓红阳猕猴桃果实抗坏血酸-谷胱甘肽（Ascorbic acid-Glutathione，ASA-GSH）循环相关酶活性的下降，维持ASA-GSH循环系统的稳定性，从而提高果实对自由基的清除能力，减缓红阳猕猴桃果实的衰老进程。气调贮藏还可抑制猕猴桃果实的呼吸高峰和乙烯生成速率。

1. 气调贮藏的特点

（1）时间长。气调贮藏综合了低温（冷藏）和调节贮藏环境气体成分两方面的技术，使得果品贮藏期得以较大程度地延长。

（2）保鲜效果好。多数中晚熟猕猴桃经长期贮藏后，仍然色泽艳丽风味纯正，外观丰满，与刚采收时相差无几，具有良好的社会效益和经济效益。

（3）损耗低。气调贮藏严格控制库内温湿度及氧和二氧化碳等气体成分，有效地抑制了果实的呼吸作用、蒸腾作用和微生物的危害，贮藏期间因失水、腐烂等造成的损耗大大降低。

（4）货架期长。经气调贮藏后的猕猴桃由于长期处于低氧和较高二氧化碳环境，在解除气调状态后，仍有一段时间的"滞后效应"，气调贮藏有利于长途运输和外销。

（5）质量安全。在气调贮藏过程中，由于低温、低氧和相对较高的二氧化碳的相互作用，基本可以抑制侵染性病害的发生，贮藏过程中基本不用化学药物进行防腐处理，达到了贮藏过程无污染，确保果品质量安全。

（6）成本高。气调贮藏是一种高投入、高产出的贮藏方式，建造气调库的一次性投资较大，且目前我国果品生产与销售是以家庭承包为主体，现代化产销联营的体制尚未建立，成本相对较高。

2. 气调贮藏的原理

气调贮藏是增加贮藏环境中的二氧化碳浓度和降低氧气浓度，并结合低温条件，在维持果品正常生命活动的前提下，有效地抑制果品的呼吸作用、蒸腾作用和微生物的生长，延缓果品的后熟与衰老过程，防止腐烂，从而达到延长贮藏寿命的目的。

鲜果采后仍是一个有生命的活体，在贮藏过程中进行着正常的以呼吸作用为主导的新陈代谢活动，主要表现为果实消耗氧气，同时释放出一定量的二氧化碳和热量，在环境气体成分中，二氧化碳和由果实释放出的乙烯对果实的呼吸作用具有重大影响。气调贮藏就是通过改变贮藏环境的气体成分，降低营养成分生化反应的速度，抑制微生物的生长繁殖和乙烯的产生，削弱乙烯对果实成熟衰老的促进作用，从而减轻或避免某些生理病害的发生，以达到减少物质消耗、延长贮藏期和提高贮藏效果的作用。研究发现，当O_2浓度为2%~3%、CO_2浓度为3%~5%的气体介质对果品作用的抑制效果最好，有利于果品的贮藏。

气调贮藏可以延长猕猴桃的贮藏期，在温度为0℃、气体中氧气含量为2%~3%、二氧化碳含量为3%~5%条件下，猕猴桃可贮藏6~8个月，且果实仍然保持其硬度，后熟品质良好。但是，气调贮藏也应尽量避免环境中的乙烯。如果用塑料薄膜做简易气调贮藏，可在袋内加一些高锰酸钾碎块，用于吸收乙烯气体，贮藏效果会更好。气调贮藏时，要注意环境中的二氧化碳含量不能超过5%，否则会造成果实的二氧化碳损伤。

气调贮藏是一种由制冷系统和气调系统共同实现的贮藏过程，在监测系统的调控下，使上述系统协调工作，自动调节各项贮藏参数，使其达到最佳值。

气调库的制冷系统与冷库基本一致，因为气调贮藏本身就是在低温的基础上进一步调节气体成分的一种方法。因此气调库必须首先是冷库，有良好的制冷设备、加湿设备、隔热保温层、防湿层等。另外，气调及监控系统设备包括二氧化碳（CO_2）脱除器，乙烯（C_2H_4）脱除器，氮气（N_2）发生器及储备罐，O_2、CO_2气体成分监测器，乙烯分析仪等。

3. 气调贮藏的类型

（1）人工气调贮藏。人工气调贮藏是指在相对密闭的环境中（气调库房）和冷藏的基础上，根据果品的需要，采用机械气调设备，人工调节贮藏环境中气体成分，降低O_2浓度，增大CO_2的浓度并保持稳定的一种气调贮藏方法，由于O_2和CO_2的比例能够严格控制，而且能做到与贮藏温度密切配合，因此贮藏时间较长，贮藏效果好。但气调库建设投资大，运行成本高，制约了其在果品贮藏中的应用。

（2）自发气调贮藏。自发气调贮藏是利用果品自身的呼吸作用降低贮藏环境中的O_2浓度，同时提高CO_2浓度的一种气调贮藏方法。理论上有氧呼吸过程中消耗1%的O_2即可产生1%的CO_2，而N_2则保持不变，即$O_2+CO_2=21\%$。而生产实践中则常出现消耗的O_2多于产出的CO_2，即$O_2+CO_2<21\%$的情况。自发气调方法较简单，但达到设定的O_2和CO_2浓度水平所需的时间较长，操作上维持要求的O_2和CO_2比例比较困难，因而自发气调贮藏效果不如人工气调贮藏。

（3）薄膜袋封闭贮藏。在冷库内使用塑料薄膜袋，将果品封闭后放置于库房中贮藏。其关键技术方式一是因温度变化造成袋内结露或积水，需在果品冷却至适宜温度后再装袋扎口，或者是敞开袋口进行预冷至适宜温度后再扎口。二是根据果品特性选择适宜规格的薄膜袋，目前，果品贮藏中采用的薄膜袋有低密度聚乙烯和聚氯乙烯两种，一种薄膜袋的厚度为0.02~0.04mm，装量为1~10kg，由于塑料薄膜厚度较薄，透气性较好，在一定时间内可以维持适当的低氧气和低二氧化碳含量而不致达到有害的程度，适用于短期贮藏或远途运输。另一种薄膜袋厚度为0.06~0.08mm，装量以10~20kg为宜，由于袋较厚，在贮藏管理中通常要定期取气体分析和开袋换气，其方法是在贮藏库的前、中、后部货架或货垛的上、中、下部设有代表性的塑料袋，装上气体取样孔，定期取气样进行分析，当袋内气体中的氧气含量处于低限量或二氧化碳含量处于高限时，这个代表性塑料袋所在范围内的全部袋子都要打开袋口换气，同时擦去袋上附着的结露，然后再扎口封闭。袋子过薄，装量过少，气调保鲜作用小；袋子过厚，装量过多，可能造成CO_2伤害。尽管薄膜袋一般都较薄，但仍然是透气性不足，往往出现袋内O_2太低而CO_2太高的情况，生产中应每隔一定时间将封闭袋口打开，换入新鲜空气后再行封口贮藏。

（4）塑料薄膜大帐封闭贮藏。将贮藏果品用透气的包装容器盛装，码成垛，垛底先铺一层垫底薄膜，在其上摆放垫木，使盛装产品的容器架空，码好的垛用塑料帐罩住，帐子和垫底薄膜的四边互相重叠卷起并垛入四周的小沟中，或用其他重物压紧，使帐子密封。也可以用活动贮藏架在装架后整架封闭，比较耐压的一些果品可以散堆到帐架内再行封帐，最大优点是在相对高湿的贮藏环境中，仍能获得较好的贮藏效果，充分利用大自然的冷源来降低贮藏温度，比标准冷藏库高10~15℃的温度中贮藏，亦能取得与冷藏库或气调库相接近的效果。密封帐多做成长方形大帐子，每帐容果量从数千千克，发展到容果1万~2万kg，在帐的两端分别设置进气袖口和出气袖口，供调节气体之用，在密封帐上还应设置供取分析气样的取气孔。密封帐多选用0.07~0.20mm厚的聚乙烯或聚氯乙烯塑料薄膜，密封帐可设置在常温库或荫棚内，也可设在普通冷藏库，当帐内CO_2浓度超过规定指标后，可采用揭帐放气然后再密封的循环操作办法，使气体达到贮藏要求。也可通过人工调节的方式，类似于气调库气调原理，依靠制氮机人工调节大帐内的气体成分，在整个贮藏过程中，应经常测定、分析帐内气体成分的变化，并进行必要的调节。

塑料薄膜大帐贮藏的降氧方法为自然降氧、人工降氧和半自然降氧。自然降氧是利用果实的呼吸作用，逐渐将密闭帐内的氧消耗到要求的浓度，然后再进行调节和控制。从贮藏开始，要在帐内放适当的硝石灰，或用二氧化碳洗涤器来吸收果实呼吸放出的大量二氧化碳，此方法简单，不需充氮，易于推广，但降氧时间长，贮藏效果比人工降氧方法差。人工降氧是先用抽气机将密闭帐内的气体抽出一部分，使塑料薄膜帐四壁紧紧贴在果筐上，然后在帐子上部的充气袖口充入纯度99%的氮气，使帐子又恢复原状，如此反复3次，就可使帐内气体中的氧含量降至3%左右，这种方法降氧快，贮藏效果好，但需要氮气瓶或制氮机。半自然降氧首先用快速降氧法，使密闭帐内气体的氧含量降至10%左右，然后用自然降氧法，即依靠果实呼吸作用继续消耗氧，使帐内气体氧的含量降至3%左右，此法贮藏效果略低于人工降氧法，而比自然降氧好得多，同时可以节约氮气，降低成本。

（5）硅橡胶窗气调贮藏。用硅橡胶窗作为气体交换窗，镶嵌在塑料帐或塑料袋上，起自动调节气体成分的作用，称为硅橡胶窗气调贮藏，硅橡胶薄膜对CO_2的渗透率是同厚度聚乙烯膜的200～300倍，是聚氯乙烯膜的20 000倍。另外，硅橡胶膜具有选择性透性，对N_2、O_2和CO_2的透性比为1：2：12，同时对乙烯和一些芳香成分也有较大的透性。利用硅橡胶膜特有的性能，在较厚的塑料薄膜（如0.23mm聚乙烯）做成的帐上镶嵌一定面积的硅橡胶膜，袋内的果品进行呼吸作用释放出的CO_2通过气窗透出袋外，而所消耗掉的O_2则由大气透过气窗进入袋内而得到补充。由于硅橡胶膜具有较大的CO_2与O_2的透性比，且袋内的CO_2的透出量与袋内的浓度呈正相关，贮藏一定时间之后，袋内的CO_2和O_2含量就自然会调节到一定的范围，达到果品气调贮藏效果。这种自发气调贮藏方法，操作简便，其关键是贮前必须综合考虑包装内的果品数量、膜的性质、膜的厚度等多种因素，准确确定一定规格包装上的硅窗面积，硅窗面积可按公式$S = M \times rCO_2 / (PCO_2 \times Y)$计算［$S$为硅窗面积（$m^2$）；$M$为贮藏物质（t）；$rCO_2$为放出$CO_2$［L/（t·d）］；$PCO_2$为硅窗对$CO_2$的渗透系数；$Y$为该贮存理想的$CO_2$浓度］。硅橡胶窗面积的大小，一般容量为1 000～2 500kg的大帐，如果用复38-4硅橡胶压延膜，约需配制2.4cm^2/kg的面积，如果使用青岛8301硅橡胶薄膜，约需1.8cm^2/kg的面积，硅橡胶窗在塑料帐内粘贴，聚氯乙烯用南大204，聚乙烯用704。硅橡胶窗气调贮藏与塑料大帐密封贮藏一样，主要是利用薄膜本身的透性自然调节袋中的气体成分，因此，袋内的气体成分必然是与气窗的特性、厚薄、大小、袋子容量及装载量，以及果品的种类、品种、成熟度、贮藏温度等因素有关，实际应用时要通过试验研究，最后确定帐子的大小、装量和硅橡胶窗面积。

4.气调贮藏的影响因素

气调贮藏过程中主要控制的因素包括温度、相对湿度、气体成分等，这些因素直接影响果品的品质。

（1）温度。温度对果实的呼吸强度和水分蒸发影响很大，在一定范围内温度每增高10℃，果实的呼吸强度增加2～4倍。反之，温度下降，果实的呼吸强度也显著下降，贮藏温度每降低10℃，果品的呼吸强度可减弱1～2倍；当贮藏温度由0℃升高到3～4℃时，果品的呼吸强度可升高0.5～1倍。蒸发是失水的主导因子，果品组织内水分的蒸发与贮藏温度的高低密切相关，高温可加速水分蒸发，低温则抑制蒸发。当库内贮藏温度较高时，果品的水分会大量流失。在相同体积的空气中，水蒸气的含量不变，如果温度越高，相对湿度就越小，相对湿度下降就会导致果品失水。

（2）相对湿度。通常我们可近似认为果品内部的相对湿度值为100%，即果品内部的水蒸气压等于该温度的饱和水蒸气压。在气调贮藏条件下，环境中的水蒸气压一般不可能达到饱和水蒸气压，于是果品和环境之间就存在着水蒸气压差，果品的水分就会通过表层向环境中扩散，导致失水。为了延缓果品由于失水而造成的软化和萎蔫，气调贮藏适宜的相对湿度应既可防止失水又不利于微生物的生长为宜，一般在90%~95%。要保持气调库的相对湿度，可以在库内设置加湿器。

（3）气体成分。猕猴桃果品后熟进程的快慢，与贮藏环境的气体成分关系密切，这一过程不仅受乙烯浓度高低的影响，而且与氧气和二氧化碳的分压有关，低氧和高二氧化碳可有效抑制果品的后熟作用。采用气调装置可降低贮藏环境中的氧气分压，低氧量的限度一般为2%~3%，并遵循"果实体内的氧浓度与果实体外的氧浓度差等于果实的体积乘呼吸率"，延缓果品的衰老，提高果肉的硬度。降低O_2的浓度时，应以不造成厌氧性呼吸为度；高CO_2处理可降低呼吸代谢，延缓衰老的进程，增加了果品贮藏的寿命，CO_2浓度应保持在3%~5%，但如果CO_2浓度太高，将会造成呼吸障碍，反而缩短贮藏时间，同时也受氧气浓度和环境温度的影响。

（4）空气流速。贮藏库内空气的流速也很重要，一般贮藏库内的空气保持一定的流速以使库内温度均匀和进行空气循环，空气的流速过大，空气和果品的蒸气压随之增大，果品表面的水分蒸发也随之增大。在空气相对湿度较低的情况下，空气的流速对果品的失水萎蔫产生严重的影响，只有空气的相对湿度较高而流速较低时，才能使果品的水分损耗降低到最低程度。

5. 气调贮藏的主要设施

气调库是在冷库的基础上发展起来的，一方面它要求冷藏库所具有的良好的隔热性、防潮性，另一方面要求库体具有气密性，保证库房气体密封性好，易于取样和观察，能脱除有害气体和自动控制等目的。另外还要考虑安全性，由于气调库是一种密闭式冷库，当库内温度降低时，其气体压力也随之降低，库内外两侧就形成了气压差。在气调设备运行以及气调库气密试验过程中，都会在围护结构的两侧形成压力差，若不把压力差及时消除或控制在一定的范围内，将对围护结构产生危害。一座完整的气调库由库体、调气系统、制冷系统和加湿系统等构成，气调库示意图如图3-1所示。

（1）气调库的类型。按气调方式将气调库可分为充气式和循环式。充气式气调库是利用制氮机将产生的N_2持续冲入气调库内，并辅以其他调节方式，使库内O_2和CO_2达到预定指标；循环式气调库是指将气调库内的气体通过循环式气体发生器处理，去掉其中的O_2，然后将气体发生器的气体重新输入库内，这种方式降O_2和增加

CO_2 速度更快，贮藏期间可随时出库或观察。

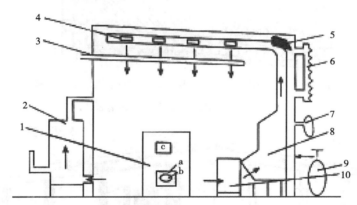

图3-1　气调库示意图

（2）气调库的建筑结构。可分为砌筑式（土建式）、装配式和土建装配复合式3种。气调库的构造示意图如图3-2所示。

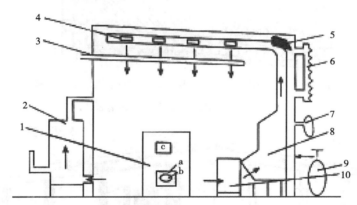

1. 气密层；2. CO_2 吸收装置；3. 加热装置；4. 冷气出口；5. 冷风管；6. 呼吸袋；7. 气体分析装置；
8. 冷风机；9. N_2 发生器；10. 空气净化器

图3-2　气调库的构造示意图

砌筑式气调库的建筑结构基本上与普通冷藏库相同，用传统的建筑保温材料砌筑而成，或者将冷藏库改造而成，但在库体围护结构上增加一层气密层，为了防止温度变化，顶棚约12cm，外墙约10cm，隔墙约6cm。砌筑式气调库建筑时间长，一般要3～4个月，但建成后使用寿命长，库体投资较装配库节省至少30%；从外观看，不如装配库高档，大型气调库目前以这种形式居多，砌筑式气调库结构如图3-3所示。

装配式气调库采用工业生产的夹心库板，经过组织装配构成一个六面体或五面体的结构形式，这些夹心库都具有相应的隔气层、隔热层和围护层功效，并且具有一定的强度，可以满足整个库体（小型冷藏库，一般小于50t）的强度要求。但当库体容量为大、中型时，需要安装起承重或加强作用的钢架结构。五面体的装配式气调库地板采用隔热库板结构，仍沿用土建的地面隔热隔气做法，应注意做好库体立板与地面隔热层连接处的隔热、隔气和气密处理。夹心库板由于隔热层和气密层形成一体，因此在安装施工中非常方便，装配式气调库安装示意如图3-4所示。

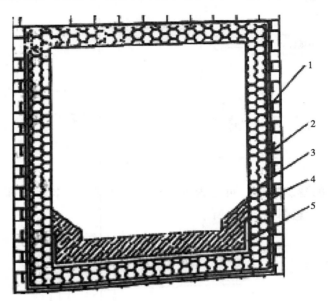

1.墙体；2.气密层；3.体温层；4.载重保护层；5.防水层

图3-3　砌筑式气调库结构示意图

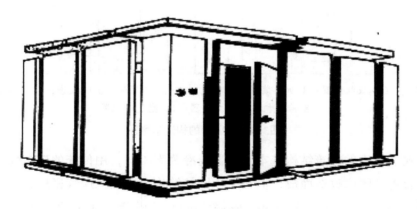

图3-4　装配式气调库安装示意图

土建装配复合式气调库是为了简化库体对气体密封性的要求，降低建造成本，可采用冷藏库+简易大帐式的形式。气调大帐是在普通冷藏库内，将果品堆垛后，盖上密闭的帐篷，其技术关键是保证帐篷的气密性和防止冷凝水滴湿果品，具有显著的效果和操作简便的特点。气调库和气调大帐的特性比较见表3-2。

表3-2　气调库和气调大帐特性比较

名称	建造费用	出入库特点	温湿度控制	冷库利用率
气调库	较高	不便，需整进整出	能按贮藏工艺控制湿度，但需用加湿设备	较高，能耗较低
气调大帐	较低	方便，各帐互不影响	温度低于贮藏工艺2～3℃，帐内自身保持高湿度	较低，制冷能耗较高

（3）气调库的主要特点。气调库容积大小，在欧美国家，气调库贮藏的统建单间通常在50～200t，根据我国的情况，以30～100t为一个开间，一个建库单元最少2间，但不宜超过10间。

①气调库的气密性：这是气调库建筑结构区别于普通果品冷库的一个最重要的特点。良好的气密性能是气调贮藏的首要条件，满足气密性要求的方法是在气调库房的围护结构上敷设气密层。常用的气密材料有钢板、铝合金板、铝箔沥青纤维板、胶合板、防水胶布等。对于气调库地坪、气调库贮藏库门以及各种管道穿过墙壁进入库内的部位都需加用密封材料，不能漏气，并根据《制冷设备、空气分离设备安装工程施工及验收规范》（GB 50274—2010）规定进行气密性检验，检验结果如不符合规定的要求，应查明原因，进行修补使其密封，达到气密标准后才能使用。气调库地坪气密层的做法，是在加固的钢筋水泥底板上，用一层塑料薄膜（多聚苯乙烯等）作为隔气层（约0.25mm厚），一层隔热嵌板（地坪专用）隔热，再加一层加固的约10cm厚的钢筋混凝土为地面。为了防止地板由于承受荷载而使密封破裂，在地板和墙交接处的地板上留平缓的槽，在槽内灌满不会硬化的可塑酯黏合剂。气调贮藏库门通常有两种设置方法，一是只设一道门，既是保温门又是密封门，门在门框顶上的铁轨上滑动。门的每一边有两个，总共8个插锁把门拴在门框上。把门拴紧后，在门的四周门缝处涂上不会硬化的黏合剂密封；二是设两道门，第一道是保温门，第二道是密封门，通常第二道门的结构很轻巧，用螺钉铆接在门框上，门缝处再涂上玛蹄脂加强密封。

②气调库的安全性：在气调库的建筑设计中还必须考虑气调库的安全性。这是由于气调库是一种密闭式冷库；当库内温度升降时，其气体压力也随之变化，常使库内形成气压差。此外，在气调设备运行、加湿及气调库气密性试验过程中，都会在维护结构的两侧形成气压差，若不将压力差及时消除或控制在一定范围内，将对围护结构产生危害。为保障气调库的安全运行，保持库内压力的相对平衡，库房设计和建造时设置压力平衡装置，装置有平衡袋和安全阀，以使压力限制在设计的安全范围内。调压装置有两种形式，一是在库外设置具有伸缩功能的塑料贮气袋，用气管与库房相通，当库内压力波动较小时（<98Pa），通过气囊的膨胀和收缩平衡库内外的压力；

二是采用水封栓装置来调压，库内外压力差较大时（如>98Pa），水封即可自动鼓泡泄气（内泄或外泄），这种方式方便可靠，但应注意水不可冻结。

③气调库多为单层建筑：一般果品冷库根据实际情况，可以建成单层或多层建筑物，但对气调库来说，几乎都是建成单层地面建筑物。这是因为果品在库内运输、堆码和贮藏时，地面要承受很大的荷载。如果采用多层建筑，一方面气密处理比较复杂，另一方面在气调库使用过程中容易造成气密层破坏，所以气调库一般都采用单层建筑，较大的气调库的高度一般在7m左右。

④利用空间大：气调库的有效利用空间大，也称容积利用系数高，有人将其描述为"高装满堆"，这是气调库建筑设计和运行管理上的一个特点。所谓"高装满堆"是指装入气调库的果品应具有较大的装货密度，除留出必要的通风和检查通道外，尽量减少气调库的自由空间，因为气调库内的自由空间越小，意味着库内的气体存量越少，这样一方面可以适当减小气调设备，另一方面可以加快气调速度，缩短气调时间，减少能耗，并使果品尽早进入气调贮藏状态。

⑤快进整出：气调贮藏常是先降温，等果心温度降到贮藏温度，再调节气体浓度，让果品在尽可能短的时间内进入气调状态。平时管理中也不能像普通冷库那样随便进出货物，否则库内的气体成分就会经常变动，从而减弱或失去气调的作用。果品出库时，最好一次出完或在短期内分批出完。

（4）气调库的主要设备。

①气体发生系统：气体发生系统是气调贮藏中最主要的设备。库内气体调节主要通过气体发生系统来完成，利用制氮机产生95%～98%纯度的N_2，置换（稀释）气调库中的气体、降低库内O_2浓度，在小型气调库内也可以用于排出过量的CO_2、乙烯或其他气体。目前气体发生系统主要包括烃类化合物燃烧系统、氨裂解系统、变压吸附系统、膜分离系统。其中膜分离系统是比较先进的气体发生系统，它利用中空纤维膜，对不同大小的分子，进行有选择性地分离，将压缩空气中的氮气与氧气分离，达到气调的目的。由于其技术性能优越，产品质量可靠，价格低廉，因而目前已被广泛选用。

制氮设备可制造高浓度氮气，将氮气通入气调库内置换其中的普通空气获得库内的低氧。目前，制氮机向气调库充氮一般采取开放置换（充气稀释）方式，将95%～98%纯度的N_2从气调间的上部进气口打入，被置换的气体从与进气口呈对角线布置的排气口排到大气中。整个过程是个不断稀释的动态过程，库内的氧含量呈自然对数级下降，直到降至规定的指标。氮气来源有下列几种方法。

燃烧制氮系统：利用烃类化合物在氮气发生器中经催化燃烧消耗掉空气中的氧气，获得高浓度氮充入气调库中降氧，或将库内空气引入氮气发生器中燃烧，再送入气调库中循环，使气调库内氧浓度降低。

碳分子筛制氮机：将经过特殊工艺制成的焦碳分子筛，填充在两个密封的吸附塔内，连接空气压缩机和真空泵成为变压吸附系统，再用管道与气调库连接。系统工作时，经空气压缩机加压和抽吸作用，使来自气调库、气调帐或库外的空气进入一个吸附塔内，在高压下氧分子被吸附在碳分子筛中，空气变成高浓度氮气，被送入库或帐内降低氧浓度。当一个塔内的碳分子筛吸附氧饱和后，机器自动切换至另一个吸附塔继续工作供氮。原塔内吸附氧饱和的碳分子筛经真空泵降压再生，又可以吸附氧分子，如此反复工作，不断获得高浓度氮。

膜分离制氮机：利用具有特殊结构的膜，对不同大小的分子，进行有选择性的分离，将压缩空气中氮气与氧气分开，可获得浓度为95%的氮气。这种膜分离的制氮、制氧装置更加简便，不污染环境，很有发展前景。

液氮：液氮是制氧厂的副产品，与液氮来源邻近的气调库采用液氮降氧，是一个简便易行的方法。将安装在气调库或薄膜帐内的喷嘴与液氮罐连接打开阀门，液氮即汽化进入库内降氧，当氧浓度达到要求时，停止供氮。

②气体净化系统：果品气调贮藏时须不断地排除封闭器内过多的CO_2，此外，果品自身释放的某些挥发性物质，如乙烯和芳香酯类，在库内积累会产生有害影响，这些物质可以用气体净化系统清除掉。这种气体净化系统去除的是CO_2等气体成分，所以又称为气体洗涤器或二氧化碳吸附器。

二氧化碳清除装置：催化燃烧制氮设备在燃烧空气时，会产生二氧化碳，同时果品呼吸也释放二氧化碳，都需要及时清除。否则，气调环境中二氧化碳浓度过高，对水果产生伤害。通常的清除装置，是通过化学或物理的方法脱除二氧化碳，可分为消石灰脱除装置和活性炭清除装置。

a. 消石灰脱除装置：将气调库内空气通过循环泵引入装有消石灰的清除塔内，二氧化碳被吸收后再回到气调库中，几次循环后可使二氧化碳浓度控制在需要的水平上。也可以用织物袋装消石灰，放在气调库内吸收二氧化碳。

b. 活性炭清除装置：活性炭有较强的吸附力，装填在吸附塔内，用泵引入气调库内，空气在塔内循环吸附其中二氧化碳，吸附饱和后，向吸附床注入新鲜空气，使活性炭脱附，恢复吸附性能。现在国内外生产的CO_2脱除剂均采用活性炭作为吸附剂，含高CO_2的库用风机抽入活性炭，罐内吸附，经过数分钟吸附饱和后，用空气脱附再生，如此循环使用，将脱附的CO_2送入大气中，这一方法比较经济，是当前气调库脱除二氧化碳普遍采用的装置。

乙烯脱除装置：为了提高气调库的贮藏效果，加用乙烯脱除装置，排出气调库内乙烯气体，更好地延缓果实衰老进程。脱除乙烯的方法有多种，如水洗法、吸附法、化学法等，但目前被广泛使用的主要有两种方法，即高锰酸钾（$KMnO_4$）氧化法和高温催化法。

a. 高锰酸钾氧化法：又称为化学除乙烯法，是将饱和高锰酸钾溶液吸附在碎砖块、沸石分子筛等多孔的材料（载体）上，然后将此载体放入库内、包装箱内或闭路循环系统中，利用高锰酸钾的强氧化性能将乙烯除掉，这是目前我国许多地方使用的用于脱除乙烯的方法，这种方法脱除乙烯虽然简单，但脱除效率低，还要经常更换载体（包括重新吸收高锰酸钾），且高锰酸钾对皮肤和物体有很强的腐蚀作用，不便于现代化气调库作业，一般用于小型或简易贮藏之中。

b. 高温催化法（乙烯脱除器）：乙烯在250℃的高温与催化剂的作用下能生成水和CO_2，通过闭路循环系统将脱除乙烯后的气体又送入气调库内，如此往复，完成脱除乙烯的过程。与化学脱除法相比，这种方法虽然一次性投资较大，但可以连续自动运转，脱除效率高，同时还可将果品所释放的多种有害物质和芳香气体除掉。

③制冷设备：气调贮藏并非指单纯调节气体，而是建立在低温条件下的气体调节，需要有制冷设备，也就是制冷机，包括冷凝器、压缩机、蒸发器、节流器（也叫膨胀阀）等。气调库的制冷设备大多采用活塞式单级压缩制冷系统，以氨或氟利昂-22作制冷剂，库内的冷却方式可以是制冷剂直接蒸发冷却，也可采用中间制冷剂间接冷却。为减少库内所贮物品的干耗，气调库内传热温差要求在2~3℃，也就是说气调库蒸发温度和贮藏要求温度的差值要比普通库小得多，只有控制并达到蒸发温度和贮藏温度之间的较小差值，才能减少蒸发器的结霜，维持库内要求的较高相对湿度。所以，在气调库设计中，相同条件下，通常选用冷风机的传热面积比普通果品冷库冷风机的传热面积大，即气调库冷风机设计上的所谓"大面积低温差"方案。

气调库中良好的空气循环是必不可少的，在降温过程中，英国推荐的循环速率范围为：在果品入库初期，每小时空气交换次数为30~50倍空库容积，所以常选用双速风机或多个轴流风机可以独立控制的方案；在冷却阶段，风量大一些，冷却速度快，当温度下降到初值的一半或更小后，空气交换次数可控制在每小时15~20次。

一个设计良好的气调库在运行过程中，可在库内部实现小于0.5℃的温差。为此，需选用精度大于0.2℃的电子控温仪来控制库温，温度传感器的数量和放置位置对气调库温度的良好控制也是很重要的。最少的推荐探头数目为：在50t或以下的贮藏库中放3个，在100t库中放4个，在更大的库内放5个或6个，其中一个探头用来监控库内自由循环的空气温度，对于吊顶式冷风机，探头应安装在从货物到冷风机入口之间的空间内。其余的探头放置在不同位置的果品处，以测量果品的实际温度。

（5）气调贮藏管理。气调贮藏管理在库房的消毒、商品入库后的堆码方式、温度、相对湿度的调节和控制等许多方面与冷藏相似，但也有不同之处。

①贮藏前的准备工作：气调库贮藏前必须检验库房的气密性、检修各种机器设备，发现问题及时维修、更换，以避免漏气而造成不必要的损失。

②选择适宜品种，适时采收，保证果品的品质：猕猴桃果品自身的生物学特性各异，对气调贮藏条件的要求也各不相同。气调贮藏对原料的成熟度和质量要求更为严格，贮藏果品最好在专用基地生产，加强采摘管理，严格把握采收的成熟度，并注意采用商品化处理技术措施的配套综合应用，以利于气调效果的充分发挥。

③产品入库和堆码：入库时必须做好周密的计划和安排，尽可能做到分种类、品种、成熟度、产地、贮藏时间要求等分库贮藏，保证及时入库并尽可能装满库，减少库内气体的自由空间，从而加快气调速度，缩短气调时间，使果品在尽可能短的时间内进入气调贮藏状态。果品采收后应立即预冷、入库，在气调库进行空库降温和入库后的降温时，应注意保持库内外的压力平衡，不能封库降温，只能关门降温，当库内温度基本稳定后，就应迅速封库建立气调条件。

④温度管理：气调贮藏需要适宜的低温，而且要尽量减少温度的波动，一般在入库前7～10d开机适度降温，至鲜果入贮之前使库温稳定保持在0℃左右，为贮藏做好准备。入贮封库后的2～3d内应将库温降至最佳贮藏范围之内，并始终保持这一温度，避免产生温度波动。

⑤相对湿度管理：气调贮藏过程中由于需保持库内处于密闭状态，且一般不通风换气，能保持库房内较高的相对湿度，降低了湿度管理的难度，有利于产品新鲜状态的保持。气调贮藏期间可能会出现短时间的高湿情况，一旦发生这种现象即需除湿。

⑥O_2和CO_2浓度：气调贮藏环境内从刚封闭的正常气体成分转变到要求的气体指标，是一个降O_2和升CO_2的过渡期，最后使O_2和CO_2稳定在规定范围内。由于新鲜果品对低O_2、高CO_2的耐受力是有限的，果品在长时间贮藏在超过规定限度的低O_2、高CO_2等气体条件下会受到伤害。因此要注意对气体成分的调节和控制，并做好记录，以防止意外情况的发生，有助于意外发生原因的查明，责任的确认。

⑦乙烯的脱除：根据贮藏工艺要求，对乙烯进行严格的监控和脱除，使环境中的乙烯含量始终保持在阈值以下（即临界值以下），并在必要时采用微压措施，用来避免大气中可能出现的外源乙烯对贮藏构成的威胁。

⑧定期检查：封库建立气体条件到出库前的整个贮藏期间，称为气调状态的稳定期，这个阶段的主要任务是维持库内温湿度和气体成分的基本稳定，保证果品长期保持在最佳的气调贮藏状态。操作人员应及时检查和了解设备的运行情况和库内贮藏气体的变化情况，保证各项指标在整个贮藏过程中维持在合理的范围内。同时，要做好贮藏期间果品质量的监测，每个气调库（间）都应有样品箱（袋），放在观察窗能看见和伸手可拿的地方，一般每半月检查一次，特别是在每年春季库外气温上升时，也

到了贮藏的后期，抽样检查的时间间隔应适当缩短。

⑨出库管理：果品在出库前一天应解除气密状态，停止气调设备的运行，移动气调库密封门，交换库内外的空气，待O_2含量回升到18%～20%时，工作人员才能进库。冷藏果实出库时，应使果温逐渐升到室温，否则果面结露，容易造成腐烂。同时，若果实骤然遇到高温，色泽易发暗，果肉易变软，影响贮藏效果。气调条件解除后，果品应在尽可能短的时间内一次出清，如果一次发运不完，也应分批出库。出库期间库内仍应保持冷藏要求的低温高湿条件，直至货物出库完毕才能停机，因人员和货物频繁地进出库房，使库温波动加剧，此时应经常开启密封门，使库内外空气交流。在密封门关闭的情况下，容易造成内外压力不平衡，将会威胁到库体围护结构的安全性。

三、其他类型贮藏方法

（一）减压贮藏

减压贮藏又叫低压换气贮藏、低压贮藏，它是在冷藏基础上，将果品放在一个密闭容器内，用真空泵抽气降低压力使果品处在一种低压状态的贮藏方法，是果品贮藏的又一新技术，也是气调贮藏技术的进一步发展。

1. 减压贮藏的特点

（1）减压贮藏的优点。

①延长贮藏期：由于减压贮藏除具有冷藏和类似气调贮藏的效果外，还有利于组织细胞中有害物质如乙烯、乙醇等挥发性气体的排出，具有降氧、降温等作用，可比普通冷藏大大延长果品的贮藏期。

②可达到低O_2效果：减压贮藏能创造出一个低O_2的条件，从而起到类似气调贮藏的作用，在超低O_2的条件下更易于气调贮藏。

③可促进果品组织内挥发性气体向外扩散：减压贮藏可以促进果品组织挥发性气体向外扩散，这是减压贮藏明显优于冷藏和气调贮藏最重要的原因，减压处理能够大大加速组织内乙烯以及其他挥发性产物如乙醛、乙醇等向外扩散，因而可以减少由这些物质引起的衰老和生理病害。

④从根本上消除CO_2中毒的可能性：气调贮藏时，提高CO_2浓度的重要作用之一是抑制呼吸，但又常会导致某些生理病害，减压条件下内源乙烯减少。减压贮藏很易造成一个低CO_2的贮藏环境，并且可使产品组织内部的CO_2分压远低于正常空气中的CO_2水平，因而从根本上消除了CO_2中毒的可能性。

⑤抑制微生物的生长发育：减压贮藏由于可造成超低O_2条件，可抑制微生物的生

长发育和孢子形成，由此减轻某些侵染性病害，并且可使无残毒高效杀菌气体由表及里，高强度地渗入果品组织内部，成功地解决了高湿与腐烂这一矛盾，并能防治和减少各种贮藏生理病害，使果品保持新鲜、硬度、色泽等品质。

⑥具有效果迅速的特点：减压贮藏具有快速减压降温、快速降氮、快速脱除有害气体成分的特点，在减压条件下，果品的田间热、呼吸热等随泵的运行而被排出，迅速降温。由于真空条件下，空气的各种气体成分分压都相应的迅速下降，故氧分压也迅速降低，克服了气调冷藏中降氧缓慢的不足；同时，由于减压造成果品组织内外产生压力差，以此压力差为动力，果品组织内的气体成分向外扩散，避免了有害气体对果品的毒害作用，延缓了果品的衰老。

⑦贮量大、可多品种混放：由于减压贮藏换气频繁，气体扩散速度快，果品在贮藏库内密集堆放，室内各部分仍能维持较均匀的温湿度和气体成分，所以贮藏量较大；同时减压贮藏可尽快排出产品体内的有害物质，防止了产品之间相互影响，并且可多品种同放于贮藏室内。

⑧可随时出库和入库：由于减压贮藏操作灵活、使用方便，所要求的温湿度、气体浓度很容易达到，所以产品可随时出库，避免了普通冷藏和气调贮藏产品易受出、入库影响的不良后果。

⑨延长货架期，提高经济效益：经减压贮藏的果品，在解除低压后仍有效，其后熟和衰老过程仍然缓慢，故可延长果品货架期。

⑩节能经济：减压贮藏除空气外不需要提供其他气体，省去了O_2和CO_2脱除设备等。由于减压库的制冷和抽真空连续进行，并维持压力的动态平衡，所以减压冷藏库的降温速度快，果品可不预冷直接入库贮藏，尤其在运输方面节约了时间，加快了货物的流通速度。

（2）减压贮藏的缺点。

①建造费用高：减压贮藏库建筑比普通冷库和气调贮藏库要求高，因此，制约其应用，需进一步研究在保证耐压的情况下降低建造费用。

②果品易失水：库内换气频繁，果品易失水萎蔫，故减压贮藏中特别要注意湿度控制，最好在通入的气体中增设加湿装置，必须保持较高的空气湿度，一般须在90%以上。

③产品香味易降低：减压贮藏后，果品芳香物质损失较大，很易失去原有的香气和风味。

④急剧减压易造成果实开裂。

⑤对乙烯的消除有限，果品必须在跃变前采收。

⑥机械设备及能源消耗费用较大。

2.减压贮藏的原理

降低气压，空气中的各种气体组分的分压都相应降低，造成一定的真空度，减压气调保鲜系统示意图见图3-5。例如气压降至正常的1/10，空气中的O_2、CO_2、乙烯等的分压也都降至原来的1/10。这时空气各组分的相对比例并未改变，但它们的绝对含量则降为原来的1/10，O_2的含量只相当于正常气压下2.1%，可达到低O_2和超低O_2的效果，起到气调贮藏相同的作用。

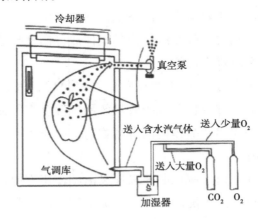

图3-5 减压气调保鲜系统示意图

减压可加速果品组织内乙烯与挥发性气体向外扩散，可防止果品组织的完熟、衰老，防止组织软化，减轻冷害和贮藏生理病害的发生，从根本上清除气调贮藏中CO_2中毒的可能性；抑制贮藏期微生物的生长发育和孢子形成，控制侵染性病害的发生，从而延长贮藏期。

减压处理基本上有两种方式，即定期抽气式（静止式）和连续抽气式（气流式）。定期抽气式是将贮藏容器抽气达到要求的真空度后，停止抽气，后期适时补O_2以维持恒定的低压，这种方式虽可促进果品组织内乙烯等气体向外扩散，却不能使容器内的这些气体不断向外排出；连续抽气式是在整个装置的一端用抽气泵连续不停地抽气排空，另一端不断输入新鲜空气，进入减压室的空气经过加湿槽以提高室内的相对湿度。减压程度由真空调节器控制，气流速度由气体流量计控制，并保持每小时更换减压室容积的1~4倍，使果品始终处在低压、低温的新鲜湿润气体之中。

减压贮藏要求贮藏室能经受高压，这在建筑上是极大的难题，限制了这种技术在生产上的推广应用，减压库示意图见图3-6。目前少数国家将减压系统装设在拖车或集装箱内用于运输。

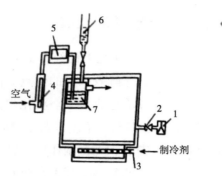

1.真空泵；2.气阀；3.冷却排管；4.空气流量调节器；5.真空调节器；6.贮水池；7.水管器

图3-6 减压库示意图

减压贮藏机械设备主要有真空表、加水器、阀门（平时关闭，需补偿水时开启）、温度表、隔热墙、真空调节器、空气流量计、加湿器、减压贮藏室、真空节流阀、真空泵、制冷系统等。一般说来，减压贮藏设备的技术关键至少包括4项必不可少的技术：一是从真空室内连续不间断地抽出气体；二是连续不间断的向真空室内供给饱和、低压新鲜空气；三是真空室内工作压力始终低于3 000Pa；四是真空室空箱相对湿度在90%以上且真空室内壁不结露。

我国近两年已经开始建设试验性质的小型减压贮藏库，如上海善如水保鲜科技有限公司生产的型号为JZ1～JZ50钢制品新型减压保鲜库，规格为1～50m³，无须放在冷库中，放在地面作为库，放在汽车上可用作运输工具，提供压力+温度+湿度+换气的工作模式，24h连续抽真空、连续换气，真空室内压力可调控在某一数值，最低压力可维持在600Pa左右，24h供给低压湿润新鲜空气，具有性能独特、适应面广、功率小、重量轻、自动化程度高、保鲜效果优异、操作简便等特点，在不冻结前提下，是易腐鲜果反季节销售的最佳贮运设备。

减压贮藏法是将水果置于密闭的库内，用真空泵抽出大部分空气，使内部压力降到10kPa左右，造成一个低氧的环境（氧气的浓度可降到2%），乙烯等气体分压也相应降低，并在贮藏期间保持恒定的低压。温度为1～8℃，相对湿度须在90%～95%。

（二）高压保鲜技术

高压保鲜技术原理是，在贮库上施加一个由外向内的压力，使贮存物外部大气压高于内部蒸气压，形成一个足够的从外向内的正压差。此法可避免低温引起的维生素等营养成分的损失，保持水果原有的风味。压力升到2 500～4 000Pa时，生物体内的酶因失活而无法发挥作用，各种微生物也被杀死。正压又可以阻止水果水分和营养成分向外扩散，减缓呼吸速率和成熟速度，故能有效延长果实贮藏。

四、猕猴桃果实贮藏保鲜技术的发展

目前我国在猕猴桃的贮藏保鲜技术研究上已经有了一定的进展。

一是化学保鲜方法具有成本低、保鲜效果好的优点。但过多地使用化学保鲜剂不仅会使致病菌产生抗药性，还会对环境造成污染。将化学保鲜技术与物理保鲜（如热激、冷激、低温等）手段结合，可控制药剂浓度以及处理时间，减少危害性。

二是生物保鲜方法具有环保、安全、无毒副作用等特点，但见效慢，通过化学生物技术手段来增强其作用效果，并在此基础上开发高效和环保的生物保鲜剂，这将是未来的研究方向之一。

三是复合保鲜技术对猕猴桃采后保鲜效果较单一保鲜更好，但目前对于复合保鲜技术的研究仅停留在其对猕猴桃保鲜效果的影响方面，有关复合保鲜技术对猕猴桃采后病害的抑菌机理以及其如何在分子机制上进行调控猕猴桃采后衰老还需进一步探索。

第四节　猕猴桃采收、贮藏过程中存在的主要问题及解决措施

猕猴桃在采收、贮藏、包装过程中，存在许多影响猕猴桃产业发展的问题。

一、存在的主要问题

（一）猕猴桃采收不严

猕猴桃果实只有达到一定的生理成熟阶段，才能采收，采收过早，品质和风味都较差。7月就有个别经销商把猕猴桃早采运输到市场，严重影响了猕猴桃果实的品质和耐贮性。

（二）猕猴桃入库收果质量控制不严

由于产量和收购价格的不稳定，造成猕猴桃入库时质量控制不严，把大量不合格果实送进冷库，主要为伤、残、病虫害果，严重影响猕猴桃的贮藏期，导致库内猕猴桃提前后熟软化。

（三）不同耐贮性的猕猴桃混收

猕猴桃因品种、产地和栽培管理技术的影响，猕猴桃耐贮性有较大差别。一般使用过膨大剂的猕猴桃不耐贮藏，未使用膨大剂的耐贮藏；有机肥种植的比化肥种植的较耐贮藏。冷库把耐贮性不同的猕猴桃混贮，难以统一管理，对猕猴桃的贮藏质量造成较大的影响。

（四）贮藏管理技术操作不严

贮藏管理技术不严是影响猕猴桃贮藏质量的又一个重要原因，很多猕猴桃冷库贮藏技术指标虽已掌握，但在技术管理过程中，却不能按技术规范来操作，主要表现有以下几点。

1. 人为降低库温

有很多冷库根据经验操作，库温不及时检查记录，冷库里甚至连温度计都没有，出现温度过低，发生猕猴桃冷害和冻害。另外，个别冷库采取极端做法，把库温控制在冰点附近，这种做法极易出现冻害。每年都会有个别冷库的猕猴桃出现冷害和冻害，造成经济损失。

2. 不及时换气

普通冷库不按照时间间隔换气。一般一周换气一次，夜间或清晨进行，雨天、雾天、中午高温时不宜换气。

不少气调库不严格按照气调技术要求操作，气调库氧气长时间过低，二氧化碳过高，造成猕猴桃低氧、高二氧化碳伤害，导致猕猴桃果实不能食用。气调库的要求是维持比较稳定的O_2和CO_2浓度范围。

3. 搬运过程中人为损伤

猕猴桃搬运过程中不能做到轻卸轻放，造成猕猴桃果实内部伤害，导致猕猴桃出库时出现局部软化现象，这部分猕猴桃不能进入市场销售。

4. 滥用、超量使用化学保鲜剂

目前，国内外市场出现几种猕猴桃贮藏化学保鲜剂，虽对贮藏有一定的作用，但必须严格控制使用量。个别化学保鲜剂因使用不当，破坏猕猴桃的正常生理成熟过程，早采果实不能变软食用，损失十分严重。

（五）包装不良

包装不良主要表现在将不能食用果实运往市场，在包装箱内掺入受伤或病虫果及过量使用化学保鲜剂而造成霉烂变质果运往市场销售。

二、其他问题及解决措施

（一）机械制冷系统故障

机械制冷冷库贮藏猕猴桃果实，最担心设备运行时出现故障，或猕猴桃进库制冷出毛病。机械制冷冷库要保障贮藏效果，首先需要将制冷设备管理好，经常性的维护保养是管理好冷库的最好方法。机械制冷冷库用于贮藏保鲜的设备，必须在贮藏前进行检修保养，制冷压缩机是制冷系统的心脏，匹配电脑式电控箱是系统运行的大脑，电器设备检修是确保贮藏期间"心脏"和"大脑"正常运行的基础。

1. 制冷设备的操作与管理应注意的问题

机械制冷冷库设备必须要有专人操作管理，并积累操作和维修保养设备的经验，对贮藏保鲜果实获得较好效益有着保障作用。

2. 制冷设备的启动

（1）启动前的准备工作。启动前应仔细检查电源，电压不低于工作电压的10%，曲轴向润滑油面应不低于指示油窗的2/3，高低压表是否正常处于平衡状态，管道系统是否漏油、漏氟（漏气）。还要做好电器、电脑的检修，检修正常后方可启动。

（2）制冷压缩机的开启。打开供流阀到最大位置，再倒回1~2圈，使高压表与冷制机制冷腔接通后再接通电源启动。氟制冷压缩机启动程序是：开启水冷式水泵或风冷式开关；再开蒸发器风机，然后开动压缩机，如需调节膨胀阀，可作相应的调节，一经调节好后，每次以此程序正常启动操作。

（3）制冷压缩机的停机。停机程序是：先关压缩机再关闭蒸发器，最后关冷却水泵或冷凝器风机。自动电脑控制操作装置：手动运行正常后，可设置自动运行，操作人员不能远离工作岗位。

（4）制冷设备的停库。冷库贮藏保鲜果实出售完毕，制冷压缩机停机，除全封闭制冷机外，都应将制冷剂收集贮存于冷凝器中，先把冷凝器供液阀关闭，将蒸发器中制冷剂抽回（称收气操作）。收气后，做好机器设备的油封工作，把各阀门均关闭，还应把阀帽旋紧。

（5）制冷系统检修保养内容。应检查电机是否运转正常；高低压力表是否在正常位置范围内，视油镜油面位置是否在刻度线上方；电器运行前检查电压是否正常，三相电压是否平衡，各启动开关是否灵活到位，电脑运转是否正常可靠；检查制冷管路焊点、接头、阀门有无漏气，检查管路系统各阀能否正常开启，管道气流有无异常声音，有无泄漏油现象。以上检查发现问题应修复好，保证制冷系统正常运行。

（二）气帐气调冷库质量与功能的提升

气调贮藏被视为继机械冷藏推广以来，果蔬贮藏上的又一次重大革新。

1. 气帐内O_2、CO_2浓度的调控

降低帐内O_2浓度同时提高CO_2浓度，配合低温能更有效地抑制猕猴桃果实呼吸代谢。采取低O_2、高CO_2气体调控，猕猴桃果实罩帐后密封20～30d，气体指标O_2为1.5%～4%，CO_2为4%～6%。低O_2抑制果实采收生理生化变化活动，使果实进入低温、低氧、低代谢状态；高CO_2能有效地抑制呼吸，减少呼吸底物的消耗，减弱酶的活性。猕猴桃果实进入低温、低氧、高CO_2状态贮藏，可较好地保持果实的外观品质。

2. 气帐内气体换气操作技术

猕猴桃果箱罩帐后，帐内和帐外气体（空气）一样，将气调回气管插入抽气袖筒，空压机抽出帐内空气，使帐子紧贴在果箱上，然后将气调氮气管插入进气袖筒，把制氮机制出的可调氮气充入帐内，连续进行抽气、充氮。测定帐内O_2浓度，如达合格指标，气帐内气体置换结束。氮气要充分冷却后进入帐内，帐内温度要严格控制在适宜冷藏温度范围内，应保持恒定。

3. 气帐内气体浓度不标准时的调控管理

气帐内气体置换合格，猕猴桃果实进入气调状态。一定时间后，由于猕猴桃果实的呼吸作用，大帐内的O_2降至下限或呼吸释放出的CO_2积累在大帐内并达到上限，O_2或CO_2指标超过界限，就要重新换气。换气作业是将空压机吸气管插入气帐抽气袖筒，抽出帐内气体，将其排出帐外，使帐子紧贴在果箱上；然后用空压机吸新鲜空气进入制氮机，将氮气管插入进气袖筒，充调氮气，使帐子鼓胀起来。测定O_2、CO_2，参数达到要求指标后再将罐子取出袖筒折叠扎紧。如此循环，进行气调帐充气作业。

猕猴桃果实在大帐内气调贮藏保鲜维持最低生命活动，贮藏的不同阶段（前、中、后）果实呼吸强弱不同。经测定，在大帐气调贮藏前、中、后期果实的呼吸强度分别是2.32mg/（kg·h）、1.67mg/（kg·h）和1.32mg/（kg·h）。猕猴桃果实前期呼吸强度高，对氧的消耗量大，所以调气间隔短，后期生命活动变弱，O_2消耗量和CO_2释放量都小，因而调气间隔长。一般是正常气调贮藏条件下，贮藏前、中、后期调气间隔分别为2d、3d、5d。在不同的简易气调冷库中，猕猴桃果实的贮藏温度、帐内贮存量、猕猴桃品种、产地等因素均影响调气规律，各气调冷库应根据情况调整调气规律，实现优果、优贮、优价的高效益。

4. 气帐内果实发生异常时的调控

猕猴桃大帐气调贮藏果实，需定期测定帐内气体O_2、CO_2指标。如发现帐内O_2、CO_2气体浓度异常，如反复3次测定出现$O_2<1\%$、$CO_2>7\%$；大帐调控帐内O_2、CO_2在一周内充N_2周期发生紊乱；库（帐）内有异味；若有以上3种不正常变化之一者，就

要及时取出帐内果箱检查果实硬度，发现硬度降低就应及时出售。

5. 气帐内温度参数调控

猕猴桃果实大帐气调贮藏温度为（0±0.5）℃，在罩帐前要充分冷却到0℃，温度稳定一周左右再罩帐密封果实。帐内温度比帐外温度偏高0.5~0.8℃。

6. 气帐内湿度参数调控

水分与果实的新鲜度、风味和耐贮性有着直接关系。帐内最适宜的相对湿度参数值应是90%~95%。帐内较高的相对湿度能降低帐内环境与果实之间的水蒸气分压差，抑制果实水分蒸发。

7. 气帐内的乙烯含量超标时的处理方法

乙烯气体与猕猴桃果实的后熟有密切关系，贮藏过程中控制乙烯气体浓度，及时清除帐内的乙烯气体是延长猕猴桃贮藏期和质量的关键技术措施。

果实贮藏过程中清除乙烯，有多种药剂和方法。帐内放吸附剂，将吸附剂放在上几层果箱上（因乙烯较空气轻）氧化分解乙烯，可使贮藏环境中的乙烯浓度保持在较低水平，从而延缓果实的后熟衰老。1-MCP可以抑制乙烯与其受体的正常结合，阻断乙烯反馈调节的生物合成。1-MCP在2002年7月已通过美国政府有关部门的注册。

8. 气帐内果实出现霉变时的处理方法

猕猴桃果实在大帐气调贮藏过程中如果出现霜霉病、灰霉病、软腐病等病害发生，需早期预防。预防措施是在果实预冷期对侵染性病害的病原菌真菌、细菌、病毒进行早期灭菌消毒处理，迅速杀死田间受到侵染的病毒。果实按照大帐的体积码垛，堆垒之间要留有空间便于气流畅通，罩大帐前用果蔬防腐保鲜烟雾剂5g/m³熏蒸4h，果实罩帐后采用二氧化氯消毒液进行处理。

（三）猕猴桃贮藏过程中温度、湿度的控制

1. 预冷

及时预冷指在果品贮藏或运输之前，迅速将其温度降低到规定的温度范围内。猕猴桃果实的预冷果温达到0℃，预冷处理结束。预冷的目的是迅速消除果实采摘后自身存在的田间热（或生长热），降低果实温度，抑制果实呼吸，从而达到降低果实的新陈代谢活动、延缓后熟衰老的目的。

预冷是猕猴桃果实贮藏保鲜的重要环节，预冷对果实硬度、品质、新鲜度及果实损耗都有着密切的关系。如果建冷库时没有预冷间，贮户将猕猴桃采后直接送入冷库内进行预冷，以消除果实自身存在的田间热（或生长热）。因此，每批果实进库、码垛都会造成库温起伏变化，果实在库内得不到良好的预冷环境，造成果实在预冷期就可能发生软化。正确的预冷方法应该是：果实采后尽早入库，要快速预冷，降低果

温，进库果实要在12h内降至0℃左右，预冷时间应不超过24h，测定果温达到0℃时预冷操作完毕。然后，按猕猴桃贮藏前期适宜低温参数0~1℃运行。

2. 猕猴桃果实冷害的发生及减少措施

猕猴桃果实冷害是指果实在冰点以上的不适低温下贮藏所造成的生理伤害。因为猕猴桃果实采后在整个贮藏期间温度要高于冰点温度以上0.5~0.8℃；而果实发生冷害是因为贮藏温度低于上述温度值，在不适低温贮藏下造成果实逆境伤害。发生冷害的果实细胞壁加厚，手感发绵，果肉褐变，失去后熟能力，风味变坏等不可食用。冷库贮藏果实发生冷害（或冻害）现象屡见不鲜，每年发生冷害（或冻害）的库间占总库的2%~5%。刘运松等（2006）认为影响猕猴桃果实贮藏质量的原因是果实早采。早采入库贮藏将会出现不同程度的冷害与冻害现象，有的库内猕猴桃全部冻坏，个别的批发商将冷害和冻害猕猴桃运往批发市场，致使消费者购买的猕猴桃不能吃，严重伤害了消费者的利益。

猕猴桃采收后，对果实进行低温贮藏保鲜以实现错峰销售，增加其采后附加值。但猕猴桃果实采后仍是活的有机体，贮藏环境对其影响很大，尤其是冷害（冻害）的发生可导致果实品质降低，严重影响其经济效益。目前猕猴桃冷库管理存在的主要问题，一是在冷库管理中，有相当一部分人是只知其一，不知其二，照搬别人的套路管理冷库，误人匪浅；二是设备操作管理不善，极不重视机电设备检修；三是管理人员对技术管理心中无数，不知道库温要提前2~3d降到0℃左右，果实进库如何预冷，更不清楚果实贮藏期如何科学控制温度、湿度、气体浓度及通风换气等技术。

防治和减少冷害发生的措施如下。

（1）适温贮藏。贮藏温度若低于冰点温度，则贮藏期2~3d就会发生冻害。贮藏温度若低于猕猴桃贮藏期临界温度，且盲目延长贮藏期时，就会发生冷害。因此，贮藏温度参数和贮藏期时间管理十分重要，必须严格温度范围的管理操作，减少温度过低、时间过长而发生冷害，并定期测定贮藏期的温度值。

温度是冷库需要严格控制的首要工艺参数，这就要求库温测定仪表应尽量准确。目前一些库内使用寒暑表、酒精温度表等普通温度计，这些温度计的划值粗，准确度差，不适宜猕猴桃贮藏库使用。还有一些库内采用多点遥测电子测温仪，测温灵敏，温度指示准确，能作为控制库温的依据。贮藏保鲜专家推荐冷库专用温度计，分度值为0.1，修正值准确到0.01，比普通气象温度计精确度高，误差小，灵敏度高，适于贮藏温度要求精确的猕猴桃冷库使用。温度的测定，采用人工观测，温度计每年使用前矫正一次，温度计应放置在不受冷藏异常气流影响的地方，库内前、中、后放3个观测点、温度计悬挂高度以观测者目视平齐为好，入库后每周观测1~2次，做好观测温度记录。

（2）湿度的合理调控。猕猴桃果实皮薄，富含水分、表面角质层薄，90%左右的水分从表皮蒸发，因而猕猴桃贮藏环境相对湿度应尽量处于饱和状态。贮藏期库内相对湿度应控制在90%~95%。有研究表明，相对湿度接近100%可以减轻冷害发生，贮藏环境偏高的相对湿度能降低环境与果实之间的水蒸气分压差，抑制果实水分蒸发；高湿度降低了果实的蒸腾作用，抑制果实冷害的发生。

（3）成熟度与冷害的关系。果实采收成熟度低比成熟度高的易遭冷害。应用1-MCP处理猕猴桃果实发现，成熟度较低的果实加速冷害的发生，但对成熟度较高的果实，冷害发生率无明显影响，说明1-MCP对猕猴桃冷害的发生程度与果实成熟度有关。

（4）库内果实杀菌防腐处理。随着猕猴桃栽培面积增大，生态环境的变化，果实贮藏期间易发生的生理病害和微生物病害程度不断加重，烂库现象频频发生，库内果实杀菌、防腐处理十分重要。果实进库后要及时应用杀菌剂对寄生在果实表面的病虫害及真菌微生物进行杀灭。

（5）实时测量二氧化碳和氧的含量。定期测量气调冷库二氧化碳和氧的含量，确保测量的准确性，需要定期更换气体检测探头。

第五节　猕猴桃果实贮藏期病害及防治技术

猕猴桃果实在采摘、加工、运输等过程中容易感染病害，在果实内迁移，加速猕猴桃果实的腐败变质，不仅造成人力和财力浪费，还对人体健康造成危害。猕猴桃采后真菌腐烂病是猕猴桃重要病害之一，在果实贮藏、运输、销售期间都能造成严重的经济损失。

一、猕猴桃采后真菌腐烂病的分类及其病原菌

（一）软腐病

软腐病也称熟腐病，主要发生在果实后熟期与常温贮藏阶段，其典型症状是果皮上形成褐色的病斑，多呈圆形或椭圆形，病斑边缘呈一圈水渍状环带，病斑内部果肉乳白色，病斑交界处果肉水渍状，可形成穿孔性腐烂，严重时整个果实完全腐烂。目前报道最多的病原菌有两大类，其中一类为葡萄座腔菌科真菌，另一类为间座壳属（*Diaporthe* sp.）真菌，间座壳属真菌无性型为拟茎点霉菌（*Phomopsis* sp.），离体培养一般难以获得有性型，所以常用*Phomopsis* sp.来表示这一类引起猕猴桃采后腐烂病的病原菌。李黎等（2016）根据病原菌分离率认为拟茎点霉菌（*Phomopsis* sp.）是引起中国猕猴桃软腐病的主要病原菌。还有报道显示，小孢拟盘多毛孢菌（*Pestalotiopsis microspora*）与链格孢菌（*Alternaria alternata*）也可引起猕猴桃软腐病。但是目前普遍认可的猕猴桃软腐病菌主要是葡萄座腔菌和拟茎点霉菌，可造成严重的猕猴桃腐烂。

（二）蒂腐病

该病症一般从果蒂处开始表现，果蒂周围常见真菌菌丝。发病部位果皮呈浅褐色至深褐色，内部果肉水渍状软化腐烂，后期组织降解穿孔，腐烂延伸至整个果实。20世纪60年代末至70年代初，首次在新西兰观察到猕猴桃间座壳菌（*Diaporthe actinidiae*）引起的猕猴桃蒂腐病。随后，美国研究者在从新西兰进口的猕猴桃腐烂果实中分离得到*Diaporthe actinidiae*，试验确认其为猕猴桃蒂腐病病原菌。在韩国和中国也有猕猴桃间座壳菌引起的猕猴桃蒂腐病的相关报道。猕猴桃灰霉病菌（*Botrytis cinerea*）也可以引起猕猴桃蒂腐病，又称灰霉病，是美国加州猕猴桃采后最重要的病害，其典型症状是果蒂及周围颜色变暗，有白色或灰色的菌丝，也可能出现孢子，内部果肉颜色变深，水渍状。新西兰猕猴桃从20世纪70年代开始受到此病害的影响。在智利，从0℃气调库中的海沃德腐烂果实中分离得到猕猴桃葡孢霉（*Botrytis prunorum*），试验验证该菌可引起猕猴桃蒂腐病，其主要病原菌仍为猕猴桃灰霉病菌（*Botrytis cinerea*）与葡萄座腔菌（*Botrytis dothidea*）、拟茎点霉菌（*Phomopsis* sp.）引起的猕猴桃腐烂多在猕猴桃软化或过熟阶段发生不同，*B.cinerea*引起的猕猴桃腐烂在低温贮藏中发生。感染*B.cinerea*的猕猴桃在低温贮藏时会产生少量乙烯，可能加速健康果实的软化，缩短贮藏期。

（三）青霉病

青霉病病菌分生孢子分布广泛，主要经各类伤口侵入果实，贮运期间主要通过接触传播、振动传播。初期为水渍状淡褐色圆形病斑，病部果皮变软腐烂，扩展迅速，用手指按压病部，果实易破裂。病部先长出白色菌丝，很快转变为青色霉层。扩展青霉（*Penicillium expansum*）可引起软枣猕猴桃腐烂病，低温贮藏中的发病果实水渍状软化，淡黄色至浅棕色病斑，病斑处有大量青绿色孢子。段爱莉等（2013）利用rDNA-ITS手段研究了陕西周至华优、海沃德和秦美猕猴桃贮藏期果实霉烂病病原菌，鉴定出4种青霉属真菌，但该试验得到的病原菌缺少完整的柯赫氏法则验证，有待进一步确认。防治青霉病要避免雨后或雾天果皮含水量多的情况下采果。采收、分级、运输及包装过程中，尽量防止果实损伤。贮藏库、果窖及果筐使用前，要用硫黄熏蒸消毒。

二、病菌侵染及流行学

（一）软腐病侵染发病规律

猕猴桃软腐病发生在猕猴桃果实后熟期。果实内部的果肉发生软腐，失去食用价值，造成很大的经济损失。果实后熟末期，果皮出现小指头大小的凹陷，剥开凹陷部的表皮，病部中心部呈乳白色，周围呈黄绿色，外围深绿色呈环状，果肉软腐。纵剖软腐部，软腐呈圆锥状深入果肉内部，多从果蒂或果侧开始发病，也有从果脐开始的，初期通过外观诊断困难。

葡萄座腔菌（*B.dothidea*）也可以引起猕猴桃枝条枯萎病。研究者在猕猴桃死亡枝干中发现了*B.dothidea*的分生孢子器和假囊壳，可以在果园越冬，越冬后的分生孢子和子囊孢子人工接种到猕猴桃果实上能引起软腐病。推测*B.dothidea*有两种侵染途径，一是越冬的分生孢子器和假囊壳在春天或初夏释放分生孢子或子囊孢子，先侵染枝条、叶片或花蕾，产生新的分生孢子器并释放孢子作为二次侵染源，最终侵染果实；二是越冬的分生孢子器和假囊壳在猕猴桃果实形成后释放分生孢子或子囊孢子，直接侵染果实导致发病。

试验显示，葡萄座腔菌（*B.dothidea*）、焦腐病菌（*Lsaiodiplodia theobromae*）与新壳梭孢菌（*Neofusicoccum parvum*）产生的毒素、果胶酶及纤维素酶是猕猴桃软腐病的致病因子之一。*B.dothidea*和*L.theohromae*在无伤接种时也能引起猕猴桃发病，只是病程发展慢于有伤接种。*B.dothidea*可以直接从猕猴桃果实表皮侵入导致发病，而*Phomopsis* sp.要在有伤口的条件下才会引发猕猴桃果实腐烂病。温度对病害发生产生影响，5℃以下，果腐病菌（*Diaporthe vaccinii*）引起的猕猴桃软腐病受到抑制。

猕猴桃果实软腐病由子囊菌亚门葡萄座腔菌和半知菌亚门拟茎点霉属两种病原真菌侵染所致，但以葡萄座腔菌居多。两者在10~35℃时均可生长，前者以30℃左右为好，后者以25~27℃为宜。一般果实在生育期即已感病，病原菌以菌丝形态潜伏在果皮中，大部分在收获后的后熟期侵入果肉而发病。在贮运过程中，病、健果实靠接触传播病菌。果实越近成熟期，含酸量越低，且后熟期温度在15℃以上时利于病害流行。在梅雨季节雨水多的年份，发病显著增加。结果多的老果园，如果修剪后的病枝条堆积在果园内树冠下，则病害发生严重。

主要从以下几个方面进行防治。

（1）彻底清除病残枝叶，并集中处理，减少初次侵染的来源。

（2）后熟期的温度尽量控制在15℃以下，并尽可能地缩短后熟期。

（3）从5月下旬开花期开始到7月下旬，喷施2 000倍液的甲基硫菌灵3~4次，有良好的防治效果，并可兼治灰霉菌引起的花腐病。

（二）*B.cinerea*引起的猕猴桃蒂腐病侵染发病规律

在*B.cinerea*侵染猕猴桃的部位和时间上，不同的研究者有不同的结果。在美国加利福尼亚州，*B.cinerea*可在猕猴桃的病果、伤果以及坏死叶片，甚至杂草上产生孢子，在春季猕猴桃花期侵染花瓣和花药，进而侵染萼片与花托。花后30～60d以及120～150d是猕猴桃萼片感染*B.cinerea*的高峰期，侵染具有累积性和潜伏性，最终在果实低温贮藏期间表现症状。而新西兰的研究者多认为*B.cinerea*主要从猕猴桃采收造成的伤口侵染，在低温贮藏4周后开始表现症状。在田间，一些无脊椎动物可影响*B.cinerea*对猕猴桃的侵染。在美国加利福尼亚州，田园蜗牛啃食猕猴桃萼片，导致灰霉病引起的蒂腐病发病率升高。在新西兰，猕猴桃花期大量发生的蓟马会携带*B.cinerea*的孢子，显著提高了猕猴桃感染*B.cinerea*的风险。

采收时，猕猴桃有伤的果柄基部（果蒂）是*B.cinerea*首选的侵染点。猕猴桃采收后的处理措施可影响发病率，如猕猴桃采后立即0℃下贮藏，*B.cinerea*引起的蒂腐病发病率高于自然降温的果实，而猕猴桃采收后在15℃、高气流速度（2m/s）、空气相对湿度95%的环境中预冷48h，可以有效降低低温贮藏中蒂腐病的发病率。

（三）青霉病侵染发病规律

猕猴桃青霉病是贮运期常见病害，甚至在0℃时也可出现腐烂。在果面受损处呈现青绿色霉块，易于识别。由多种青霉菌（*Penicillium* spp.）引起。从成熟果面伤口处侵入，引起发病。采收时轻拿轻放，使用柔软的采果袋，尽量减少果面损伤。应用仲丁胺固体防腐剂0.2g/kg，防腐效果较好。

三、病害防治方法

（一）化学防治

使用杀菌剂是田间防治植物真菌性病害的常用方法，其关键是筛选合适的药剂类型及使用浓度。室内毒力试验结果显示，75%肟菌酯·戊唑醇水分散粒剂、50%异菌脲悬浮剂和10%苯醚甲环唑水分散粒剂对猕猴桃软腐病菌*B.dothidea*和*Phomopsis* sp.都有很强的毒力，田间药剂防效试验表明75%肟菌酯·戊唑醇对猕猴桃软腐病具有很好的防治效果。25%咪鲜胺和30%苯醚甲环唑·丙环唑对猕猴桃软腐病菌*B.dothidea*的生长有较好的抑制效果。

壳聚糖具有天然的抑菌活性，诱导植物产生抗性，在果蔬贮藏保鲜上广泛应用。在猕猴桃幼果期和壮果末期喷施壳聚糖加茶多酚的复合膜剂对猕猴桃软腐病有较好的防治效果，且具有改善猕猴桃品质、延长贮藏期的作用。在25℃和4℃贮藏条件下，

5g/L壳聚糖诱导獼猴桃的防御反应，显著抑制獼猴桃灰霉病和青霉病。采前喷施草酸能提高獼猴桃贮藏期间的抗病性，接种扩展青霉（*Penicillium expansum*）后的果实发病率降低，病斑直径减小。在獼猴桃贮藏中，使用一种新型的二氧化钛光催化臭氧的方法可以显著抑制真菌的分生孢子萌发，有效控制獼猴桃软腐病病菌的侵染，对已受侵染的獼猴桃果实具有显著延缓发病的作用。

（二）生物防治

獼猴桃采后腐烂病害的生物防治仍处于早期研究阶段。利用拮抗菌进行生物防治被认为是一种绿色的植物病害防治方法，其中木霉菌（*Trichoderma* spp.）是一类研究比较深入、应用相对广泛的拮抗真菌。胡容平等（2017）以木霉菌为生物防治试材，初步筛选出一些对葡萄座腔霉（*B.dothidea*）有较高拮抗作用的菌株。有报道显示，细菌致病杆菌属（*Xenorhabdus*）和光杆菌属（*Photorhabdus*）具有作为生物防治抑制番石榴顶尖腐烂病菌（*Dothiorella* sp.）生长的潜质。而在柑橘采后真菌病害的生物防治研究中，柠檬形克勒克酵母（*Kloeckera apiculata*）菌株34-9产生的代谢产物苯乙醇可以很好地抑制柑橘青霉病和绿霉病。提前接种绿色木霉（*T.viride*）于香蕉果实上能减少*L.theobromae*引起的果实腐烂（减少29.07%～65.06%），对病害有一定的防治效果。以上研究结果为獼猴桃腐烂病害的生物防治提供参考，而筛选高效的生物防治菌株，研究其生物防治机理将是今后獼猴桃采后腐烂病害生物防治的基础工作。

（三）抗病品种筛选

筛选和培育抗病种质是防治獼猴桃软腐病的有效措施之一，而育种材料的抗性评价是相关研究工作的基础。人工接种*B.dothidea*和*Phomopsis* sp.的结果显示，海沃德、云海1号和金艳表现高抗。李黎等（2016）对31个具有重要经济价值的獼猴桃品种进行了抗性初步筛选，结果显示川猕2号、东红与和平1号等比较抗软腐病。抗性评价可能因试验条件不同而结果有差异，所以需要建立一套科学规范、可推广应用的抗性评价体系。

随着獼猴桃产业的发展，獼猴桃果实的病害凸显。而对于獼猴桃果实采后真菌腐烂病害，国内的研究多集中在病原菌的初步分离鉴定，不同的研究报道显示病原菌种类较多，且优势种类可能存在一定的地域差异，而目前国内对病原菌的采前侵染研究不足，獼猴桃受到腐烂病菌侵染后的应答机制尚不清楚。

基于目前对真菌引起的獼猴桃采后腐烂病害的研究现状，笔者认为应该从以下几个方面展开系统研究，以明晰发病机理，最终控制或减少病害的发生。

（1）继续加强病原菌种类的研究与监测。未来，不同区域的獼猴桃采后腐烂病病原菌分离鉴定工作仍需更多的研究者参与完善，监测可能出现的新致病菌种类，在全国各主产区内合作开展软腐病菌 *B.dothidea* 与 *Phomopsis* sp. 的多样性分析。此外，*B.dothidea*、*Phomopsis* sp. 与 *B.cinerea* 均是多种果树上的常见病原菌，对生产果园中的跨寄主传播问题应予以关注和研究。

（2）重视并加强病原菌的采前侵染研究。利用荧光蛋白标记技术标记菌株，让病原菌潜伏侵染、病原流行学研究更加高效可靠，有助于解析病原菌的早期侵染途径与浸染时期。建立多种典型病原菌的快速、特异性检测技术。早期被侵染果实多完好不具有明显症状，实现病原菌的快速、特异性检测可快速诊断早期侵染；在发病后期也可快速判别病原菌种类，提高研究效率。开发精准的无损检测技术可以在果实分级与包装等过程中剔除病果，减少潜在经济损失。

（3）利用现代组学技术加强植—病互作研究。目前多组学技术发展应用迅速、成本降低，可实时应用于猕猴桃采后腐烂病原菌的互作研究，有助于全面、深入地研究猕猴桃在病原菌侵染后的防御反应、代谢调节等变化过程，解析其发病机理。

（4）在猕猴桃采后腐烂病害防治药剂筛选的基础上，重点加强在田间或贮藏期的药效验证及安全性检测。

（5）选育抗病猕猴桃品种，利用现代组学技术挖掘关键抗性基因，开发特异性分子标记。进行猕猴桃抗病分子辅助育种，从根本上降低真菌引起的猕猴桃采后腐烂病害造成的损失。

四、猕猴桃的冷害防治

冷害是指在冰点以上不适宜的低温条件下贮藏果品，导致果品发生生理代谢失调与细胞伤害，它是冷敏性植物或器官对低温胁迫的不良反应。冷害症状主要表现为表皮出现凹陷斑；表皮组织呈水渍状，易被微生物侵入；表皮或内部褐变；果实不能正常成熟，在受到低温冷害后将会失去后熟能力。

不同品种的猕猴桃其冷敏性不同，选育抗冷害的品种，减少冷害造成的猕猴桃采后损耗。栽培条件不同其冷敏性也不同，增加有机肥，减少化学肥料的使用，可增加猕猴桃抗冷害能力。早采的猕猴桃果实冷害发生率较高，适当晚采可以显著降低采后果实的贮藏冷害。冷害发生与贮藏温度的高低和低温贮藏的时间长短有关，一般温度越低，低温贮藏的时间越长，表现的冷害症状就越严重。果实冷害与贮藏环境的相对湿度密切相关。相对湿度越高，冷害程度越轻，反之，则相反。严格进行贮藏期的温湿度管理，减少温度和湿度波动。

第四章　猕猴桃果实的加工与综合利用

随着我国猕猴桃产业的快速发展，猕猴桃加工已成为今后猕猴桃产业健康可持续发展的必由之路。实践证明，科技含量高、附加值高、差异化竞争优势强的产品已成为中高端市场消费者的青睐，市场潜力巨大。

猕猴桃味美且营养丰富，将其进一步加工，能够有效延长产业链，优化产品结构。猕猴桃果肉的主要营养物质包括可溶性固形物、磷、钠、钙、铁等矿质元素、游离氨基酸、维生素C、有机酸类和芳香类物质。猕猴桃加工的产品主要有果干、果汁、果脯、果酱、果酒、果醋、罐头等，不仅可以提高附加值、增加效益，而且可以延长贮藏期，弥补鲜食供应期短的不足，获得鲜食不一样的体验。

第一节　猕猴桃果品加工基础知识

猕猴桃加工方法较多，不同的加工方法和制品对原料有一定的要求。猕猴桃加工除受工艺和设备的影响外，还与原料的品质好坏及其加工适应性有密切的关系，在加工工艺技术和设备条件一定的情况下，原料的品质好坏直接决定着制品的质量。

一、加工原料的选择

正确选择加工的猕猴桃品种是进行加工的首要条件，如何选择合适的原料，这需要根据各种加工制品的要求和原料本身的特性来决定。

在制备猕猴桃果汁及猕猴桃果酒类的产品时，要求原料可溶性固形物高，酸度适宜，风味芳香独特，色泽良好及果胶含量少。猕猴桃果胶含量丰富，可采取特殊的工艺，添加果胶酶酶解处理加工成透明或混浊型的果汁饮料。干制品对猕猴桃原料的要求是干物质含量高，水分含量低，可食部分多，粗纤维少，风味及色泽好。对罐藏、糖制品、冷冻制品则要求原料可食部分大，质地紧密，糖酸比适当。在制备果酱时要求原料应含有丰富的果胶物质、较高的有机酸含量、风味浓、香气足。

（一）原料的成熟度和采收期

猕猴桃原料的成熟度和采收期适宜与否，将直接关系加工制品的质量高低和原料的损耗大小。不同的加工制品对猕猴桃原料的成熟度和采收期要求不同。因此选择合适的成熟度和采收期，是猕猴桃各种加工制品对原料的一个重要要求。

在果品加工中，一般将成熟度分为3个阶段，即可采成熟度、加工成熟度（也称食用成熟度）和过熟阶段。

可采成熟度是指果实充分膨大长成，但风味还未达到顶点。这时采收的果实，适合于贮藏并经后熟后方可达到加工的要求。一般工厂为了延长加工期可在此时采收进厂入贮，以备后期加工。

加工成熟度（也称食用成熟度）是指果实已具备该品种应有的加工特性，分为适当成熟与充分成熟，加工类别不同，要求成熟度也不同。如制备猕猴桃果汁果酒类，要求猕猴桃原料充分成熟。制备果干制品类，果实也要求充分成熟，否则缺乏应有的果香味，且制品质地坚硬。制备罐头、果脯类，则要求原料成熟适当，这样猕猴桃果实因含原果胶类物质较多，组织比较坚硬，可以经受高温煮制。而果糕、果冻类加工，也要求猕猴桃原料具有适当的成熟度，其目的也是利用原果胶含量高，使制品具有凝胶特性。

过熟阶段是指果实质地变软，风味变淡，营养价值降低。此期的猕猴桃果实只可制备果汁、果酒和果酱（因不需要保持形状），一般不适宜加工成其他产品。

（二）原料的新鲜度

加工原料越新鲜，加工的品质越好，损耗率也越低。因此，从采收到加工应尽量缩短时间，这就是为什么加工厂要建在原料基地附近。猕猴桃果实易腐，不耐重压，易破裂，极易被微生物污染，给后期消毒杀菌带来一定的困难。猕猴桃原料在采收、运输过程中，极易造成机械损伤，只有及时进行加工，才能保证成品的品质。否则这些原料易腐烂，从而失去加工价值或造成大量的损耗，影响了企业的经济效益。

猕猴桃产品加工要求从采收到加工的时间尽量缩短，否则需采取必要的贮藏措施。同时在采收、运输过程中一定要注意防止机械损伤、日晒、雨淋等，以充分保证原料的新鲜。

二、加工用水的要求与处理

（一）加工用水的要求

猕猴桃加工厂用水量远大于一般的食品加工厂，生产1t罐头，需水40 000～60 000kg，生产1t糖制品消耗10 000～20 000kg的水，且水质要好。大量的水不仅要用于锅炉，更重要是直接用来制造产品，贯穿整个加工过程，如原料清洗、烫漂、配制糖液、杀菌冷却等。所以水质的好坏、供水量、供水卫生等在加工过程中也占重要地位，否则将严重影响加工品的质量。

因此，加工用水应符合《生活饮用水卫生标准》（GB 5749—2022）。否则如果水中铁、锰等盐类多时，不仅会引起金属臭味，而且还能与单宁类物质作用引起变色以及促进维生素的分解。水中含有过量的硫化氢、氨、硝酸盐和亚硝酸盐等时，不仅产生臭味，且表示水中曾有腐败作用发生或被污染。如果水中致病菌及耐热性细菌含量太多，易影响杀菌效果，增加杀菌难度。

如果水的硬度过大，水中可溶性的钙、镁盐加热后生成不溶性的沉淀；且钙、镁还能与蛋白质一类的物质结合，产生沉淀，致使罐头汁液或果汁发生混浊或沉淀。另外，硬水中的钙盐还能与猕猴桃果实中的果酸结合生产果胶酸钙，使果肉表面粗糙，加工制品发硬。镁盐如果含量过高，如100mL水中含4mg MgO时便能尝出苦味。除制作果脯蜜饯以防止煮烂和保持硬度外，其他一切加工用水均要求水的硬度不宜超过2.853mmol/L。水的硬度取决于其中钙、镁盐的含量，常以Me表示Ca或Mg。钙或镁离子的基本单元分别选择为Ca^{2+}和Mg^{2+}，用C（$Ca^{2+}+Mg^{2+}$）表示钙、镁离子的总浓度。凡是Me在2.853mmol/L以下者称为软水，在2.853～5.076mmol/L称为中等硬水，在5.076～10.699mmol/L称为硬水，10.699mmol/L以上称为极硬水。而锅炉用水一般要求Me在0.012～0.036mmol/L，否则容易形成水垢，不仅影响锅炉的传热，严重时还易发生爆炸。

（二）加工用水的处理

一般加工厂均使用自来水或深井水，这些水源基本上符合加工用水的水质要求，可以直接使用，但在罐头及饮料等加工制造时，还需进行一定的处理，尤其锅炉用水必须经过软化后方可使用。

工厂中目前常见的水处理有过滤、软化、除盐及消毒，分述如下。

1. 过滤

过滤不仅仅是除去水中的悬浮杂质和胶体物质，采用最新的过滤技术，还能除去水中的异味、颜色、铁、锰及微生物等物质，从而获得品质优良的水。

含铁量偏高的地下水，可在过滤前采用曝气的方法，使空气氧化二价铁变成高价的氢氧化铁沉淀，然后通过过滤加以除去。当原水中含锰量达0.5mg/L时，水具有不良味道，影响饮料的口感，所以必须除去。除去锰可以先用氯氧化，或者添加氧化剂（KMnO$_4$或O$_3$）使锰快速氧化，使锰以二氧化锰形式沉淀。如果水中含锰不太高时，可在滤料上面覆盖一层一定厚度的锰砂（即软锰矿砂）处理，可获得很好的除锰效果。

常用的过滤设备有砂石过滤器和砂棒过滤器。砂石过滤是以沙石、木炭作滤层，一般滤层从上至下的填充料为小石、粗沙、木炭、细沙、中沙、小石等，滤层厚度在70～100cm，过滤速度为5～10m/h。砂棒过滤器是我国水处理设备中的定型产品，根据处理水量选择其适用型号，同时考虑生产的连续性，至少有两台并联安装，当一台清洗时，可使用另一台。砂棒过滤器是采用细微颗粒的硅藻土和骨灰，经成型后在高温下焙烧而形成的一种带有极多毛细孔隙的中空滤筒。工作时具一定压力的水由砂棒毛细孔进入滤筒内腔，而杂质则被阻隔在砂棒外部，过滤后的水由砂滤筒底部流出，从而完成过滤操作。砂滤棒在使用前需消毒处理，一般用75%酒精或0.25%新洁尔灭或10%漂白粉，注入砂滤棒内，堵住出水口，使消毒液和内壁完全接触，数分钟后倒出。安装时凡是与净水接触的部分都要消毒。

以上两种过滤器都需定期清洗，清洗时，借助泵压将清洁水反向输入过滤设备中，利用水流的冲力将杂质冲洗下来。

2. 软化

一般硬水软化常用离子交换法进行，当硬水通过离子交换器内的离子交换剂层即可软化。离子交换剂有阳离子交换剂与阴离子交换剂两种，用来软化硬水的为阳离子交换剂。阳离子交换剂常用钠离子交换剂和氢离子交换剂。

离子交换剂软化水的原理，是软化剂中Na$^+$或H$^+$将水中的Ca^{2+}、Mg^{2+}置换出来，使硬水得以软化，其交换反应如下：

$$CaSO_4+2R\text{--}Na \rightarrow Na_2SO_4+R_2Ca$$

$$Ca（HCO_3）_2+2R\text{--}Na \rightarrow 2NaHCO_3+R_2Ca$$

$$MgSO_4+2R\text{--}Na \rightarrow Na_2SO_4+R_2Mg$$

$$Mg（HCO_3）_2+2R\text{--}Na \rightarrow 2NaHCO_3+R_2Mg$$

式中，R-Na为钠离子交换剂分子式的简写，R代表它的残基。

硬水中Ca^{2+}、Mg^{2+}被Na$^+$置换出来，残留在交换剂中，当钠离子交换剂中的Na$^+$全部被Ca^{2+}、Mg^{2+}代替后，交换层就失去了继续软化水的能力，这时需用较浓的食盐溶液进行交换剂的再生。食盐中的Na^+能将交换剂中的Ca^{2+}、Mg^{2+}离子交换出来，再用水将置换出来的钙盐和镁盐冲洗掉，离子交换剂又恢复了软化水的能力，可以继续使用。

$$R_2Ca+2NaCl \rightarrow 2R-Na+CaCl_2$$

$$R_2Mg+2NaCl \rightarrow 2R-Na+MgCl_2$$

同理，硬水通过氢离子交换剂（R-H），水中Ca^{2+}、Mg^{2+}被H^+置换使水软化，氢离子交换剂失效后，用硫酸来再生。

为了获得中性的软水或改变原来水的酸碱度，可用H-Na离子交换剂，将一部分水经钠离子处理生成相应的碱，另一部分氢离子处理生成相应的酸，然后再将两部分水混合，而得到酸碱适度的软水。

离子交换法脱盐率高，也比较经济。但是，在脱盐中需要消耗大量的食盐或硫酸来再生交换剂，排出的酸、碱废液会对环境造成一定的污染。

3. 除盐

（1）电渗析法。用电力把水中的阳离子和阴离子分开，并被电流带走，得到无离子的中性软水，该法能连续化、自动化，不需外加任何化学药剂，因此它不带任何危害水质的因素，同时对盐类的除去量也容易控制。该法还具投资少、省电、操作简单、检修方便、占地面积小等优点，因此近年来在软饮料行业中得到广泛应用。

电渗析法除盐需要两种半渗透膜（该膜只能通过离子而不通过水分子）即一个阳膜，一个阴膜，安装在有电极的容器中，分为3个区域。被处理的水通电后，水中阳离子Ca^{2+}、Mg^{2+}、Na^+等向阴极移动，通过半渗透膜进入阴极区，同样阴离子Cl^-、SO_4^{2-}、HCO_3^-等向阳极移动，通过半渗透膜，进入阳极区。中间区的水含盐量减少，从而得到除盐的无离子中性软水。

（2）反渗透法。反渗透法的主要工作部件是一种半透膜，它将容器分隔成两部分。若分别倒入净水和盐水，两边液位相等，在正常情况下，净水会经过薄膜进入盐水中，使盐水浓度降低。如果在盐水侧施加压力，水分子便会在压力作用下从盐水侧穿过薄膜进入净水中，而盐水中的各种杂质便被阻留下来，盐水得到净化，从而达到排除各种离子的目的。

反渗透法的关键是选择合适的反渗透膜，它要求有很高的选择性、透水性，有足够的机械强度，且化学性能稳定。当前，常用的反渗透膜有醋酸纤维素膜、芳香聚胺纤维膜等。

用反渗透法可除去90%～95%的内溶物、产生硬度的各种离子、氯化物和硫酸盐，可100%地除去相对分子质量大于100的可溶性有机物，并能有效地除去细菌、病毒等。同时，在操作时能直接从含有各种离子的水中得到净水，没有相变及因相变带来的能量消耗，故能耗少；在常温下操作，腐蚀性小、工作条件好，设备体积小，操作简便。但是，反渗透设备投资大，目前国内尚未普及。

4.消毒

水的消毒是指杀灭水里的病原菌及其他有害微生物，但水的消毒不能做到完全杀灭微生物，只是防止传染病及消灭水中的可致病的细菌。消毒方法常见的有氯化消毒、臭氧消毒和紫外线消毒。

（1）氯化消毒。这是目前广泛使用的简单而有效的消毒方法。它是通过向水中加入氯气或其他含有效氯的化合物，如漂白粉、氯胺、次氯酸钠、二氧化氯等，依靠氯原子的氧化作用破坏细菌的某种酶系统，使细菌无法吸收养分而自行死亡。

氯的杀菌效果以游离余氯为主，游离余氯在水温20～25℃、pH值为7时，能很快地杀灭全部细菌，而结合型余氯的用量约为游离型的25倍。同一浓度氯杀菌所需的时间，结合型为游离型的100倍，但结合型的持续性比游离型长，经过一定时间后，杀菌效果与游离型相同。

因微生物种类、氯浓度、水温和pH值等因素的不同，杀菌效果也不同。因此，要综合考虑氯的添加量。饮料用水比自来水要求更为严格，一般要做氯处理，应使余氯量达到数毫克/升以上，以确保安全。经氯化消毒后，应将余氯除去。因它会氧化香料和色素，且氯的异味使饮料风味变坏。一般可用活性炭过滤法将其除去。不论采用哪种杀菌剂，都需加入足够的氯来达到彻底杀菌的目的。一般处理水时，氯的用量为4～12mg/kg，时间在2h以上即可。

（2）臭氧消毒。臭氧（O_3）是由3个氧原子组成，很不稳定，在水中极易分解成氧气和氧原子。氧原子性质极为活泼，有强烈的氧化性，能使水中的微生物失去活性，同时，可以除水臭、水的色泽以及铁和锰等。

臭氧具有很强的杀菌能力，不仅可杀灭水中的细菌，同时也可消灭细菌的芽孢。它的瞬间杀菌能力优越于氯，较之快15～30倍。由臭氧发生器通过高频高压电极放电产生臭氧，将臭氧泵入氧化塔，通过布气系统与需要进行处理的水充分接触、混合，当达到一定浓度后，即可起到消毒的作用。

（3）紫外线消毒。微生物在受紫外线照射后，其蛋白质和核酸发生变性，引起微生物死亡。目前使用的紫外线杀菌装置多为低压汞灯。应根据杀菌装置的种类和目的来选择灯管，才能获得最佳效果。灯管使用一段时间后，其紫外线的发射能力会降低，当降到原功率的70%左右时，应更换灯管。

用紫外线杀菌，操作简单，杀菌速度快（几乎在瞬间完成），效率高，不会带来异味。因此，得到了广泛的应用。

三、原料的预处理

猕猴桃原料的预处理，对制品的生产影响很大，如果处理不当，不但会影响产品的质量和产量，而且会对以后的加工工艺造成影响。为了保证质量、降低损耗，顺利完成加工过程，必须认真对待加工前的预处理。

猕猴桃加工前的预处理包括选择、分级、清洗、去皮、切分、修整、烫漂、硬化、抽真空等工序。在这些工序中，去皮后还要对原料进行各种护色处理，以防原料变色和品质变劣。

（一）原料的分级

原料进厂后首先要进行粗选，即要剔除霉烂及病虫害果实，对残、次及机械损伤类原料要分别加工利用。然后再按大小、成熟度及色泽进行分级。原料合理地分级，不仅便于操作和提高生产效率，重要的是可以保证产品质量，得到均匀一致的产品。

（二）原料的清洗

原料清洗的目的在于洗去果实表面附着的灰尘、泥沙和大量的微生物及部分残留的化学农药，保证产品清洁卫生。

洗涤用水，除制果脯和腌渍类原料可用硬水外，其他加工制品最好使用软水。水温一般是常温，有时为增加洗涤效果，可用热水，但不适于成熟度高的猕猴桃原料。洗前用水浸泡，污物更易洗去，必要时可以用热水浸渍。

原料上残留农药，还需用化学药剂洗涤。一般常用的化学药剂有0.5%～1.5%盐酸溶液、0.1%高锰酸钾或600mg/kg漂白粉液等。在常温下浸泡数分钟，再用清水洗去化学药剂。洗时必须用流动水或使原料震动及摩擦，以提高洗涤效果，但要注意节约用水。除上述常用药剂外，近几年来，还有一些脂肪酸系列的洗涤剂如单甘油酸酯、磷酸盐、糖脂肪酸酯、柠檬酸钠等应用于生产。

（三）原料去皮

猕猴桃在加工成果干、果脯、罐头时一般要求去皮，在加工果汁和果酒时因要打浆或压榨可以先不去皮。

去皮时，只要求去掉不可食用的部分，不可过度，否则会增加原料的额外浪费。去皮方法有手工、机械、碱液、热力和真空去皮，此外还有酶法去皮、冷冻去皮。

1. 手工

手工去皮是应用特别的刀、刨等工具人工削皮，应用较广，其优点是去皮干净、损失率小，并具有修整的作用，同时也可以去心、去核、切分等同时进行。在猕猴桃原料质量较不一致的条件下能显示出其优点。但手工去皮费工、费时、生产效率低、大量生产时不适宜。

2. 碱液去皮

碱液去皮是果品原料去皮中应用最广的方法。其原理是利用碱液的腐蚀性来使果品表皮内的中胶层溶解，从而使果皮分离。但猕猴桃果皮与果肉的薄壁组织之间主要由果胶等物质组成的中层细胞，在碱的作用下，此层容易溶解，从而使果品表皮剥落。碱液处理的程度也由此层细胞的性质决定，只要求溶解此层细胞，这样去皮合适且果肉光滑，否则就会腐蚀果肉，使肉部分溶解，表面毛糙，同时也增加原料的定额消耗。

碱液去皮常用氢氧化钠，此物腐蚀性强且价廉，也可用氢氧化钾或其与氢氧化钠的混合液，但氢氧化钾较贵，有时也用碳酸氢钠等碱性稍弱的碱。为了帮助去皮可加入一些表面活性剂和硅酸盐，因它们可使碱液分布均匀，易于作用。碱液去皮时碱液的浓度、处理的时间和碱液温度为3个重要参数，应视猕猴桃成熟度和大小而定。碱液浓度高，处理时间长及温度高会增加皮层的松离及腐蚀程度，适当增加任何一项，都能加速去皮作用。故生产中必须视具体情况灵活掌握，只要处理后经轻度摩擦或搅动能脱落果皮，且果肉表面光滑即为适度的标志。经碱液处理后的果实必须立即在冷水中浸泡、清洗、反复换水。同时搓擦、淘洗除去果皮渣和黏附余碱，漂洗至果肉表面无滑腻感，口感无碱味为止。漂洗必须充分，否则会使制品的pH值偏高，导致杀菌不足，口感不良。为了加速降低pH值和方便清洗，可用0.1%～0.2%的盐酸或0.25%～0.5%的柠檬酸水液浸泡，还有防止变色的作用。盐酸比柠檬酸好，因盐酸离解的氢离子和氯离子对氧化酶有一定的抑制作用，而柠檬酸较难离解，同时，盐酸和原料的余碱可生成盐类，抑制酶活性。盐酸更兼有价格低廉的优点。

碱液去皮的处理方法有浸碱法和淋碱法两种。

（1）浸碱法。可分为冷浸与热浸，生产上以热浸较常用。将一定浓度的碱液装入特制的容器（热浸常用夹层锅），将果实浸一定的时间后取出搅动、摩擦去皮、漂洗即成。

简单的热浸设备常为夹层锅，用蒸汽加热，手工浸入果实、取出、去皮。大量生产可用连续的螺旋推进式浸碱去皮机或其他浸碱去皮机械。其主要部件均由浸碱箱和清漂箱两大部分组成。猕猴桃的果实，先进入浸碱箱的螺旋转筒内，经过箱内的碱液处理后，随即在螺旋转筒的推进作用下，将果实推入清漂箱的刷皮转筒内，由于螺旋式棕毛刷在运动中边清洗、边刷皮、边推动的作用，将皮刷去的原料由出口输出。

（2）淋碱法。将热碱液喷淋于输送带上的果实上，淋过碱的果实进入转筒内，在冲水的情况下与转筒翻滚摩擦去皮。

碱液去皮优点甚多，一是适应性广，且对表面不规则、大小不一的原料也能达到良好的去皮目的；二是碱液去皮掌握合适时，损失率较少，原料利用率较高；三是此法可节省人工、设备等。但必须注意碱液的强腐蚀性，注意安全，设备容器等必须由不锈钢制成或用搪瓷、陶瓷，不能使用铁或铝容器。

3. 热力去皮

果实先用短时高温处理，使之表皮迅速升温而松软，果皮膨胀破裂，与内部果肉组织分离，然后迅速冷却去皮。热力去皮的热源主要有蒸汽（常压和加压）与热水。蒸汽去皮时一般采用近100℃的蒸汽，这样可以在短时间内使外皮松软，以便分离。具体的热烫时间，可根据成熟度而定。用热水去皮时，少量的可用锅内加热的方法。大量生产时，采用带有传送装置的蒸汽加热水槽进行。果实经短时间的热水浸泡后，用手工剥皮或高压冲洗。

除上述以外，有研究者用火焰进行加温的火焰去皮法。红外线加温去皮也有一定的效果，即用红外线照射，使果实皮层温度迅速提高，皮层下水分汽化，因而压力骤增，使组织间的连接破坏而使皮层分离。热力去皮法原料的损失少，色泽好，风味好。

4. 真空去皮

将果实先行加热，使其升温后果皮与果肉易分离，接着进入有一定真空度的真空室内，适当处理，使果皮下的液体迅速"沸腾"，皮与肉分离，然后破除真空，冲洗或搅动去皮。此法不适用于成熟度高，已软化的果实。

5. 酶法去皮

酶法去皮条件温和，产品质量好。其关键是要掌握酶的浓度及酶自身作用条件如温度、时间、pH值等。

6. 冷冻去皮

将果实与冷冻装置表面接触片刻，其外皮冻结于冷冻装置上，当果实离开时，外皮即剥离。冷冻装置温度在-28~-23℃。此法去皮损失率5%~8%，质量好，但费用高。

综上所述，去皮的方法很多，且各有其优缺点，生产中应根据实际的生产条件采用。而且，许多方法可以结合在一起使用，如碱液去皮时，为了缩短浸碱或淋碱时间，可将原料预先进行热处理，再进行碱处理。

（四）原料的切分、去心、去核及修整

体积较大的猕猴桃原料在罐藏、干制、加工果脯、蜜饯时，为了保持适当的形状，需要适当地切分。切分的形状则根据产品的标准和性质而定。

罐藏加工时为了保持良好的形状外观，需对果块在装罐前进行修整，例如除去猕猴桃碱液未去净的皮，除去部分黑色斑点和其他病变组织。

上述工序在小量生产或设备较差时一般手工完成，常借助于专用的小型工具。

规模生产常有多种专用机械，主要的有如下几种。

1. 劈半机

用于将果实切半，主要原理是利用圆锯将果实锯成两半。

2. 多功能切片机

为目前采用较多的切分机械，可用于猕猴桃的切片、切块、切条等。设备中装有快换式组合刀具架，可根据要求选用刀具。

3. 专用的切片机

现有设备厂家将猕猴桃去皮和切片一体化。

（五）原料的破碎与提汁

制汁是果汁及果酒生产的关键环节。目前，绝大多数采用压榨法制汁。一般榨汁前还需要破碎工序。

1. 破碎和打浆

榨汁前先行破碎可以提高出汁率，但破碎粒度要适当，要有利于压榨过程中果浆内部产生的果汁排出。否则，破碎过度，易造成压榨时外层果汁很快榨出，形成一层厚皮，使内层果汁流出困难，反而会造成出汁率下降，榨汁时间延长，混浊物含量增大，使下一工序澄清作业负荷加大等。一般要求果浆的粒度在3～9mm，可通过调节破碎工作部件的间隙来控制。猕猴桃榨汁一般采用打浆机来操作，但应注意种子不要被磨碎。破碎时，可加适当的维生素C等抗氧化剂，以改善果汁的色泽和营养价值。破碎所用设备应该用不锈钢材质的。

2. 制汁前预处理

猕猴桃原料经破碎成为果浆，这时果肉组织被破坏，各种酶从破碎的细胞组织中逸出，活性大大增强，同时果肉组织表面积急剧扩大，大量吸收氧，致使果浆产生各种氧化反应。此外，果浆又为来自于原料、空气、设备的微生物生长繁殖提供了良好的营养条件，极易使其腐败变质。因此，必须对果浆及时采取措施，钝化原料自身含有的酶，抑制微生物繁殖，以保证果汁的质量，同时，提高果浆的出汁率。通常采用加酶制剂处理工艺，在榨汁前添加一定量的果胶酶可以有效地分解果肉组织中的果胶物质，使果汁黏度降低，容易榨汁、过滤，提高出汁率。添加果胶酶时应使酶与果浆混合均匀，并控制加酶量、作用温度和时间。如用量不足或时间短，果胶物质分解不完全，反之，分解过度，影响产品质量。

3. 榨汁和浸提

目前绝大多数果汁生产企业都采用压榨取汁工艺。

果实的出汁率取决于果实的种类和质地、成熟度和新鲜度、加工季节、榨汁方法和榨汁效能。榨取果汁要求工艺过程短，出汁率高，最大程度地防止和减轻果汁的色香味和营养成分的损失。现代榨汁工艺还要求灵活性和连续性，以适应原料状况的各种变化，提高榨汁设备的效能，缩短榨汁时间，减少设备内的滞留量，维持高而稳定的生产能力和始终如一的高品质产品。

（六）护色处理

原料去皮和切分之后，放置于空气中，很快会变成褐色，从而影响外观，也破坏了产品的风味和营养价值。这种褐色主要是酶促褐变，其关键作用因子有酚类底物、酶和氧气。因为底物不能除去，一般护色措施均从排除氧气和抑制酶活性两方面着手。在加工预处理中所用的方法有如下几种。

1. 食盐水护色

食盐溶于水中后，能减少水中溶解的氧，从而可抑制氧化酶系统的活性，食盐溶液具有高的渗透压也可使酶细胞脱水失活。食盐溶液浓度越高，则抑制效果越大。工序间的短期护色，一般采用1%~2%的食盐溶液即可，过高浓度，会增加脱盐的困难。为了增进护色效果，还可以在其中加入0.1%柠檬酸液。食盐溶液护色常在制作水果罐头和果脯中使用。同理，在制作果脯、蜜饯时，为了提高耐煮性，也可用氯化钙溶液浸泡，增进果肉硬度。

2. 酸性溶液护色

酸性溶液既可降低pH值、降低多酚氧化酶活性，又由于氧气的溶解度减小而兼有抗氧化作用。而且，大部分有机酸还是果实的天然成分，所以优点甚多。常用的酸有柠檬酸、苹果酸或抗坏血酸，但后两者费用较高，生产上多采用柠檬酸，浓度在0.5%~1%。

（七）烫漂

在生产上也称预煮，这是许多加工制品制作工艺中的一个重要工序，该工序的作用不仅是护色，而且还有其他许多重要作用，因此烫漂处理的好坏，将直接关系加工制品的质量。

1. 烫漂处理的作用

（1）破坏酶活性，减少氧化变色和营养物质的损失。果实受热后氧化酶类可被钝化，从而停止其本身的生化活动，防止品质的进一步劣变，这在速冻和干制过程中尤为重要。一般认为氧化酶在71~73.5℃，过氧化酶在90~100℃的温度下，5min即可遭受破坏。

（2）增加细胞透性，有利于水分蒸发，缩短干燥时间，同时热烫过的干制品复水性也好。

（3）排除果肉组织内的空气，提高制品的透明度，使其更加美观。合适的真空度，减弱罐内残O_2对马口铁内壁的腐蚀，避免罐头杀菌时发生跳盖或爆裂。

（4）可以降低原料中的污染物，杀死大部分的微生物，也可以说是原料清洗的一个补充。

（5）可以排出某些原料的不良气味，如苦、涩、辣，使制品品质得以改善。

（6）使原料质地软化，果肉组织变得富有弹性，果块不易破损，有利于装罐操作。

2. 烫漂处理的方法

常用热水法和蒸汽法两种。热水法是在不低于90℃的温度下热烫2～5min。但具体操作中需要根据果实的成熟度和软硬情况进行试验确定具体温度和时间。其操作可以在夹层锅内进行，也可以在专门的连续化机械如链带式连续预煮机和螺旋式连续预煮机内进行。除此之外，制作罐头时可采用2%的食盐水或1%～2%的柠檬酸液进行烫漂。热水烫漂的优点是物料受热均匀，升温速度快，方法简便；但缺点是部分维生素及可溶性固形物损失较多，一般损失10%～30%。如果采用烫漂水重复使用，可减少可溶性固形物流失。

蒸汽法是将原料装入蒸锅或蒸汽箱中，用蒸汽喷射数分钟后立即关闭蒸汽并取出冷却，采用蒸汽热烫，可避免营养物质的大量损失，但必须有较好的设备，否则加热不均，热烫质量差。一般情况热烫至组织较透明，失去新鲜状态时的硬度，但又不像煮熟后的那样柔软即被认为适度。通常以果实中过氧化物酶活性全部破坏为度。过氧化物酶的活性检查，可用0.1%的愈创木酚或联苯胺的酒精溶液与0.3%的双氧水等量混合，将原料样品横切，滴上几滴混合药液，几分钟内不变色，则表明过氧化物酶已被破坏；若变色（褐色或蓝色），则表明过氧化物酶仍在作用，将愈创木酚或联苯胺氧化生成褐色或蓝色氧化产物。

烫漂后，应立即冷却，以避免热处理的余热对产品造成不良影响，一般采用流动水漂洗冷却或冷风冷却。

（八）抽真空处理

如内部组织较疏松，含空气较多，对加工特别是罐藏或制作果脯不利，需进行抽真空处理，即将原料在一定的介质里置于真空状态下，使内部空气释放出来，代之以糖水或无机盐水等介质渗入。

抽真空装置主要由真空泵、气液分离器、抽空锅组成。真空泵采用食品业中常用的水环式，除能产生真空外，还可带走水蒸气。抽空锅为带有密封盖的圆形筒，内壁用不锈钢制造，锅上有真空表、进气阀和紧固螺丝。果蔬抽空的具体方法有干抽和湿抽两种，分述如下。

1. 干抽法

将处理好的果肉装于容器中，置于90kPa以上的真空室或锅内抽去组织内的空气，然后吸入规定浓度的糖水或盐水等抽空液，使之淹没果面5cm以上，当抽空液吸入时，应防止真空室或锅内的真空度下降。

2. 湿抽法

将处理好的果实，浸没于抽空液中，放在抽空室内，在一定的真空度下抽去果肉的空气，抽至果肉表面透明。果肉所用的抽空液常用糖水、盐水或护色液3种，因种类、品种和成熟度不同而选用。影响抽空效果的因素如下。

（1）真空度。真空度越高，空气逸出越快，一般在87~93kPa为宜。成熟度高，真空度可低些。

（2）温度。理论上温度越高，渗透效果越好，但一般不宜超过50℃。

（3）抽真空时间。抽气时间依品种或成熟度等情况而定，一般抽至抽空液渗入果块呈透明状即可，生产时应做小型试验。

（4）果肉受抽面积。理论上受抽面积越大，抽气效果越好。小块比大块好，切开效果优于整果。但这应据生产标准和果蔬的具体情况而定。

（5）抽空液。原则上抽空液的浓度越低，渗透越快。一般糖液浓度为20%~30%，食盐浓度为1%~2%，为了护色效果也可加入适量的柠檬酸和亚硫酸盐。

（九）硫处理

二氧化硫或亚硫酸盐类处理是果品加工中的一项重要的原料预处理方式，其作用不仅是护色，还有其他一些重要的作用，因此，在加工中还常常被用来做半成品的保藏。

1. 亚硫酸的作用

（1）亚硫酸具有强烈的护色效果。因为它对氧化酶的活性有很强的抑制或破坏作用，故可防止酶促褐变，另外，亚硫酸能与葡萄糖起加成反应，其加成物不易被酮化，故又可防止羰氨反应的进行，从而可防止非酶褐变。

（2）亚硫酸具有防腐作用。因为它能消耗组织中的氧气，能抑制好气性微生物的活力，并能抑制某些微生物活动所必需的酶活性。亚硫酸的防腐作用随其浓度提高而增强，对细菌和霉菌作用较强，对酵母菌作用较差。

（3）亚硫酸具有抗氧化作用。这是因它强烈的还原性所致，它能消耗组织中的氧，抑制氧化酶活性，减缓果品中维生素C的氧化破坏。

（4）亚硫酸还具有促进水分蒸发的作用。这是因它能增大细胞膜的渗透性，因此不仅缩短干燥脱水的时间，而且还使干制品具有良好的复水性能。

（5）亚硫酸具漂白作用，它与许多有色化合物结合而变成无色的衍生物。所以用二氧化硫处理保存的原料，色泽变淡，经脱硫后色泽复原。

硫处理一般多用于干制和果脯的加工中，以防止在干燥或糖煮过程中的褐变，使制品色泽美观。在果酒酿造中，一般在人工发酵接种酵母菌前用硫处理，既可防止有害微生物的生长发育，又能加速果酒澄清，增进果酒色泽。

2. 处理方法

（1）熏硫法。将原料放在密闭的室内或塑料帐内，燃烧硫黄将二氧化硫气体通入，燃烧可以在室内进行，也可由钢瓶直接将二氧化硫压入。熏硫室或帐内SO_2浓度宜保持在1.5%～2%，也可以按照每立方米空间燃烧硫黄约200g。熏硫程度以果肉色泽变淡，并带有厚的二氧化硫气味，果肉内含二氧化硫达0.1%左右为宜。熏硫结束后，将门打开，待空气中二氧化硫散尽后，才能入室内工作。熏硫后果品仍装在原来的盛器内，贮存于能密闭的低温贮藏室中。保存期内，若果肉内二氧化硫含量降低到0.02%时，需要加工处理或再熏硫补充。若不要求保持果肉原形者，可将果肉破碎，装入能密闭的盛器中，通入二氧化硫，使之吸收，然后密闭保存。

（2）浸硫法。用一定浓度的亚硫酸盐溶液，在密封容器中将洗净后的原料浸没。亚硫酸盐的浓度以有效SO_2计，一般要求为果实及溶液总重的0.1%～0.2%。例如果实1 000kg加入亚硫酸液400kg，要求SO_2的浓度为0.15%，则加的亚硫酸应含SO_2的浓度为：[（0.15/100）×（1 000×400）/400]×100=0.52%。

各种亚硫酸盐含有效SO_2的量不同（表4-1），处理时应根据不同的亚硫酸盐所含的有效SO_2计算用量。

表4-1　亚硫酸盐中有效SO_2的含量

名称	有效SO_2含量（%）	名称	有效SO_2含量（%）
液态二氧化硫（SO_2）	100	亚硫酸氢钾（$KHSO_3$）	53.31
亚硫酸（H_2SO_3）	6	亚硫酸氢钠（$NaHSO_3$）	61.95
亚硫酸钙（$CaSO_3$）	23	偏重亚硫酸钾（$K_2S_2O_5$）	57.65
亚硫酸钾（K_2SO_3）	33	偏重亚硫钠（$Na_2S_2O_5$）	67.43
亚硫酸钠（Na_2SO_3）	50.84	低亚硫酸钠（$Na_2S_2O_4$）	73.56

在果汁半成品和果酒发酵用汁或浆中，亚硫酸可直接按允许剂量加入。保藏果酒原料的SO_2浓度为300mg/kg左右，而浓缩果汁等半成品，为了再加工，可以适当提高用量。

3. 使用注意事项

（1）亚硫酸和SO_2对人体有毒，人的胃中如有80mg的SO_2即会产生有毒影响。国际上规定为每人每日允许摄入量为0~0.7mg/kg体重。对于成品中的亚硫酸含量，各国规定不同但一般要求在20mg/kg以下。因此硫处理的半成品不能直接食用，必须经过脱硫处理再加工制成成品。

（2）经硫处理的原料，只适宜干制、糖制、果汁、果酒或片状罐头，不宜制备整体形状的罐头。因为残留过量的亚硫酸盐会释放出SO_2腐蚀马口铁，生成黑色的硫化铁或生成硫化氢。

（3）因亚硫酸对果胶酶活性抑制甚小，一些水果经硫处理后会使果肉变软，为防止这种现象，可在亚硫酸液中加入部分石灰，借以生成酸式亚硫酸钙[$Ca(HSO_3)_2$]，使之既具有Ca^{2+}的硬化作用，又有亚硫酸的防腐作用。

（4）亚硫酸盐类溶液易于分解失效，最好是现用现配。原料处理时，宜在密闭容器中，其作为半成品的保藏更应注意密闭。否则SO_2挥发损失，会降低防腐力。

（5）亚硫酸处理在酸性环境条件下作用明显，一般应在pH值3.5以下，不仅发挥了它的抑制作用，而且本身也不易被解离成离子。所以，对于一些酸度偏小的原料处理时，应辅助加一些柠檬酸，其效果会更加明显。

（6）硫处理时应避免接触金属离子，因为金属离子可以将残留的亚硫酸氧化，且还会显著促进已被还原的色素氧化变色，故生产中应注意不要混入铁、铜、锡等其他重金属离子。

四、半成品的保存

由于猕猴桃成熟期短，产量集中，采收期多数正值高温季节，容易腐烂。因此有必要进行贮备，以延长加工期限。除有贮藏条件进行原料的鲜贮外，另一种办法就是将原料加工处理成半成品进行保存。半成品的保存一般是利用硫及防腐剂处理等办法。

（一）硫处理

新鲜果品用二氧化硫或亚硫酸处理是保存加工原料有效而简便的方法。经硫处理的果肉，除不适宜做整体形状的罐头外，其他加工品类都可以用，且脱硫方便。

（二）防腐剂的应用

在原料半成品的保存中，应用防腐剂或再配以其他措施来防止原料分解变质，抑制有害微生物的繁殖生长，也是一种广泛应用的方法。一般该法适于制备果酱、果汁半成品原料的保存。防腐剂多用苯甲酸钠或山梨酸，其保存效果取决于添加量、果汁pH值、果汁生物种类、贮存时间长短、贮存温度等。贮存温度以0~4℃为好，添加量按国家标准执行。目前，许多发达国家已禁止使用化学防腐剂来保存半成品。

五、无菌大罐保存

目前，国际上现代化的果汁加工企业大多采用无菌贮存大罐来保存半成品，是无菌包装的一种特殊形式，是将经过巴氏杀菌并冷却的果汁或果浆在无菌条件下装入灭菌的大罐内，经密封后进行长期保存。该法是一种先进的贮存工艺，可以明显减少因热处理造成的产品质量变化，风味优良。对于绝大多数加工厂的周年供应具重要意义。虽然设备投资费用较高，操作工艺严格，操作技术性强，但由于消费者对加工产品质量要求越来越高，半成品的大罐无菌贮存工艺的应用将会越来越广泛。

第二节　猕猴桃果实加工的研究动态及发展方向

一、猕猴桃干片

猕猴桃干片是经脱水干燥而制成的休闲食品，较好地保存了果实的营养成分和口味。生产方法一般采用冷冻干燥法制成冻干片或用真空油炸法制成脆片。果片厚度2~3mm为宜，太薄易碎易变形，过厚则干燥不均易焦糊。果片护色和着味以1%~2%食盐加0.1%柠檬酸加18°Be果糖液效果好。猕猴桃干片商品宜采用充氮包装，以避免氧化或压碎。由于真空油炸法易发生褐变，且营养成分会受到破坏，故广泛采用真空冷冻干燥法。真空冷冻干燥工艺生产的干片不仅保持猕猴桃原有的色泽和成分，而且操作时间短，可用于规模化生产。张秦权等（2013）采用自主研制的真空低温干燥机对猕猴桃脆片生产工艺进行研究，新鲜猕猴桃切片经过独特的组织处理和护色处理后在低于-60℃的温度和真空度为4.2~20kPa的环境中对物料进行低温脱水，加工的猕猴桃脆片仍保持原有的果肉颜色，口感酥脆，维生素C保存率高于90%。在低温真空油炸猕猴桃脆片的生产中切片、冷冻、护色等预处理过程尤为重要，对产品感官及品质的影响大。潘牧等（2019）研究认为切片厚度2mm，冷冻温度-20～-18℃，0.1%柠檬酸护色液为最佳的预处理措施。曾凡杰等（2017）用超声波预处理较好地改善了猕猴桃片的冻干性状，产品松脆可口，酥脆性好。猕猴桃加工过程中会破坏或者损失其中的部分营养保健成分，导致产品各项营养指标下降，特别是抗氧化性能降低。李忠宏等（2004）对猕猴桃冻干过程中绿色护色机理进行了分析，产品沿着横断面自下而上颜色逐渐变淡，可能是因为升华过程中空气穿过干燥的果实部分造成的，也就是氧气造成产品褐变。猕猴桃果汁等粗加工产品由于褐变、氧化等原因，产品的颜色发生了变化，这些因素都对产品的营养价值与外观产生不利影响。通过护色技术的研究，采取措施避免褐变等，提高产品的质量。张覃权等（2013）研究了猕猴桃加工过程中的维生素C抗氧化能力，结果表明在不同加热温度下维生素C残留率在100℃最低，在低温加工过程中果汁、果浆的维生素C保存率高于果片。Maskan等（2001）使用热风、微波、热风结合微波对猕猴桃果片的干燥特性进行研究，发现使用微波干燥或用热风结合微波干燥导致干燥速率的增加和干燥时间的显著缩短。微波干燥条件下猕猴桃果实的收缩率高于热风干燥。在热风结合微波干燥中观察到收缩较小。微波干燥猕猴桃片比其他干燥方法表现出更低的复水能力和更高的吸水率。

二、猕猴桃果脯

猕猴桃果脯就是让食糖渗入组织内部，从而降低了水分活度，提高了渗透压，可有效抑制微生物的生长繁殖，防止腐败变质，达到了长期贮藏不坏的目的。同时利用食糖制成的糖制品，具有优良的风味和较高的营养价值，成为人们喜爱的一类食品。猕猴桃果品经糖制后，因其色、香、味、外观状态和组织都有不同程度的改变，从而大大丰富了食品的种类。糖制对猕猴桃原料的要求一般不太严格，甚至是一些残次果、未熟果等均可以加以利用，是实现综合加工利用的良好途径。

猕猴桃果脯的生产工艺关键步骤包括去皮、护色和糖处理。去皮方法有碱液浸泡和机械去皮两种。碱液去皮需掌握好浓度和时间参数，用浓度为18%～22%碱液在90℃下处理1～2min去皮效果最好。机械去皮无化学污染，但会带来物理损伤，存在微生物和病菌感染的风险。传统果脯的生产方法存在耗时长、效率低、含糖量高、色泽不均、易褐变等缺陷。护色可以采用柠檬酸处理，0.2%碳酸氢钠加0.6%柠檬酸溶液浸泡能达到较好的护色效果。姚茂君等（2007）研究认为猕猴桃果脯制作中褐变的主要因素是叶绿素脱镁反应，对猕猴桃叶绿素的处理应采用先灭酶再护色的方法加以控制，在酸性环境中以铜或锌离子替代镁离子生成稳定的叶绿素铜盐或锌盐的方法，可以实现猕猴桃果脯的有效护绿。李加兴等（2007）用微波代替烘烤和热风干燥的传统方法干燥猕猴桃果脯速度快、时间短，较好地保持了果肉的营养成分和色泽。

猕猴桃制作的果脯不仅能最大程度地保留猕猴桃中的维生素C，而且酸甜可口，受到广大消费者的喜爱，但由于其自身极高的含糖量致使其发展受到制约。但随着低糖果脯技术的研究成功，在满足客户需求的同时，猕猴桃果脯受到越来越多消费者的青睐，而且相较于传统的猕猴桃果脯，低糖猕猴桃果脯的含糖量明显降低，极大程度上满足消费者对于养生的要求。高振鹏等（2002）采用真空低温渗糖技术可将渗糖周期缩短至2h，总糖含量控制在450～500g/kg，产品酸甜适口，保质期长，能够满足消费者对低糖的要求。低糖果脯的保藏性能有所下降，而且果脯本身会出现明显的干瘪，透明度有所下降。在经过大量的试验研究发现，要提高低糖果脯自身的饱满度，可以在果脯渗糖操作时适当加入一些亲水性的物质，以此达到填充果肉组织的目的，使果脯看起来饱满。为延长低糖果脯的保藏性，可以在果脯生产过程中加入适当的食盐、酸、防腐剂及一些可以降低水分活度的物质，这样既增加果脯自身的渗透压，又可以延长果脯自身的保质期。另外，在果脯制作过程中加入适量的硬化剂，因硬化剂能使猕猴桃内部的果胶酸变成一种较为坚硬的果胶酸钙，对果脯保型可起到一定的促进作用。

三、猕猴桃果酱

猕猴桃果酱的加工过程是将猕猴桃果实软化、去皮、打浆，加入适量的酸味剂、蔗糖、增稠剂等辅料，用大火熬制、浓缩。猕猴桃果酱在为人体提供丰富的矿物质元素、多酚和膳食纤维的同时，还能有效减少和阻止肠道对铅和汞等有害元素的吸收，但由于其含糖量过高，市场消费受到一定影响。

但随着生活水平的提高，消费者对自身养生和保健的关注度也越来越高，人们越来越偏向于含糖量较低的果酱，而传统的猕猴桃果酱中，其含糖量通常接近60%，超出人们对健康饮食的要求范围，特别是那些倾向于减肥或患有糖尿病的顾客。随着生产技术的发展，市场上猕猴桃果酱的含量一般能控制在25%～45%，而且糖酸比也控制在（25～45）：1的范围内，这样既能满足消费者养生保健的需求，又不会影响猕猴桃果酱的口感。陈诗晴等（2017）使用L_9（34）正交试验优化了猕猴桃果酱的制备工艺，将白砂糖的添加量降低到18%，不仅做到了低糖，而且果酱色泽鲜明，营养丰富。王雪青等（2001）采用高压处理猕猴桃酱的试验结果显示在700MPa高压下杀菌效果明显，色泽稳定，维生素含量高。张丽华等（2016）比较了常压浓缩和微波浓缩果酱的工艺，结果标明用700W的微波制作果酱，维生素C的保留率为0.37g/kg，为了降低果酱中的含糖量，常采用甜味剂来代替蔗糖的方法，即将蔗糖换作部分蛋白糖或者全部取代，这样既能将果酱的含糖量降低，果酱的口感和品质也有所提高。由此可见，在低糖果酱的研究和开发中，猕猴桃果酱有着非常广阔的市场前景。

四、猕猴桃果汁及其他饮料

猕猴桃果汁中的3种最佳生产方法，即混浊果汁（含果肉）、澄清汁（无沉淀、无果肉）及复配汁（多种水果汁搭配）。猕猴桃本身含有大量纤维素、木质素等，致使猕猴桃果汁生产过程中一直受到澄清问题的影响，如何控制果汁褐变程度、透光率及维生素C保存率也是目前猕猴桃果汁生产加工工艺研究的热点。

猕猴桃果汁的生产工艺中主要过程为去皮、榨汁、过滤和调配。由于猕猴桃果肉含有大量的纤维素、木质素等物质，原汁较混浊，商品性差，需过滤。透光率、维生素C保存率、果汁褐变是影响猕猴桃澄清汁品质的主要因素，超滤和果胶酶处理可以有效地改善猕猴桃澄清汁的品质。王鸿飞等（1999）研究认为用果胶澄清猕猴桃汁时，果胶酶使用的最小剂量为90μL/L，最适pH值为3~3.5，最适温度40~50℃，此工艺条件下所得猕猴桃澄清汁的透光率可达96%，营养成分损失较小。师俊玲等（1999）以超滤法为切入点研究澄清型猕猴桃果汁的生产，这种技术生产果汁所需时间较短且产品具有99%的透光率，更能有效控制澄清汁褐变程度，提高维生素C保存率。王岸娜（2004）的研究显示不同组分壳聚糖均可以有效澄清猕猴桃汁，透光率超过94.6%，还能起到很好的抑菌效果。欧阳玉祝等（2008）在猕猴桃汁中添加天然芦荟提取物可以增强猕猴桃汁抗氧化性和热稳定性，防止褐变。丁正国（1998）提出真空浓缩、冷冻浓缩、反渗透浓缩等均可以用于生产猕猴桃浓缩汁，能提高原汁的各项营养指标，猕猴桃果汁还可以添加其他成分制成功能饮料或添加其他果蔬制品制成复合汁，满足不同消费者的需求。何佳等（2012）通过单因素及正交试验研究生产过程中各组成分间的关系得出，果胶酶的适量添加可以提高出汁率、澄清度及冷热稳定性，同时降低果汁黏度。但是果胶酶添加后，出汁率虽然较高，但是对于维生素C含量和果汁色泽影响都很大。不同的杀菌方法也会影响猕猴桃汁的微生物变化情况和理化性质，陈诗晴等（2018）对比了多种方法进行杀菌，发现利用4kGy ^{60}Co-γ射线处理猕猴桃，成品果汁总酸、总糖、维生素C含量均无明显损失，而且具有更鲜艳的色泽。不同浓缩技术（如真空、反渗透等方式）完成浓缩操作，也能提高猕猴桃果汁产品的各项指标，提高产品质量。

五、猕猴桃酒

人们将猕猴桃酒根据制作工艺分为发酵酒和调配酒。发酵过程中大部分氨基酸、矿物质、有机酸等都会转移到酒中，具有很好的保健作用。生产猕猴桃酒需要猕猴桃果浆的糖度超过15%，pH值<4.0，发酵温度25～28℃。常见的软蔫的猕猴桃基本都能达到甜度的标准，品相差的猕猴桃鲜销不能获得较好的利润，却是酿造果酒的最佳原料。在发酵酒的制作过程中，不同猕猴桃的品种、不同菌种的选择和对发酵工艺的控制十分关键，优良的酿酒酵母直接决定了猕猴桃果酒口味的纯正，研究人员通过对菌种和发酵工艺的组合试验筛选出优良的发酵菌种和酿酒工艺。罗安伟等（2012）通过大量的试验针对猕猴桃酒的果香味不明显、与其他果酒的特色不分明的特点进行了研究，从多个不同品种猕猴桃上筛选得到了1株性能优良的野生天然酵母，发酵速度快而平稳，产酒率高，挥发酸含量低，维生素C损失少，获得的成品酒果香浓郁，颜色浅黄，口感醇厚。选择优良的酵母进行发酵，是获得高端附加值产品的最重要因素。陈岩业（2015）申请了一项猕猴桃保健酒的发明专利，加入了菠萝、香蕉、龙眼等水果，有益于饮用猕猴桃酒后，不会引起头痛和口渴等不适症状，制成的猕猴桃酒是低酒精度的果酒，具有保健作用。猕猴桃果酒在品鉴过程中，主要看重果酒中所蕴含的果实的芳香和浓郁度，与酒的度数无关，所以在猕猴桃果酒的酿制过程中不宜过度追求过高的度数。另外，带渣发酵可以使皮渣中的黄酮类物质溶出，提高酒中酚类物质含量和抗氧化活性。

猕猴桃果酒的发酵技术则直接关系后期果酒的口味，这就需要对发酵所用的酵母以及发酵工艺进行严格控制。一般情况下，猕猴桃果酒制作过程中经常会发生酶促褐变现象，这时一定要注意减少果酒和空气之间的接触，可以加入一定量的SO_2对酶促反应进行抑制。很多研究人员发现猕猴桃经过加工后发生严重褐变，如穆晶晶等（2013）发现猕猴桃含有丰富的酶系如多酚氧化酶，可以将酚类物质氧化成醌类，导致猕猴桃果汁、果酒出现暗褐色，营养价值下降。降低或减少褐变可以用很多措施，如加入适量的澄清剂，降低果酒内所含的果胶等物质，从而降低酶的活性。周元等（2014）经过不同菌种的筛选研究和发酵果酒试验，发现东方伊萨酵母最适合进行猕猴桃果酒酿制，其除具有较好的酿造特性外，酿造出来的果酒不仅清澈透明，而且芳香浓郁，可以称为猕猴桃果酒酿制必然的天然酵母。

猕猴桃发酵酒适宜调配成果酒饮料，也可以加入其他成分调节香气和口味，制成低酒精度的保健酒。

六、猕猴桃果粉

穆韦瞳等（2018）采用喷雾干燥法对猕猴桃果粉工艺进行了优化，并对比研究了冷冻干燥果粉的品质，发现喷雾干燥方式更适宜猕猴桃果粉的干燥。冯银杏等

（2017）研究了3种干燥方式对猕猴桃果皮粉品质的影响，发现真空冷冻干燥的猕猴桃果皮粉在色泽、维生素C、总酚的保护及水分吸附能力等方面的品质优于热风干燥。宋艳（2016）在专利中指出猕猴桃在真空冷冻干燥装置中真空冷冻干燥后，在低温籽肉分离装置中进行籽肉分离，将得到的果肉在低温果肉慢速粉碎机中粉碎，得到猕猴桃果粉。

七、其他加工利用

猕猴桃果肉的利用除上述产品外，还可以加工生产猕猴桃罐头、猕猴桃果冻、猕猴桃果糖、猕猴桃果粉、猕猴桃果茶等休闲食品或饮品，猕猴桃果皮和果渣可以用来提取果胶和芳香物质。在酿制果酒、果醋等过程中不需去皮，带皮发酵可以增加产品中的芳香成分和矿质元素，猕猴桃种子还可以用来提取猕猴桃籽油，并开发生产功能食品、药品或美容化妆品等。

猕猴桃具有独特的风味，本身具有丰富的营养与保健价值，市场前景良好。这些年猕猴桃的栽培、病虫害防治等研究在推动猕猴桃种植、推广、加工等方面发挥了重要的作用。虽然现阶段人们已普遍喜爱猕猴桃这一水果，但很多消费者并不了解猕猴桃的保健功能。所以需要生产企业加强技术研究及市场宣传，可以让更多的人了解猕猴桃的功能成分与保健价值，为拓展市场奠定基础。尽管这些年猕猴桃的生产与加工手段得到较大进步和提高，但猕猴桃作为典型的后熟果实，如何保证其在加工、运输、贮藏等方面保持优良品相和营养价值，还有很多问题需要解决。完善加工工艺，保证有效成分的存在，最大程度地保留猕猴桃的营养价值，完善产业链，这都需要从业者持续、深入地研究。

我国猕猴桃的加工业从无到有，现在已进入初步发展阶段，开发的产品种类日益增多。但从整体来看，国内的猕猴桃加工业还存在一些问题，主要表现在加工产品的维生素C含量保存不高、产品感官色泽不好、高档次产品少；加工企业规模小，加工工艺简单，技术含量低，包装档次低。为此，应将酶促反应工程技术、超临界萃取技术、分离技术、纳米技术、微胶囊造粒技术等食品工程高新技术及其手段，广泛应用于猕猴桃产品的开发，使猕猴桃的营养、药用、保健价值得到充分体现。另外，对猕猴桃各种活性成分的理化性质、药用功效、营养价值及量效关系等还需进行深入分析研究，开展功效物质的萃取与分离，开发出具有市场潜力的功能性食品。总之，随着科学技术研究的不断深入，猕猴桃的营养价值和保健功能会不断被认知，开发利用的前景也将更为广阔。

第三节 猕猴桃果实主要加工产品 生产工艺及操作要点

一、猕猴桃果干

（一）工艺流程

原料→挑选、整理→清洗→去皮→切分→烫漂（硫处理）→装载→干燥→回软→分级→包装→干制品

（二）工艺要点

1. 原料选择与分级

宜选择酸甜适中，七八成熟，果形较一致的果实，以不耐贮藏的品种为宜，如米良1号。

原料进厂后首先要进行粗选，即要剔除霉烂及病虫害果，对残、次及机械损伤类原料要分别加工利用。然后再按大小、成熟度及色泽进行分级。原料合理地分级，不仅便于操作，提高生产效率，重要的是可以提高产品质量，得到均匀一致的产品。

成熟度与色泽的分级常用目视估测法进行。猕猴桃成熟度的分级一般进行可溶性固形物的测定，要求至少达6.2%。大小分级方法有手工分级和机械分级两种。手工分级一般在生产规模不大或机械设备较差时使用，同时也可配以简单的辅助工具，以提高生产效率，如圆孔分级板、分级筛及分级尺等，而机械分级法常用分级机、振动筛及分离输送机等。

2. 原料的洗涤

猕猴桃清洗的目的是洗掉表面附着的灰尘、泥沙和大量的微生物及部分残留的化学农药，保证产品清洁卫生。

洗涤用水，使用饮用水。水温一般为常温，有时为增加洗涤效果，可用热水，但已熟透变软的不适合。洗前用水浸泡，污物更易洗去，必要时可以用热水浸渍。

原料上的农药残留，还需用化学药剂处理，具体可见原料的预处理方法。

常用的洗涤设备如下。

（1）洗涤水槽。洗涤水槽（图4-1）呈长方形，大小随需要而定，可3~5个连

在一起呈直线排列。用砖或石砌成，槽内壁为磨石或瓷砖。槽内安置金属或木质滤水板，用以存放原料。洗槽上方安装冷、热水管及喷头，用来喷水，洗涤原料。并安装一根水管直通到槽底，用来洗涤喷洗不到的原料，在洗槽的上方有溢水管。槽底也可安装压缩空气喷管，通入压缩空气使水翻动，提高洗涤效果。

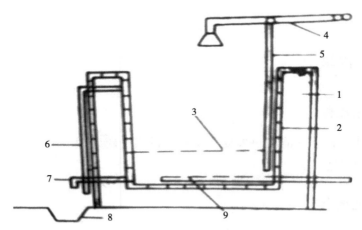

1.槽身；2.瓷砖；3.滤水板；4.热水管；5.通入槽底的水管；6.溢水管；7.排水管；8.出水槽；9.压缩空气喷管

图4-1　洗涤水槽

（2）滚筒式清洗机。主要部分是一个可以旋转的滚筒，筒壁呈栅栏状，与水平面呈3°左右倾斜安装在机架上。滚筒内有高压水喷头，以0.3～0.4MPa大气压的压力喷水。原料由滚筒一端经流水槽进入后，即随滚筒的转动与栅栏板条相互摩擦至出口，同时被冲洗干净。

（3）喷淋式清洗机。在清洗装置的上方或下方均安装喷水装置，原料在连续的滚筒或其他输送带上缓慢向前移动，受到高压喷水的冲洗。喷洗效果与水压、喷头与原料间的距离以及喷水的水量有关，压力大、水量多、距离近则效果好。

其基本原理是在清洗槽内安装有许多压缩空气喷嘴，通过压缩空气使水产生剧烈的翻动，物料在空气和水的搅动下进行清洗。在清洗槽内的原料可用滚筒、金属网、刮板等传递。此种机械用途较广。

（4）桨叶式清洗机。清洗槽内安装有桨叶，每对桨叶垂直排列。末端装有捞料的斗。清洗时，槽内装满水，开动搅拌机，然后可连续进料，连续出料。新鲜水也可以从一端不断进入。

3.去皮

去皮时，只要求去掉不可食用或影响制品品质的部分，不可过度，否则会增加原料的消耗。常用的去皮方法有手工、机械、碱液、热力和真空去皮，此外还有研究中的酶法去皮、冷冻去皮。利用手工或机械切片，厚度均匀一致，一般为5～7mm的薄片。猕猴桃碱液去皮条件为氢氧化钠浓度2.0%～3.0%，碱液温度>90℃，处理时间3～4min。

4. 护色

果实去皮和切分后，放置于空气中，很快会变成褐色，从而影响外观，也破坏了产品的风味和营养价值。这种褐色主要是酶促褐变，其关键作用因子有酚类底物、酶和氧气。因为底物不能除去，一般护色措施均从排除氧气和抑制酶活性两方面着手。所用的护色方法有食盐水护色和酸溶液护色。

5. 烫漂

在生产上也称预煮，许多加工品制作工艺中的一个重要工序，该工序的作用不仅是护色，而且还有其他许多重要作用，因此烫漂处理的好坏，将直接关系加工制品的质量。

6. 硫处理

二氧化硫或亚硫酸盐类处理是果品加工中的一项重要的原料预处理方式，其作用不仅是护色，还有防腐、抗氧化和漂白作用。硫处理一般多用于干制和果脯的加工中，以防止在干燥或糖煮过程中的褐变，使制品色泽美观。

7. 干燥

将沥干水分的猕猴桃薄片置于干燥设备中进行干燥，薄片产品水分质量分数控制在20%以下。

人工干制一般都要求在较短的时间内，采用适当的温度，通过通风排湿等操作管理，来获得较高质量的产品。要达到这一目的，就需要采用适宜的升温、排湿方法。

（1）升温技术。常用的升温方式一般可归纳为3种。

①在整个干制期间，干燥场所的温度初期为低温55～60℃，中期为高温70～75℃，后期又为低温，逐渐降到50℃左右，直至干燥结束。这种升温方式适宜于可溶性固形物含量高的果实，或不切分的整个果实的干制。操作易掌握，耗热量低，成本也较低，干制品质量好。

②干制初期将干燥室内温度急剧升高，最高可达95～100℃，原料进入干燥室后吸收大量的热而使温度降低，一般可降至30～60℃，此时继续加大供热量，升温至70℃左右，维持较长一段时间（14～15h），然后逐步降温至干燥结束。此法适宜于切成薄片、细丝的猕猴桃。这种升温方式干制时间短，成品质量优良，但操作技术较难掌握，能耗高，生产成本也相应增加。

③在整个干制过程中，温度始终维持在55～60℃的恒定水平，直至干燥临近结束时再逐步降温。这种升温方式适宜性广，操作技术容易掌握，成品品质好。在一些升温设备差、干燥室封闭不太严实的烘房可以采用。因在较长的一段时间要维持比较恒

定的温度，耗热量较第一种方式多，生产成本也相应高一些。

在烘房中，即使是设计良好，其上部与下部、前部与后部的温差一般也要超过2~4℃。因此，靠近主火道和炉膛部位的烘盘中的物料，较其他部位特别是中部的容易干燥，甚至会发生烤焦的现象。由于热空气比冷空气轻，热空气上升，上部的温高也较高，物料容易干燥，而烘房中部烘架的物料则不易干燥。为了使成品干燥一致，就需要倒换烘盘。倒换烘盘的时间，决定于升温方式和物料干燥的程度等因素。如采用上述第一种方式升温，应在干制中期进行倒换烘盘，采用第二种升温方式则需提前进行倒换烘盘。倒换烘盘的方式是将烘房内烘架最下部的一、二层烘盘与烘架中部的第四至第六层烘盘相互交换位置，同时翻动物料，使之受热均匀。使用其他干燥设备时，一般只需注意翻动物料即可。

物料中水分蒸发所需要的热量与物料的种类、品种、含水量有关，也与干燥设备的性能、升温方式、干燥温度等因素有关。

例如烘房升温前温度为28℃，要升到70℃，则每千克水从28℃升到70℃需要约176kJ的热量。每千克水在70℃时变为水蒸气，约需要2 330kJ热量。这样要使1kg的水分从物料中蒸发掉，共需2 506kJ的热量。

燃料燃烧所产生的热，因逸散、辐射等作用而损失，并不能全部用于水分蒸发，所以实际需要量要比理论需要量多得多。

按照蒸发1kg水分需2 506kJ热量，普通燃烧效率按平均为45%计算，蒸发1kg水分实际需要热量应该是：

$$2\ 506 \times \frac{100}{45} = 5\ 569\ (\text{kJ})$$

而1kg煤燃烧可产生31 380kJ的热量，理论上可蒸发12.5kg水分，但以45%的燃烧效率计算，只够蒸发5.6kg的水分。蒸发1kg水分需要燃烧约0.18kg煤。这样根据烘房中原料的重量、含水量及成品所要求的含水量，就可计算出所需燃料的数量。

（2）通风排湿。猕猴桃果肉含水量高，在干制过程中由于水分大量蒸发，使得干燥室内相对湿度急剧升高，甚至可以达到饱和的程度。因此，应十分注意干燥室的通风排湿工作，否则会延长干制时间，降低干制品质量。

要做好通风排湿工作，要根据干燥室内的湿度情况，结合不同干燥设备的特点，充分利用其通风排湿设施。一般当干燥室内的相对湿度达到70%以上时，就应该进行通风排湿工作。这也可以根据经验，即人进入干燥室内感到空气潮湿闷热，脸部和手骤然潮湿，呼吸窘迫，则表示相对湿度已达到70%以上，应该打开烘房的进气窗和排气筒，进行通风排湿。通风排湿操作，要根据室内相对湿度的高低和外界风力的大小来决定。如室内相对湿度高，外界风力较小时，可将进气窗和排气筒全部打开，需要排湿时间长一些；反之，可将进气窗和排气筒交替开放，排湿时间短。一般一次通风排气的时间以10~15min为宜。过短，排湿不够，影响干燥速度和产品质量；过长，会使室内温度下降过多，也影响干燥过程。

8. 干制品的筛选分级

为了使产品合乎规定标准，贯彻优质优价原则，对干制后的产品要进行筛选分级，干制品常用振动筛等也要进行筛选分级。筛下的物质另作他用，碎屑多被列为损耗。大小合格的产品还需进一步在移动速度为3~7m/min的输送带上进行人工挑选，剔除杂质及变色、残缺等不良成品。

9. 回软

回软通常称为均湿或水分平衡。无论是自然干制还是人工干制所制得的产品，其各自所含的水分并非均匀一致，而且在其内部也不是均匀分布，所以需进行均湿处理，目的是使干制品内部水分均匀一致，使干制品变软，便于以后的处理。回软的方式是将干制品堆积在密闭的室内或容器内进行短暂贮存，以便使水分在干制品内部、干制品相互间进行扩散和重新分布，最后达到均匀一致，同时产品的质地也稍显疲软。回软所需时间1~3d。

10. 防虫

干制品常有虫卵混杂其中，尤其是采用自然干制的产品。一般来说，干制品经包装密封后，处于低水分状态时虫卵颇难生长，但若包装破损、泄漏时，虫卵就能自由出入，一旦条件适宜还会成长，侵袭干制品，造成损失。因此，为了防止干制品遭受虫害，可用一些方法来防虫。

低温杀虫：使用-15℃以下的低温处理产品。

热力杀虫：在不损害干制品品质的高温下加热数分钟。

用熏蒸剂熏杀害虫。

11. 干制品的包装

干制品要求包装材料和包装容器应能够密封、防潮、遮光、防虫。常用的包装材料和容器有金属罐、木箱、纸箱、聚乙烯袋、复合薄膜袋等。一般内包装多用有防潮作用的材料如聚乙烯、聚丙烯、复合薄膜、防潮纸等；外包装多用起支撑保护作用及遮光作用的金属罐、木箱、纸箱等。为了使干制品保藏得好，在木箱或纸箱的内、外壁涂抹防水材料，如假漆、石蜡、干酪乳剂等。

另外，高档的干制品包装袋内还可加放干燥剂、吸氧剂等，以防干制品贮存过程中吸潮或氧化败坏。干制品包装还可应用真空包装或充惰性气体包装（充氮、充二氧化碳），使包装内氧气含量降低到2%以下，这对提高干制品维生素等营养物质的稳定性和降低贮藏期的损失有很好的作用。

12. 干制品的贮藏

影响干制品贮藏效果的因素很多，如原料的选择与处理，干制品的含水量，包装、贮藏条件及贮藏技术等。

选择新鲜完好，充分成熟的原料，经充分清洗干净，能提高干制品的贮藏效果。经过烫漂处理的比未经烫漂的能更好地保持其色、香、味，并可减轻在贮藏中的吸湿性。经过熏硫处理的制品也比未经熏硫的易于保色和避免微生物或害虫的侵染危害。

干制品的含水量对贮藏效果影响很大。一般在不损害干制品质量的条件下，含水量越低保藏效果越好。当水分含量低于6%时，则可以大大减轻贮藏期的变色和维生素损失。反之，当含水量大于8%时，则大多数种类的保藏期将因之而缩短。果品干制品因组织厚韧，可溶性固形物含量高，多数产品干制后可以直接食用，所以干燥后含水量较高，通常要在10%～15%，也有高达25%左右的产品。

干制品在包装前的回软处理、防虫处理以及采用良好的包装材料和方法都可以大大提高干制品的保藏效果。

干制品应贮藏在低温、干燥、避光的环境中。贮藏温度越低，能保持干制品品质的时间就越长。贮藏温度最好为0～2℃，不宜超过10～14℃。贮藏环境的空气越干燥越好，其相对湿度应在65%以下。干制品的含水量越低，为了保持其低水分含量，要求空气的相对湿度也必须相应地降低。干制品的包装材料如不遮光，则要求贮藏环境必须要避光，否则干制品长时间接受光线会降低其β-胡萝卜素的含量，增加产品褐变程度。

在干制品贮藏过程中应做好保管工作。贮藏干制品的库房要求干燥、通风良好、清洁卫生，且有防鼠设施。贮存时，切忌同时存放其他潮湿物品。堆码时，应注意留有空隙和走道，以利于通风和管理操作。要根据干制品的特性，经常注意维持库内一定的温度、湿度，检查产品质量，防止害虫、鼠类危害，以保证干制品的正常质量。

二、猕猴桃果脯

（一）工艺流程

选料→预处理（去皮、切分、硬化、硫处理等）→预煮→加糖煮制（蜜制）

→｛→装罐→密封杀菌→液态蜜饯
→干燥→上糖衣→干态蜜饯

（二）操作要点

1. 去皮与切分

去皮方法有机械去皮法、碱液去皮法、酶法去皮法。将果肉切片，厚薄均匀，一般厚度为6～8mm。

2.保脆和硬化

果脯蜜饯既要求质地柔嫩，饱满透明，又要保持形态完整。然而许多原料均不耐煮制，容易在煮制过程中破碎，故在糖煮之前，须经硬化保脆处理，以增强其耐煮性。

硬化处理是将整理后的原料浸泡于石灰（CaO）或氯化钙（$CaCl_2$）、亚硫酸氢钙〔$Ca(HSO_3)_2$〕等溶液中，浸渍适当时间，达到硬化的目的。所使用的这些盐类都有钙和铝，钙离子能与果胶物质形成不溶性的盐类，使组织硬化耐煮。亚硫酸氢钙有护色与保脆作用。猕猴桃片容易褐变，制作果脯蜜饯时，常在0.1% $CaCl_2$与0.2%～0.3%亚硫酸氢钠（$NaHSO_3$）溶液中浸泡30～60min，以达到护色和保脆效果。亚硫酸盐还能起到防腐的作用。硬化剂的选用及用量和处理时间必须适当，用量过度，会生成过多的果胶酸钙盐，或引起部分纤维素钙化，从而降低原料对糖的吸入量，并且使产品粗糙，品质低劣。

3.硫处理

为了使糖制品色泽明亮，常在糖渍之前进行硫处理，既可防止制品氧化变色，又能促进原料对糖液的渗透。方法是使用0.1%～0.2%的硫黄熏蒸处理或使用0.1%～0.15%的亚硫酸溶液浸泡处理数分钟即可。经硫处理的原料，在糖煮前应充分漂洗脱硫，以除去剩余的亚硫酸溶液，防止过量引起金属的腐蚀。

4.染色

染色用的色素有天然色素和人工色素两类，其中天然色素有姜黄、胡萝卜素和叶绿素等。由于天然色素的着色效果较差，在实际生产中多使用人工色素。我国允许作为食品着色剂的人工色素有苋菜红素（苋菜紫）、胭脂红、柠檬黄、靛蓝和苏丹黄5种，用柠檬黄6份与靛蓝4份可配制出绿色色素。这些色素的用量不超过万分之一。

5.预煮

无论新鲜的或经过保藏的原料，都可以预煮。预煮可以软化原料组织，使糖制时糖分易于渗入，这对真空煮制尤为必要。经硬化的原料可通过预煮使之回软。预煮可以抑制微生物侵染、防止败坏、钝化或破坏酶活性、固定品质、防止氧化等。也有利于盐胚的脱盐和脱硫，起到漂洗的效果。

6.加糖煮制（蜜制）

加糖煮制的目的是通过各种工艺操作，使糖分渗入原料组织并达到所要求的含糖量。而要实现这一目必须在原料和糖液之间建立温差、浓度差和压力差3种差异，否则就不能完成好糖制这一工艺操作。

真空蜜制时，先配80%的糖液，加入柠檬酸调整pH值到2，加热沸煮1～2min，使部分蔗糖转化，以防返砂。用时取该糖液稀释。抽空处理分3次进行，第一次抽空母液含糖量为20%~30%，第二次抽空母液含糖量为40%~50%，第三次抽空母液含糖量为60%~65%。前二次母液中要加0.1%山梨酸钾或0.1%的二氧化硫，用以杀菌和防止褐变。第二次抽空处理可改用40%糖液热烫1~2min后浸泡，能更有效地抑制酶的活性并促进糖的渗透。抽空和浸泡处理同时在真空罐内进行，每次抽空的真空度为98 658~101 325Pa，保持40~60min，待原料不再产生气泡时为止。然后缓慢破除真空，使罐内、外压力达到平衡，糖分迅速渗入胚料，抽空后的浸泡时间不少于8h，之后糖制工序结束。

糖制完成后，湿态蜜饯即行罐装、密封和杀菌等工艺处理成为成品，其工艺操作同罐藏。而干态蜜饯的加工则须进入干燥脱水工序。

7. 干燥、上糖衣

干态蜜饯在糖制后须脱水干燥，水分不超过18%~20%，要求制品质地紧密，保持完整饱满，不皱缩、不结晶、不粗糙，传统制品的含糖量近72%。干燥的方法有热泵干燥、红外干燥、微波干燥、烘烤或晾晒等，根据自身的情况进行选择。常规的烘晒法，先从糖液中取出胚料，沥去多余的糖液，必要时可将表面的糖液擦去，或用清水冲掉表面糖液，然后将其铺于烘盘中烘烤或晾晒。烘干温度宜在50~60℃，不宜过高，以免糖分焦化。若生产糖衣（或糖粉）果脯，可在干燥后进行。所谓上糖衣，即是用过饱和糖液处理干态蜜饯，当糖液干燥后会在表面形成一层透明状的糖质薄膜。糖衣蜜饯外观好看，保藏性也因此提高，可以减少蜜饯保藏期间的吸湿、黏结等不良现象。上糖衣的过饱和糖液，常以3份蔗糖、1份淀粉糖浆和2份水配成，混合后煮沸到113~114.5℃，离火冷却到93℃即可使用。操作时将干燥的蜜饯浸入制好的过饱和糖液中约1min，立即取出散置于50℃下晾干，此时就会形成一层透明的糖膜。另外，将干燥的蜜饯在1.5%的果胶溶液中蘸一下取出，在50℃下干燥2h，也能形成一层透明胶膜。以40kg蔗糖和10kg水的比例煮至118~120℃后将蜜饯浸入，取出晾干，可在蜜饯表面形成一层透明的糖衣。

所谓上糖粉，即在干燥蜜饯表面裹一层糖粉，以增强保藏性，也可改善外观品质。糖粉的制法是将砂糖在50~60℃下烘干磨碎成粉即可。操作时，将收锅的蜜饯稍稍冷却，在糖未收干时加入糖粉拌匀，筛去多余糖粉，成品的表面即裹有一层白色糖粉。上糖粉可以在产品回软后，再行烘干之前进行。

8. 整理、包装

干态蜜饯在干燥过程中常出现收缩变形，甚至破碎，须经整形和分级之后，使产品外观整齐一致，形态美观再行包装。在整形的同时可以剔除在制作工艺中被遗漏而留在制品上的疤痕、残皮、虫蛀品以及其他杂质。在整形的同时按产品规格质量的要求进行分级。

干态蜜饯的包装主要是防止吸湿返潮、生露，湿态蜜饯则以罐头食品的包装要求进行。

9.成品

成品感官呈黄绿色，半透明状态，均匀饱满，有弹性，不返砂，酸甜适宜，口感柔韧，具有猕猴桃独特的风味，无异味，无肉眼可见杂质。真菌毒素限量、污染物限量、农药残留限量应符合《食品安全国家标准　食品中真菌毒素限量》（GB 2761—2017）、《食品安全国家标准　食品中污染物限量》（GB 2762—2022）、《食品安全国家标准　食品中农药最大残留限量》（GB 2763—2021）的相关规定，微生物限量应符合《食品安全国家标准　蜜饯》（GB 14884—2016）的相关规定。产品中SO_2残留量符合《食品安全国家标准　食品添加剂使用标准》（GB 2760—2014）的规定，不超过0.35g/kg。

三、猕猴桃果酱类

果酱类制品包括果酱、果丹皮、果冻及果糕等，下面分述其工艺。

（一）果酱

1.工艺流程
原料→预处理→软化打浆→加糖浓缩→装罐→排气密封→杀菌→冷却→成品

2.操作要点
原料预处理包括清洗、去皮、切分、破碎等。

（1）软化打浆。原料在打浆前要进行预煮，以使其软化便于打浆，同时也可以减灭酶活性，防止变色和果胶水解等。预煮时加入原料重10%~20%的水进行软化，也可以用蒸汽软化，软化时间一般为10~20min。软化后用打浆机打浆或为使果肉组织更加细腻，还可以再过一遍胶体磨。

（2）配料及准备。果酱的配方按原料种类及成品标准要求而定，一般果肉（汁）占配料量的40%~50%，砂糖占45%~60%（其中可用淀粉糖浆代替20%的砂糖）。当原料的果胶和果酸含量不足时，应添加适量的柠檬酸、果胶或琼脂，使成品的含酸量达到0.5%~1%，果胶含量达到0.4%~0.9%。

所有固体配料使用前都应配成浓溶液后过滤备用。砂糖：配成70%~75%的溶液；柠檬酸：配成50%的溶液。果胶粉：因果胶粉不易溶于水，可先与果胶粉质量4~6倍的砂糖充分混合均匀，再以10~15倍的水在搅拌下加热溶解。琼脂：用50℃左右的水浸泡软化，洗净杂质，加热溶解后过滤，加水量为琼脂的20倍。

（3）加糖浓缩。浓缩是制作果酱类制品中最关键的工艺，常用的浓缩法有常压浓缩法和减压浓缩法。

常压浓缩，是将原料置于夹层锅内，在常压下加热浓缩。浓缩过程中，糖液应分次加入，这样有利于水分蒸发，缩短浓缩时间，避免果浆变色而影响制品品质。糖液加入后应不断搅拌，防止锅底焦化，促进水分蒸发，保持锅内各部分温度的均匀一致。开始加热时蒸汽压力为0.294～0.392MPa，浓缩后期，压力应该降至0.196MPa。浓缩初期，由于物料中含有大量的空气，在浓缩时会产生大量泡沫，为防止外溢，可加入少量冷水或植物油，以消除泡沫，保证正常蒸发。浓缩时间要恰当掌握，不宜过长或过短。过长，则造成转化糖含量高，以致发生焦糖化或美拉德反应，直接影响果酱的色、香、味；过短，则转化糖生成量不足，易使果酱在贮藏期间产生蔗糖的结晶现象，且酱体胶凝不良。因而应通过火力大小或其他措施严格控制浓缩时间。需添加柠檬酸、果胶或淀粉糖浆制品，当浓缩达到可溶性固形物为60%以上时，再依次加入。对于含酸量低的品种，可加果肉重0.06%～0.2%的柠檬酸。常压浓缩的主要缺点是温度高、水分蒸发慢，芳香物质和维生素C损失严重，制品色泽差。欲制备优质果酱，应采用减压浓缩法。

减压浓缩，又称真空浓缩，有单效浓缩和双效浓缩两种。以单效浓缩为例，浓缩的机器是一个带搅拌器的夹层锅，配有真空装置。工作时，先通入蒸汽于锅内赶走空气，再开动离心泵，使锅内形成真空，当真空度达0.053MPa以上时，才能开启进料阀，待浓缩的物料靠锅内的真空吸力将物料吸入锅中，达到容量要求后，开启蒸汽阀门和搅拌器进行浓缩。加热蒸汽压力保持在0.098～0.147MPa时，锅内真空度为0.087～0.096MPa，温度50～60℃。浓缩过程若泡沫上升激烈，可开启锅内的空气阀，使空气进入锅内抑制泡沫上升，待正常后再关闭。浓缩过程应保持物料超过加热面，防止焦锅。当浓缩至接近终点时，关闭真空泵开关，破坏锅内真空，在搅拌下将果酱加热升温至90～95℃，然后迅速关闭进气阀，出锅。

浓缩终点的判断，主要靠取样用折光计测定可溶性固形物浓度，或凭经验控制。此后进行装罐、密封、杀菌及冷却。

（二）果丹皮

1. 工艺流程
原料处理→软化打浆→浓缩→刮片→烘烤→揭皮→整形→包装→成品

2. 操作要点
原料处理、软化及打浆同果酱。

（1）浓缩。经打浆过滤而得的果浆一般含水量偏多，需要进行适当浓缩。可采用常压浓缩，也可用真空浓缩法进行，后者效果更佳。浓缩后的果浆置贮罐内待用。

（2）刮片。将果浆在钢化玻璃板上用模具及刮板制成均匀一致，厚度为3～4mm的酱膜，四边整齐，不流散。

（3）烘烤。将刮片后的玻璃板置烘房内，65～70℃下烘烤8h。烘烤过程中要随时排潮，促进制品中的水分排散。当烘至不粘手，韧而不干硬时即可结束烘烤。

（4）揭皮。烘烤结束后趁热用铲刀将果丹皮的四周铲起，然后将整块果丹皮从玻璃板上揭起，置适宜散热处进行冷却。之后即可切分整形，包装后即成成品。

（三）猕猴桃果冻、果糕

1. 工艺流程

原料处理→加热软化〈打浆过滤（糕）／压榨取汁（冻）〉→加糖浓缩→入盘冷却→成品

2. 操作要点

原料处理参考干制方法。

（1）加热软化。加热软化时，适量加水。软化时间依原料种类而异，一般在20～60min不等，以煮后便于打浆或压榨取汁为准，若加热时间过久，果胶分解，不利于制品的凝固。

（2）打浆、压榨取汁。制作果糕时经软化后的果实用打浆机打浆。制作果冻时则软化后用压榨机榨出汁液待用。

（3）加糖浓缩。在添加配料之前，需对所得到的果浆和果汁测定其pH值和果胶含量，形成果糕（冻）适宜的pH值为3～3.3，果胶含量为0.5%～1.0%，如果含量不足，可适当加入果胶或柠檬酸进行调整。一般果浆（或果汁）与糖的比例是1：（0.6～0.8）。煮制浓缩时，水分不断地蒸发，糖的浓度逐渐提高，沸点的温度也随之上升，这时需不断搅拌，防止焦糊。当可溶性固形物含量达66%～69%，沸点温度达103～105℃时，用搅拌的木桨从锅中挑起浆液少许，若浆液呈片状脱落时即可停止煮制。

（4）冷却。将达到终点的黏稠浆液倒入容器冷却后即成为果糕或果冻。

四、猕猴桃罐头

（一）工艺流程

选料→去皮→漂洗→酸中和→浸漂→修整→装罐→灌糖液→排气→密封→灭菌→冷却→擦罐→保温→检验→入库

（二）操作要点

1. 选料

选择可溶性固形物达6.5%的猕猴桃硬果，外观圆整，大小均匀，果肉颜色一致，品种纯度100%，绝不能将2个或2个以上品种进行混合加工。剔除烂果、软熟果、病虫果、畸形果。

2. 去皮

常规的仍为碱液去皮法。将洗净果实倒入盛有一定浓度的碱溶液夹层锅内，92～97℃的碱液中浸渍1～2min捞出，用清水冲洗2～3次，除去果皮。将果实浸入0.1%～0.2%盐酸溶液中约30s。浸酸后立即用流动清水漂洗10min，中和果面残留碱液，然后再用清水冲洗2～3次。潘静娴等（2005）发现碱液浓度差异比较大，碱液与热水具有协同作用，热水能加剧碱液对果皮和果肉的腐蚀作用。王丽娟（2017）的研究指出，碱液去皮的效果与去皮温度相关而不是碱液浓度。碱液处理腐蚀果皮，热量不断传入果肉内部造成熟化层加深，去皮时的果肉损失严重，果肉得率因而降低。碱液处理使猕猴桃去皮容易，但果肉熟化严重，感官情况也变差，果肉得率减少。冻融变温能辅助去皮，降低去皮难度，猕猴桃冻融后热烫处理，由于果皮与果肉之间瞬间的冷热交替产生爆破力将皮层撑破，果皮可顺着裂纹处挤压去除，去皮比热烫、酶法和手工容易。冻融和碱液处理后去皮难易程度差异不显著（$P>0.05$），碱液处理，对环保有影响。碱液去皮效果显著提升，酶法去皮效果不明显，冻融去皮效果优于手工去皮和酶法去皮（$P<0.05$），酶法处理不足以使猕猴桃果皮破裂。

3. 切片、整形与预煮

用不锈钢刀切除残留果蒂、果皮和斑疤后放入净水中浸漂，将果实浸漂捞出投入沸腾锅中预煮灭酶。迅速预冷，浸漂于清水中等待装罐。需切片的猕猴桃，按大、中、小3级分别切片，厚度4～6mm。

4. 装罐

（1）空罐准备。罐藏容器在加工、运输和存放中常附有灰尘、微生物、油脂等污物，因此，使用前必须对容器进行清洗和消毒，以保证容器的卫生，提高杀菌效率。

金属罐一般先用热水冲洗，玻璃罐应先用清水（或热水）浸泡，然后用毛刷刷洗或用高压水喷洗。尤其对于回收、污染严重的容器还要用2%～3% NaOH溶液加热浸泡5～10min，或者也可以用洗涤剂或漂白粉清洗，不论哪类容器清洗、反复冲洗后，都要用100℃沸水或蒸汽消毒30～60min，然后倒置沥干水分备用。罐盖也进行同样处理，或用前用75%酒精消毒。总之洗净消毒后的空罐要及时使用，不宜长期搁置，以免生锈或重新污染微生物。用玻璃或铁听罐装，一般710型罐装250g，10124型罐装600g，胜利瓶罐装300g。

（2）灌注液配制。猕猴桃罐头的罐注液一般是糖液。加注罐液能填充罐内除果肉以外所留下的空隙，目的在于增进风味、排出空气、提高初温并加强热的传递效率。

所配糖液的浓度，依猕猴桃品种、成熟度、果肉装量及产品质量标准而定。我国目前生产的糖水果品罐头，一般要求开罐糖度为14%～18%。每种水果罐头加注糖液的浓度，可根据下式计算：

$$w_3 = (m_3 w_2 - m_1 w_1)/m_2$$

式中，m_1——每罐装入果肉质量（g）；

m_2——每罐注入糖液质量（g）；

m_3——每罐净重（g）；

w_1——装罐时果肉可溶性固形物质量分数（%）；

w_2——要求开罐时的糖液浓度（质量分数）（%）；

w_3——需配制的糖液浓度（质量分数）（%）。

生产中常用折光仪或糖度表来测糖液浓度。由于液体密度受温度的影响，通常其标准温度多采用20℃，若所测糖液温度高于或低于20℃，则所测得的糖液浓度还需加以校正。

配制糖液的主要原料是蔗糖，其纯度要在99%以上，配制糖液有直接法和稀释法两种。直接法就是根据装罐所需的糖液浓度，直接按比例称取砂糖和水，置于溶糖锅中加热搅拌溶解并煮沸，过滤待用。例如直接法配30%的糖水，则可按砂糖30kg、清水70kg的比例入锅加热配制。稀释法就是先配制高浓度的糖液，也称为母液，一般浓度在65%以上，装罐时再根据所需浓度用水或稀糖液稀释。例如用65%的母液配30%的糖液，则母液：水=1：1.17混合，就可得到30%的糖液。

配糖液时注意事项：

煮沸过滤：使用硫酸法生产的砂糖中或多或少会有SO_2残留，糖液配制时若煮沸一定时间（5～15min），就可使糖中残留的SO_2挥发掉，以避免SO_2对果蔬色泽的影响。煮沸还可以杀灭糖中所含的微生物，减少罐头内的原始菌数。糖液必须趁热过滤，滤材要选择得当。

糖液的温度：对于大部分糖水水果罐头而言都要求糖液维持一定的温度（65～85℃），以提高罐头的初温，确保后续工序的效果。

糖液加酸后不能积压：糖液中需要添加酸时，注意不要过早加，应在装罐前加为好，以防止或减少蔗糖转化而引起果肉色变。

糖液的配比根据不同的需求可进行变化，有专利用果葡糖浆18%～24%、柠檬酸0.1%～0.2%、维生素C 0.001‰～0.005‰，或木糖醇水浓度70%，添加少量柠檬酸，其中，每100重量份的汤料中含有按重量份计的木糖醇15～25，用柠檬酸调节pH值3～3.5。

（3）装罐工艺要求。装罐速度要快，半成品不应堆积过多，以减少微生物污染机会，同时趁热装罐，还可提高罐头中心温度，有利于杀菌。装罐前要进行必要的分选，以保证每个罐头的质量，力求大小、色泽、形态大致均匀，及时剔除变色、软烂及带病斑的果块。

装罐时一定要留顶隙，即指罐头内容物表面和罐盖之间所留空隙的距离，一般要求为3～8mm。罐内顶隙的作用很重要，但须留得适当。顶隙若过大，会造成罐内食品装量不足，或因排气不足残留空气多，促使罐内食品变色变质，或因排气过足，使罐内真空度过大，杀菌后出现罐盖（体）过度凹陷，影响外观。顶隙若过小，则会在杀菌时罐内食品受热膨胀，内压过大，而造成罐盖外凸，甚至造成密封性不良，或者形成物理性胀罐。

另外，装罐时要注意卫生，严格操作，防止杂物混入罐内，保证罐头质量。装罐时果肉约占罐头总重的2/3，糖水约占1/3。装罐时糖液温度要保持在80℃以上。

（4）装罐方法。多采用人工装罐，装罐时一定要保证装入的固形物达到规定重量，因此，装罐时必须每罐称重。

5. 排气

排气是指食品装罐后，密封前将罐内顶隙间的、装罐时带入的和原料组织内的空气尽可能从罐内排出的一项技术措施，从而使密封后罐头顶隙内形成部分真空的过程。

（1）排气的作用。防止或减轻因加热杀菌时内容物的膨胀而使容器变形，影响罐头卷边和缝线的密封性，防止罐头跳盖；减轻罐内食品色、香、味的不良变化和营养物质的损失；阻止好气性微生物的生长繁殖；减轻马口铁罐内壁的腐蚀。因此，排气是罐头食品生产中维护罐头的密封性和延长贮藏寿命的重要措施。

（2）罐头真空度。罐头真空度是指罐头外大气压与罐内残留气压的差值，一般要求在26.7～40kPa。罐内残留气体越多，它的内压越高，而真空度就越低，反之则越高。而罐内残留气体的多少，主要决定于排气工艺。罐头真空度的形成是利用罐内气体受热逸出罐外，代之以水蒸气充满顶隙，食品受热膨胀暂时缩小顶隙，当罐头经过杀菌冷却后，罐内食品体积收缩，水蒸气凝结成液体，这样罐内顶隙间就出现了部分的真空状态。

罐头内保持一定的真空状态，能使罐头底盖维持平坦或向内陷的状态，这是正常罐头食品的外表特征，常作为检验识别罐头好坏的一个指标。

（3）排气方法。目前，我国罐头食品厂常用的排气方法有热力排气、真空密封排气和蒸汽喷射排气3种。热力排气是使用最早，也是最基本的排气方法，至今仍有工厂采用。真空密封排气法是后来才发展起来的，是目前应用最广泛的一种排气方法。蒸汽密封排气法是近些年发展的，在我国也已开始采用，但没有前两种那么普遍。

①热力排气法：热力排气法是利用食品和气体受热膨胀的原理，通过对装罐后的罐头进行加热，使罐内食品和气体受热膨胀，罐内部分水分汽化，水蒸气分压提高来驱赶罐内的气体。排气后立即密封，这样罐头经杀菌冷却后，由于食品的收缩和水蒸气的冷凝而获得一定的真空度。

热力排气有热装罐排气和排气箱加热排气两种。

热装罐排气就是先将食品加热到一定温度，然后立即趁热装罐并密封的方法。这种方法适用于流体、半流体或食品的组织形态不会因加热时的搅拌而遭到破坏的食品，如猕猴桃汁、猕猴桃酱等，采用此法时，必须保证装罐密封时食品的温度，绝不能让食品的温度下降，若密封时食品的温度低于工艺要求的温度，成品罐头就得不到预期的真空度，同时要注意密封后及时杀菌。

排气箱加热排气就是将装罐后的食品（经预封或不经预封）送入排气箱，在具有一定温度的排气箱内经一定时间的排气，使罐头中心温度达到工艺要求的温度（一般在80℃左右），罐内空气充分外逸，然后立即趁热密封，冷却后罐头就可得到一定的真空度。加热排气所采用的排气温度和排气时间视罐头的种类、罐型的大小、容器的种类、罐内食品的状态等具体情况而定，一般为90~100℃，5~20min，加热排气能使食品组织内部的空气得到较好的排出，能起到部分杀菌的作用，但对于食品的色、香、味等品质多少会有一些不良的影响，且排气速度慢，热量利用率低。

加热排气的设备有链带式排气箱和齿盘式排气箱。链带式排气箱其箱底两侧装有蒸汽喷射管，由阀门调节喷出的蒸气量，使箱内维持一定的温度。待排气的罐头从排气箱的一端进入排气箱，由链带带动行进，从排气箱的另一端出来。罐头在排气箱中通过的时间就是排气处理的时间，这一时间通过调节链带的行进速度来实现。齿盘式排气箱与链带式排气箱的不同只是输送罐头的方式不同，它是通过箱内几排齿盘的转动输送罐头。

②真空密封排气法：这是一种借助于真空封罐机将罐头置于真空封罐机的真空仓内，在抽气的同时进行密封的排气方法。采用此法排气，可使罐头真空度达到33.3~40kPa，甚至更高。

真空密封排气法具有能在短时间内使罐头获得较高的真空度，能较好地保存维生素和其他营养素（因为减少了受热环节），适用于各种罐头的排气。另外，封罐机还具有体积小、占地少的优点，所以被各罐头厂广泛使用。但这种排气方法由于排气时间短，故只能排出罐头顶隙部分的空气，食品内部的气体则难以排除，因而对食品组织内部含气量高的食品，最好在装罐前先对食品进行抽空处理，否则排气效果不理想。采用此法排气时还需严格控制封罐机真空仓的真空度及密封时食品的温度，否则封口时易出现暴溢现象。

除上述两种排气法外，还有一种蒸汽喷射排气法，这种方法是在罐头密封前的瞬间，向罐内顶隙部位喷射蒸汽，由蒸汽将顶隙内的空气排除，并立即密封。目前这种方法国内尚未普及。

6. 封罐

罐头食品之所以能长期保存而不变质，除充分杀灭能在罐内环境生长的腐败菌和致病菌外，主要是依靠罐头的密封，使罐内食品与外界完全隔绝而不再受到微生物的污染。为保持这种高度密封状态，必须借助封罐机将罐身和罐盖紧密封合，这就叫密封或封口。显然，密封是罐头生产工艺中极其重要的一道工序。罐头密封的方法和要求视容器的种类而异。

7. 杀菌

罐头加热杀菌的方法很多，根据其原料种类的不同、包装容器的不同等采用不同的杀菌方法。罐头的杀菌可以在装罐前进行，也可以在装罐密封后进行。装罐前进行杀菌，即所谓的无菌装罐，需先将待装罐的食品和容器进行杀菌处理，然后在无菌的环境下装罐、密封。

我国各罐头厂普遍采用的是装罐密封后杀菌。罐头的杀菌根据各种食品对温度的要求不同分为常压杀菌（杀菌温度不超过100℃）、高温高压杀菌（杀菌温度高于100℃而低于125℃）和超高温杀菌（杀菌温度在125℃以上）三大类，依具体条件确定杀菌工艺，选用杀菌设备。

8. 冷却

（1）冷却的目的。罐头加热杀菌结束后应迅速进行冷却，因为热杀菌结束后的罐内食品仍处于高温状态，仍然受着热的作用，如不立即冷却，罐内食品会因长时间的热作用而造成色泽、风味、质地及形态等的变化，使食品品质下降。同时，不急速冷却，较长时间处于高温下，还会加速罐内壁的腐蚀作用，特别是对含酸高的食品来说，较长时间的热作用为嗜热性微生物的生长繁殖创造了条件。冷却的速度越快，对食品的品质越有利。

（2）冷却的方法。罐头冷却的方法根据所需压力的大小可分为常压冷却和加压冷却两种。

常压冷却主要用于常压杀菌的罐头。罐头可在杀菌釜内冷却，也可在冷却池中冷却，可以泡在流动的冷却水中浸冷，也可采用喷淋冷却。喷淋冷却效果较好，因为喷淋冷却的水滴遇到高温的罐头时受热而汽化，所需的汽化潜热使罐头内容物的热量很快散失。

加压冷却也就是反压冷却。杀菌结束后的罐头必须在杀菌釜内维持一定压力的情况下冷却，主要用于一些在高温高压杀菌，特别是高压蒸汽杀菌后容器易变形、损坏的罐头。通常是杀菌结束关闭蒸汽阀后，在通入冷却水的同时通入一定的压缩空气，以维持罐内外的压力平衡，直至罐内压力和外界大气压相接近方可撤去反压。此时罐头可继续在杀菌釜内冷却，也可从釜中取出在冷却池中进一步冷却。

（3）冷却时应注意的问题。罐头冷却所需要的时间随罐头大小、杀菌温度、冷却水温等因素而异。但无论采用什么方法，罐头都必须冷透，一般要求冷却到38~40℃，以不烫手为宜。此时罐头尚有一定的余热，以蒸发罐头表面的水膜，防止罐头生锈。

用水冷却罐头时，要特别注意冷却用水的卫生。因为罐头食品在生产过程中难免受到碰撞和摩擦，有时在罐身卷边和接缝处会产生肉眼看不见的缺陷，这种罐头在冷却时因食品内容物收缩，罐内压力降低，逐渐形成真空，此时冷却水就会在罐内外压差的作用下进入罐内，并因冷却水质差而引起罐头腐败变质。一般要求冷却用水必须符合饮用水标准，必要时可进行氯化处理，处理后的冷却用水的游离氯含量控制在3~5mg/kg。

玻璃瓶罐头应采用分段冷却，并严格控制每段的温差，防止玻璃罐炸裂。

9. 检验、入库

灭菌后擦干净罐头表面浮水后放置20~25℃条件下贮存5~7d后，逐个检查并剔除混汤、胀罐等罐头，然后抹上防锈油，贴上商标，装箱，入库。

五、猕猴桃汁

（一）澄清果汁工艺流程

1. 工艺流程

原料→预处理→（分级、清洗、挑选、破碎、热处理、酶处理等）→取汁→澄清→过滤→调配→杀菌、灌装→冷却→成品

2. 各种澄清处理的操作要点

（1）酶法。酶法澄清是利用果胶酶、淀粉酶等来分解果汁中的果胶物质和淀粉等达到澄清目的。酶法无营养素损失，而且试剂用量少，效果好。常用的商品酶制剂有果胶酶，此外还有一定数量的淀粉酶等。

猕猴桃中果胶物质丰富，它具有强烈的水合能力，形成保护性胶体裹覆在混浊物颗粒表面，而阻碍果汁的澄清。使用果胶酶，使果汁中的果胶物质降解，生成聚半乳糖醛酸和其他产物，而失去胶凝作用，混浊物颗粒就会相互聚集，形成絮状物沉淀。使用果胶酶应注意反应温度与处理时间，通常控制在55℃以下。反应的最佳pH值因果胶酶种类不同而异，一般在弱酸条件下进行，pH值为3.5~5.5。酶制剂可直接加入榨出的鲜果汁中，也可以在果汁加热杀菌后加入。榨出的新鲜果汁未经加热处理，直接

加入酶制剂，这样果汁中天然果胶酶可起协同作用，使澄清速度加快。

酶制剂的用量依猕猴桃品种和成熟度及酶的种类而异，准确用量还需做预先试验。

（2）物理澄清法。

①加热澄清法：将果汁在80～90s内加热至80～82℃，然后急速冷却至室温，由于温度的变化，果汁中蛋白质和其他胶质变性凝固析出，从而使果汁澄清。但一般不能完全澄清，加热也会损失一部分芳香物质。

②冷冻澄清法：将果汁急速冷冻，一部分胶体溶液完全或部分被破坏而变成无定形的沉淀，此沉淀可在解冻后滤去，另一部分保持胶体性质的物质也可用其他方法过滤除去，但此法要达到完全澄清也属不易。

（3）各种过滤方法的操作要点。为了得到澄清透明且稳定的猕猴桃汁，澄清之后的猕猴桃汁必须过滤，目的在于除去细小的悬浮物质。设备主要有硅藻土过滤机、纤维过滤器、板框过滤机、真空过滤器、离心分离机及膜分离等。过滤速度受到过滤器孔大小、施加压力、果蔬汁黏度、悬浮颗粒的密度和大小、猕猴桃汁的温度等的影响。无论采用哪一种类型的过滤器，都必须减少压缩性的组织碎片淤塞滤孔，以提高过滤效果。

①硅藻土过滤机过滤：它是果汁、果酒及其他澄清饮料生产使用较多的方法。硅藻土具有很大的表面积，既可作过滤介质，又可以把它预涂在带筛孔的空心滤框中，形成厚度约1mm的过滤层，具有阻挡和吸附悬浮颗粒的作用。它来源广泛，价格低廉，过滤效果好，因而在小型果汁生产企业中广泛应用。硅藻土过滤机由过滤器、计量泵、输液泵以及连接的管路组成。

②板框过滤机过滤：它是另一种应用广泛的方法，其过滤部分由带有两个通液环的过滤片组成，过滤片的框架由滤纸板密封相隔形成一连串的过滤腔，过滤腔所形成的压力差达到过滤效果。过滤量和过滤能力由过滤板数量、压力和流出量控制。该机也是目前常用的分离设备之一，特别是近年来常作为果汁进行超滤澄清的前处理设备，对减轻超滤设备的压力十分重要。

③离心分离：它同样是猕猴桃汁分离的常用方法，在高速转动的离心机内悬浮颗粒得以分离，有自动排渣和间隙排渣两种。缺点为混入的空气增多。

（4）真空过滤：加压过滤的相反例子，主要利用压力差来达到过滤。过滤前在真空过滤器的滤筛上涂一层厚约6.7cm的硅藻土，滤筛部分浸在果汁中，过滤器以一定速度转动，均一地把果汁带入整个过滤筛表面。过滤器内的真空使过滤器顶部和底部果汁有效地渗过助滤剂，损失很少。由一特殊阀门来保持过滤器内的真空和果汁的流出。过滤器内的真空度一般维持在84.6kPa。

（5）纸板过滤、深过滤：尽管有许多过滤工艺，但深过滤片是至今为止在各个应用范围内使用最广泛、效率最高和最经济的产品过滤工艺。利用深过滤片所分离物质的范围可以从直径为几微米的微生物到分子大小的颗粒，可用于粗过滤、澄清过滤、细过滤及除菌过滤等。

由纤维素和多孔的材料构成的深过滤片，具有一个三维空间和迷宫式的网状结构，每平方米过滤面积的过滤片有几千平方米的内表面积，使其具有非常高的截留混浊物的能力，特别适用于胶质或有些黏稠的混浊物，因此越来越广泛地被用于果汁厂分离澄清工艺中。

（6）膜分离技术：这是近几年发展起来的新兴技术，但已在果汁加工业中显示出了很好的前景。在果汁澄清工艺中所采用的膜主要是超滤膜，膜材料有陶瓷膜、聚砜膜、磺化聚砜膜、聚丙烯腈膜及共混膜。用超滤膜澄清的果汁无论从外观上还是从加工特性上都优于其他澄清方法制得的澄清汁。超滤分离由于其材料、断面物理状态的不同，在果汁生产上的应用也不同。平板式超滤膜组件在目前使用较为广泛，其原理和形式与常规的过滤设备相类似，优点是膜的装填密度高、结构紧凑牢固、能承受高压、工艺成熟、换膜方便、操作费用也较低，但在处理悬浮颗粒含量高的液体时，膜常会被堵塞。另一种在果汁分离工艺中广泛应用的是陶瓷处理膜，该膜具有耐温、耐酸碱、耐化学腐蚀、不须经常更换等优点。该类膜已成为当今果汁超滤大规模生产的主要材料，但该材料一次性投资较大，更换膜材料技术要求较高。

（二）混浊果汁

1. 工艺流程

原料→预处理→破碎→热处理（酶处理）→取汁　　　　杀菌→灌装→冷却
　　　　　　　↓　　　　　　　　　　　　　　　　　↓
　　　软化→打浆→加水稀释…………→调配→均质→脱气
　　　　　　　　　　　　　　　　　　　　　　　↓
　　　　　　　　　　　　　　　　　　灌装→杀菌→冷却

2. 均质处理的操作要点

均质即将果汁通过一定的设备使其中的细小颗粒进一步破碎，使果胶和果汁亲和，保持果汁均匀性地操作。生产上常用的均质机械有高压均质机和胶体磨。

（1）高压均质机。高压均质机是最常用的机械，其原理是将混匀的物料通过柱塞泵的作用，在高压低速下进入阀座和阀杆之间的空间，这时其速度增至290m/s，同时压力相应降低到物料中水的蒸气压以下，于是在颗粒中形成气泡并膨胀，引起气泡炸裂物料颗粒（空穴效应）。由于空穴效应造成强大的剪切力，由此得到极细且均匀的固体分散物（图4-2）。

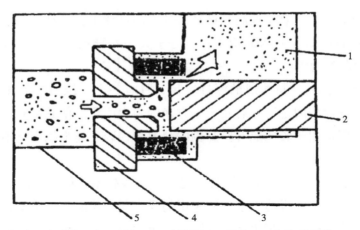

1.均质产品；2.阀杆；3.碰撞杯；4.阀座；5.未均质原料

图4-2　高压均值机工作原理

所用的均质压力随物料温度、要求的颗粒大小而异，一般在15～40MPa。

（2）胶体磨。胶体磨的破碎作用借助于快速转动和狭腔的摩擦，当果汁进入狭腔（间距可调）时，受到强大的离心力作用，颗粒在转齿和定齿之间的狭腔中摩擦、撞击而分散成细小颗粒。

3.脱气处理的操作要点

果实细胞间隙存在着大量的空气，在原料的破碎、取汁、均质和搅拌、输送等工序中要混入大量的空气，所以得到的果汁中含有大量的氧气、二氧化碳、氮气等。这些气体以溶解形式在细微粒子表面吸附着，也有一小部分以果汁的化学成分形式存在。气体的溶解度取决于种类、温度、表面蒸气压和气体的扩散能力。这些气体中的氧气可导致果汁营养成分损失和色泽变差，因此，必须加以去除，这一工艺即称脱气或去氧。

脱气的方法有加热法、真空法、化学法、置换法等，且常结合在一起使用，如真空脱气时，常将果汁适当加热。

（1）真空法。真空脱气的原理是气体在液体内的溶解度与该气体在液面上的分压成正比。果汁进行真空脱气时，液面上的压力逐渐降低，溶解在果汁中的气体不断逸出，直至总压降到果汁的蒸气压时，已达平衡状态，此时所有气体已被排除。达平衡时所需要的时间取决于溶解气体的逸出速度和气体排至大气的速度。

真空脱气是将处理过的果汁用泵打到真空脱气罐内进行抽气的操作，其要点是：①控制适当的真空度和果汁的温度。为了充分脱气，果汁的温度应当比真空罐内绝对压力所相应的温度高2～3℃。果汁温度，热脱气为50～70℃，常温脱气为20～25℃。一般脱气罐内的真空度为0.090 7～0.093 3MPa。②被处理果汁的表面积要大，一般使果汁分散成薄膜或雾状，以利于脱气，方法有离心式、加压喷雾式和薄膜式3种（图4-3）。③要有充分的脱气时间。脱气时间取决于果汁的性状、温度和果汁在脱气罐内的状态。黏度高、固形物含量多的果汁脱气困难，所以脱气时间要适当增加。

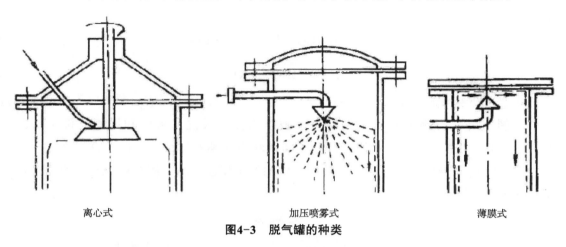

离心式　　　　　　　　　加压喷雾式　　　　　　　　　薄膜式

图4-3　脱气罐的种类

真空脱气的缺点是在脱气的同时有很多的低沸点芳香物质被汽化而除去，同时果汁中的少量水分也被蒸发除去。因此，可以安装芳香回收装置，将气体冷凝，再将冷凝液作为香料回加到产品中。

（2）置换法。吸附的气体通过N_2、CO_2等惰性气体的置换被排除，为了完成这一设想而专门设计的一种装置如图4-4所示。通过穿孔喷射（直径0.36mm），被压缩的氮气以小气泡形式分布在液体流中，液体内的空气被置换出去。液体流在旋流喷射容器中，对着折流板冲去并以阶式蒸发形式形成薄层，从容器壁上流下来。用CO_2来排除空气实际上要比氮气困难些。

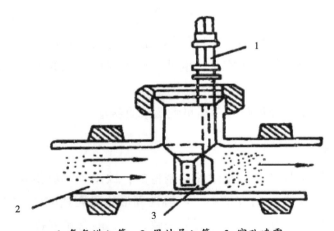

1.氮气进入管；2.果汁导入管；3.穿孔喷雾

图4-4　气体分配

（3）化学法。利用一些抗氧化剂或需氧的酶类作为脱气剂，效果甚好。

在果汁中加入葡萄糖氧化酶也可以起良好的脱气作用，β-D-吡喃型葡萄糖脱氢酶是一种典型的需氧脱气酶，可氧化葡萄糖成葡萄糖酸，同时耗氧达到脱气目的。反应如下：

$$葡萄糖+O_2+H_2O \rightarrow 葡萄糖酸+H_2O_2$$

$$H_2O_2 \rightarrow H_2O+1/2O_2$$

4. 利用卧螺生产混浊果汁的要点

卧螺（卧式螺旋离心机）是使果肉破碎物分离成混浊果汁和果渣的设备（图4-5）。其主要部分是由一个锥形圆柱体实壁转鼓和螺旋体组成。破碎物料从位于中心的进料管进入转鼓的离心空间，其速度增加到工作速度时，固体颗粒在离心力作用下迅速沉积在转鼓壁上。

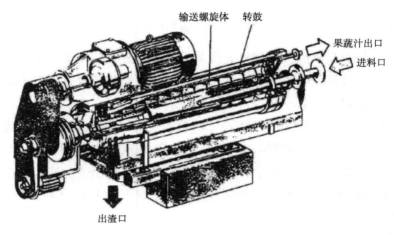

图4-5　卧螺

螺旋体转速比转鼓转速略高，所以固体果渣被连续送到转鼓窄头，混浊果汁则在螺旋体的螺旋叶间流动到转鼓的宽头。混浊果汁中固体微粒的大小与含量则是通过调节二者转速控制的。

卧螺加工的混浊果汁经加热处理后可贮藏或直接灌装。

（三）浓缩果汁

浓缩果汁是由澄清果汁经脱水浓缩后制得的，饮用时一般要稀释。浓缩果汁较之直接饮用汁具有很多优点。它容量小，可溶性固形物可高达65%～75%，可节省包装和运输费用，便于贮运，果汁的品质更加一致，糖、酸含量的提高，增加了产品的保藏性，浓缩汁用途广泛。

1. 工艺流程

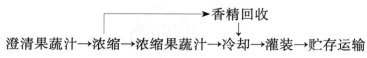

澄清果蔬汁→浓缩→浓缩果蔬汁→冷却→灌装→贮存运输（上方分支：香精回收）

2. 各种浓缩法的操作要点

（1）真空浓缩。这是果汁浓缩的常用方法，其实质就是在低于大气压的真空状态下，使果汁沸点下降，加热沸腾，使水分从原果汁中分离出来。蒸发过程在较低温度下进行，蒸发过程中从加热介质到原果汁的热传导过程起决定作用。

真空浓缩设备由蒸发器、真空冷凝器和分离器组成。蒸发器实质上是一个热交换器，提供加热和蒸发原果汁所需的热量和浓缩汁与水蒸气分离的热量。冷凝器使从原果汁中分离出来的水蒸气冷凝。此外还有真空泵、输送泵、测量装置和调节装置等。目前浓缩设备有强制循环蒸发式、降膜蒸发式、平板（片状）蒸发式和离心薄膜蒸发式等。

①强制循环蒸发式：利用泵和搅拌桨机械地使果汁循环，加热管内的流速为2～4m/s，在管内不沸腾，液面高度控制到分离注入处，其水垢生成较少，传热系数大。图4-6为强制循环式双效浓缩设备。第一效强制循环，第二效自然循环。适合于高黏度和高浓度的果汁浓缩，它可与降膜式蒸发器连用，放在第一效做最终浓缩用。

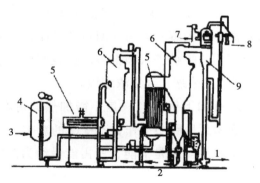

1.排水；2.浓缩汁；3.果蔬汁；4.贮汁罐；5.加热器；6.分离器；7.冷却水；
8.蒸汽喷射器；9.低水位气压冷凝器

图4-6　强制循环式双效浓缩锅

②降膜蒸发式：又称薄膜流下式（Falling film evaporator），物料从蒸发器入口流入后，在真空条件下扩散开，分布成薄层，同时分别流入排列整齐的加热管或板内，靠物料自身重力从上往下流动，部分水分便汽化成水蒸气逸出。图4-7为单效管式降膜蒸发系统。为了减少蒸汽和冷却水的消耗，降低成本，生产上常选用多效系统。

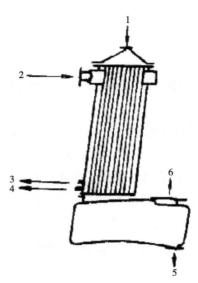

1.果汁；2.蒸汽；3.脱气；4.冷凝液；5.浓缩汁；6.汽化物

图4-7　单效管式降膜蒸发系统

③平板（片状）蒸发式：将升降膜原理应用于板式热交换器内部，加热室与蒸发室交替排列。果汁从第一蒸发室沸腾成升膜上升，然后从第二蒸发室成降膜流下，与蒸汽一起送到分离器，通过离心力进行果汁与蒸汽的分离。生产能力可通过板组数目的增减调节。这种浓缩方式流速高，传热好，停留时间短。

④离心薄膜蒸发式：离心薄膜蒸发器为一回转圆锥体，需浓缩的果汁，经进料口进入回转圆筒内，通过分配器的喷嘴进入圆锥体加热表面，由于离心力的作用，形成了0.1mm以下的薄膜，瞬间蒸发浓缩，收集浓缩液。

（2）膜浓缩。膜浓缩有如下优点：一是不需加热，可在常温下实现分离或浓缩，品质变化较少。二是在密封回路中操作，不受O_2的影响。三是在不发生相变下操作，挥发性成分的损失相对较少。四是节能，所需能量约为蒸发浓缩的1/17，是冷冻浓缩的1/2。

膜浓缩技术主要是超滤和反渗透。

①分离原理：反渗透和超滤是依赖于膜的选择性筛分作用，以压力差为推动力，使某些物质透过，而其他组分不透过，从而达到分离、浓缩的目的。

②影响反渗透和超滤的因素：

浓差极化　所有的膜分离过程均会产生这一现象，在膜分离中它的影响特别严重。当分子混合物由静压推动力带到膜表面时，某些分子透过，另外一些分子被阻止，这就导致在临近膜表面的边界层中被阻组分的集聚和透过组分的降低，这种现象即谓浓差极化。它的产生使透过速度显著衰减，削弱膜的分离特性。工程上主要有加大流速、装设湍流促进器、脉冲、搅拌、流化床强化、提高扩散系数等方法。蔡同一等（1999）报道，可采用澄清后的果汁进行"反冲"，从而减少浓差极化。

膜的特性及适用性　不同材质的膜有不同的适用性，介质的化学性质对膜的效果有一定的影响，如醋酸纤维素膜pH值在4～5，水解速度最小，在强酸和强碱中水解加剧。

操作条件：一般来说，操作压力越大，一定膜面积上透水速率越大，但这又受到膜的性质和组件特性的影响，而且同一种膜在低压和高压下的反应不一样。理论上随温度升高，反渗透和超滤速度增加，果汁大多为热敏物质，应控制温度在40～50℃为宜。

果汁的种类性质：果汁的果浆含量和可溶性固形物的初始浓度对透过速率影响很大。果汁中果浆含量提高不利于反渗透的进行，可溶性固形物含量高也同样不宜，这是因为浓度高，渗透压大、黏度大、溶质间作用力大，透过溶质的回扩散加强，浓差极化也严重。

（3）冷冻浓缩。把果汁放在低温中使果汁中的水分先行结冰，然后将冰块与果汁分离，即得到浓厚的果汁。此法的主要特点就是果汁能在低温状况下进行不加热浓缩。这种制品能保存原来的芳香物质、色泽和营养成分。果汁越浓，黏度越大，冻结的温度也越低。因此，在较低的温度下冻结，时间越久，果汁与冰块就越很难分离。所以冷冻浓缩的浓缩度有它一定的范围。一般用冷冻浓缩法所得的果汁其可溶性固形物的含量最高只能达到50%。冷冻方法很多，不过原理都一样。首先将果汁注入搪瓷或不锈钢容器中，然后浸入−28℃的盐水中。开始时进行搅拌，待果汁凝结成冰粒状时，即刻移放到−10℃盐水中，并间断地搅拌，直至冰粒全部形成时取出。离心分离冰粒与果汁，离心机网孔直径应在2mm左右，这样所得的果汁浓度在25%～30%；经过第二次冻结浓缩，最后浓度可达40%～45%。

3. 浓缩汁的冷却

如果使用变温瞬时蒸发器，泵出的浓缩汁在60℃时离开浓缩装置。在贮存或包装以前，产品至少冷却到10～15℃。如果要把产品冻起来，产品的温度应更低。一般地，冷藏浓缩汁的温度应在8～10℃。黏稠度与温度互相关联，使产品冷却的温度不能低到使产品难以用泵输送。

可以使用旋转式刮板热交换器来取代瞬时蒸发器。在这种情况下，传热介质是水或低温的水。大部分的浓缩汁都是高黏度的物质，旋转式刮板热交换器可以用来对产品进行持续冷却或冰冻。

如果浓缩汁离开冷却器，应该泵进一个搅拌罐。如果是生产冷冻产品，该搅拌罐应该隔热，并用氨水或氟利昂使其变冷（冷壁罐），根据其每小时的生产能力，调和罐的体积应为1 000～4 000L。根据浓缩汁的黏稠度，搅拌时间应持续15～30min。应避免空气进入产品。

4.芳香物的回收

芳香物回收系统是各种真空浓缩果蔬汁生产线的重要部分。因为在加热浓缩过程中，果蔬中部分典型的芳香成分随着水分的蒸发而逸出，从而使浓缩产品失去原有的的风味。因此，有必要将这些物质进行回收浓缩，加入果汁中。其技术路线有两种，一种是在浓缩前，首先将芳香成分分离回收，然后加到浓缩果汁中。另一种是将浓缩罐中的蒸汽进行分离回收，然后回加到果汁中。

5.浓缩汁的贮存与运输

浓缩汁可贮于缸、50L装的塑料桶或200L的圆不锈钢桶中。长途转运最好使用塑料桶。浓缩汁的温度在转运过程中不超过6℃，并采取严格的卫生措施，转运时间不超过30~40h。

浓缩汁卸车以后，置于-18℃下冰冻起来。

浓缩汁的保存，必须区分两类不同的产品。

①浓缩汁由于其高度的浓缩（最低浓度68~70°Bx）本身具有可贮性。贮存和运输时，装入料罐中（可以达到容积为1×10^6L）或装在塑料桶中。本身温度和贮存温度应在5~10℃，防止产品褐变。

②浓缩度低于68°Bx，则其贮存和运输情况与①有所不同。50L塑料桶或200L装的漆光钢桶，冰冻温度-18℃。把产品趁热装进10号马口铁罐中，它可以长期地保持无菌状态。装填温度依产品性质而定。产品的pH值越低，微生物指数越低，进行热处理的时间就越短。装填好以后，用氯化处理的冷水将溶液冷却到25~30℃。

（四）复合汁

复合汁是用不同的果品、蔬菜或花卉原料制作的产品。

复合汁原料的种类繁多，生产方法各异，难以归纳出一条通用的生产工艺。对于具有某些物理特性的复合汁的生产工艺，可以参考前述各种相类似果汁的生产工艺和生产设备。例如混浊果肉复合汁的生产可参照混浊果汁的生产工艺及有关设备，澄清复合汁的生产可参阅前述澄清果汁的生产工艺及有关设备。这里仅就复合汁生产中共同遇到的原料选择原则问题简述如下。

1.风味协调原则

每种产品是否可以为消费者所接受，其中最主要的是看其风味是否符合当地居民的消费习惯。选择原料时，首先要以当地群众对饮料风味的要求作为首要依据。

根据风味化学"不同的风味可以相互增强或抑制"的有关理论，应尽量使得各原料的不良风味在制成复合汁时可以相互减弱、被抑制或被掩盖，而优良风味可得以改善或提高。某种风味的体现，不仅与体现该风味物质的绝对数量有关，而且还与其他各种风味物质的绝对数量有关，同时也与其他各种风味物质的比例有关。这就要求制作复合汁时，要进行反复研究、试验，以找出各种原料之间的最佳配比。

2. 营养素互补原则

一般地说，各种原料所主含的营养素种类及含量各不相同，不同的原料合理配比制成的复合汁，才能达到营养素互补的目的。但是，由于复合汁成品的各种成分基本是均匀分散的，有些原料所含有的某些成分，有时可以影响另一些原料所含营养素的溶解、分散及可消化性。在选择复合汁原料时，要充分调查分析各种原料的化学组成，尽量避免不利成分影响产品营养价值，或在生产过程中，有针对性地采取适当的工艺处理，避免不利成分的影响和干扰。

3. 功能性协调原则

果汁产品易于被人体消化、吸收及调节人体代谢功能。如果复合汁原料选择不当，不仅不能合理发挥复合汁功能性强的特点，而且可能对人体产生不良影响。

要使复合汁获得良好的功能调节作用，必须对食物的保健与功能性质、中医食疗理论和不同类型人的生理特点有所了解，使三者协调统一，才能充分发挥复合果蔬汁功能性强的优点。中医"热则寒之，寒则热之"及"扶阳抑阴，育阴潜阳、阴阳双补"等治疗原则，体现了对不同生理状态的人给予不同的饮食以维持人体正常而又协调的新陈代谢过程。食物原料的"性""味""归经""升浮沉降"及"补泻"等特性是选择合理复合果汁原料的重要根据。

生产具有疗效作用的复合汁，所添加食疗中药的种类和用量应符合食品卫生等法规及规定，不应使产品饮用时有服药的感觉，并具有饮用者满意的风味。

六、猕猴桃果酒酿造工艺技术

（一）工艺流程

猕猴桃果酒酿造工艺在部分环节上有所差异，但其加工工艺流程可分为榨汁和酿造两大部分。

榨汁工艺流程：猕猴桃分选→清洗→压榨打浆→低温灭菌→酶解→过滤→清汁

酿造工艺流程：清汁→接种酵母→前发酵→固液分离→后发酵→澄清→降酸→陈酿→过滤→罐装→杀菌→成品

（二）操作要点

1. 榨汁工艺

榨汁阶段中，提高出汁率是本阶段的重点。影响出汁率的几个因素包括榨汁方式、果胶酶添加量、酶解温度、酶解时间。陈红梅等（2018）以野生猕猴桃为试材，研究了清汁、混汁和带皮发酵3种原料发酵处理对酿造品质的影响，结果表明，带皮发酵的酒中酸类物质浓度较低、乙醇体积百分比也较低，但其维生素C含量较高、香气丰富、可产生更为优越的口感。目前，猕猴桃带皮发酵的适用性较小，其酿造工艺的最佳条件也需配套，因此在猕猴桃酒酿造中，大部分酿造工艺采用去皮压榨，少数采用带皮压榨。

2. 酶解

猕猴桃中含有大量纤维素和果胶成分，在压榨过程中往往存在出汁率不高的问题，需添加一定量的果胶酶。猕猴桃品种不同，其果胶含量不同，尤其以野生猕猴桃为原料的酿造中，果胶含量更高。王东伟等（2008）以黄心猕猴桃为原料制备果酒时，使用0.08%果胶酶，在50℃中以120r/min速度酶解150min，提高出汁率。何佳等（2012）认为果胶酶酶解，虽出汁率较高，但对维生素C含量和果汁色泽香气影响较大；果胶酶酶解条件较温和，果胶酶加酶量10 000U/kg，酶解时间2h，出汁率0.853mL/g，维生素C保存率67%。以软枣猕猴桃为原料时，果胶酶添加量为12mg/100g，45℃酶解4h，可得到较高的出汁率。孙旸等（2011）用0.1%的果胶酶，在42℃下处理110min（pH值4.0），出汁率为78.54%。孙强等（2014）以红心猕猴桃为原料时，47℃、自然pH值环境下，使用0.06%果胶酶酶解170min，出汁率可达82.36%，比未添加果胶酶提高了32.06%。张晓萍等（2018）以华优猕猴桃为原料，使用HC果胶酶（购于枣庄市杰诺生物酶有限公司），添加量0.16g/kg，在36.8℃下酶解8h效果最佳。唐雪等（2017）以贵长猕猴桃为原料，用0.2%果胶酶，45~55℃下酶解4.~5.5h效果最佳。

3. 猕猴桃汁成分的调整

为使酿制的成品酒成分稳定并达到指标要求，必须对果汁中影响酿制质量的成分进行调整。

打浆后要在果汁中添加一定量的SO_2，以起到杀菌、抗氧化以及澄清等作用。通常添加一定量的焦亚硫酸钾（$K_2S_2O_5$）、亚硫酸（H_2SO_3），使果汁中SO_2质量浓度在60~80mg/L。这主要是利用SO_2的还原性抑制果酒中多种氧化酶活性从而抑制酶促氧化，另有研究表明SO_2能破坏果实细胞，加快酿造过程中色素、单宁、芳香物、其他固形物的溶解，在一定程度上起到澄清果汁和改善果酒口感的作用。鉴于SO_2可能对人体的新陈代谢造成一定的伤害，茶多酚可在一定程度上替代SO_2而达到相同效果。除SO_2添加量外，通常还需调整初始糖度、pH值。

（1）糖分调整。糖是生成酒精的基质，根据酒精发酵反应式计算，1分子的葡萄糖（相对分子质量为180）生成2分子酒精（相对分子质量46×2=92），即1g葡萄糖将生成0.511g或0.64mL的酒精（20℃时酒精的相对密度为0.794 3）。或者说，要产生1°酒精需要葡萄糖1.56g或蔗糖1.475g。但实际发酵过程中除主要生成酒精和二氧化碳外，还有少量的甘油、琥珀酸等产物的形成，并且酵母菌本身的生长繁殖也要消耗一定的糖分，还有酒精本身的挥发损失等。所以实际生成1°酒精需1.7g左右的葡萄糖或1.6g左右的蔗糖。

一般猕猴桃汁的含糖量为8～14g/100mL，只能生成5.0°～9.0°的酒精。而成品猕猴桃酒的酒精度一般要求为12°～13°，甚至16°～18°。提高酒精度的方法，一种是补加糖使其生成足量的酒精，另一种是发酵后补加同品种高浓度的蒸馏酒或经处理的食用酒精。优质果酒的酿制须用第一种方法。补加的酒精量以不超过原汁发酵酒精的10%为宜。

提高果汁的含糖量，最好取一部分果汁在减压的条件下浓缩而提高其浓度之后加入原果汁中。生产上常用添加精制砂糖的方法以提高果汁中的含糖量。以1.7g糖生成1°酒精计，每千克砂糖溶于水后增加体积625mL，加糖量按下式计算：

$$m = \frac{V(1.7A - \rho)}{100 - 1.7A \times 0.625}$$

式中，m——应加固体砂糖量（kg）；

　　　ρ——果汁的原含糖量（g/100mL）；

　　　V——果汁的总体积（L）；

　　　A——发酵要求达到的酒精度；

　　0.625——每千克砂糖溶于水后增加0.625L体积；

　　1.7——1.7g糖能生成1°酒精。

生产上为了方便，可应用经验数字。如要求发酵生成12°～13°酒精，则用230～240减去果汁原有的含糖量就是每升需加入的糖量。果汁含糖量高时（15g/100mL以上）用230，含糖量低时（15g/100mL以下）则用240。

加糖时先用少量果汁将糖溶解，再加入到大批果汁中去，可结合酸度的调整同时进行。酵母菌在含糖20g/100mL以下的糖液中，其繁殖和发酵都较旺盛，若再提高糖的浓度，繁殖和发酵就会受到一定程度的抑制。因此，生产上酿制高酒精度的葡萄酒时，常分次将糖加入发酵液中，以免将糖浓度一次提得太高。

（2）酸度调整。调整酸度有利于保持酿造果酒的口感，有利于贮酒时的稳定性以及有利于酒精发酵的顺利进行。

果酒发酵时其酸度在0.8～1.2g/100mL最适宜。若酸度低于0.5g/100mL，则需加入适量酒石酸、柠檬酸或酸度较高的果汁进行调整，一般用酒石酸进行增酸效果较好。

若酸度偏高，可采用化学降酸法，即用碳酸钙、碳酸氢钾或酒石酸钾来中和过量的有机酸，降低酸度；或者可以采用冷冻法促进酒石酸盐沉淀来降酸；还可用生物法即苹果酸-乳酸发酵、裂殖酵母将苹果酸分解成酒精和CO_2来降低酸度。猕猴桃汁的酸度在1.4%~2.0%，在制备猕猴桃果酒的过程中需要进行降酸处理。

4. 发酵

目前在猕猴桃发酵中并没有专门匹配的优良酵母，较常使用的是酿酒酵母、果酒活性干酵母，也有的使用香槟酵母。目前在酵母筛选的研究中，除从广泛使用的商业酵母菌种中筛选外，也有的从野生猕猴桃果实上筛选酵母菌株。猕猴桃酒的发酵有自然发酵与人工发酵之分。自然发酵是将制备调整的汁液盛于发酵器中，不需要人工接种酵母菌，而是利用猕猴桃果实上原有的酵母菌进行发酵。但自然发酵会在乙醇产量、SO_2耐受性、凝聚性和高级醇产量等方面表现出一定的缺陷与不足。自然发酵中的菌种成分复杂，发酵过程不易控制，需进一步分离不同的菌种。人工发酵则是向果汁中加纯种扩大培养的酒母进行的发酵过程。后者人工发酵能保证发酵的安全、迅速，所产的酒质优良。混合酵母发酵具有多种优势，如发酵周期较短、生产成本更低、挥发性香气物质种类更丰富、部分香气成分含量更高、酒体口感层次丰富、成品质量更为稳定等。刘晓翠等（2019）采用RA17和BM4×4菌种混合发酵，结果表明，混合发酵制备的酒具有更高的总酯含量和挥发性酯类，因此其感官评价更高，酒体风味更受市场喜爱。还有研究者用从米酒中分离到的乳酸菌和酵母复配酿制猕猴桃酒，在添加酵母的基础上利用乳酸菌二次发酵以增进酿制猕猴桃酒的风味。李建芳等（2019）使用乳酸菌复配制备野生猕猴桃果酒，加入植物乳酸菌和酿酒球菌，果酒中的醇类和酯类含量使果酒香气更为丰富。

猕猴桃酒的发酵过程分为前发酵和后发酵。二次发酵技术被认为是整个猕猴桃酿酒工艺中的关键技术，一次发酵的猕猴桃酒通常存在口感艰涩、风味混杂、成品品质低下等问题，因此绝大多数酿制工艺优化采用二次发酵技术。目前对猕猴桃果酒酿制工艺优化主要在主发酵阶段，针对后发酵阶段即二次发酵工艺优化的报道较少。张晓萍等（2018）以华优猕猴桃为原料，研究了补糖种类、酵母种类和发酵温度对二次发酵的影响，筛选出以苹果浓缩汁补糖并用香槟酵母18℃以下二次发酵的优化工艺。陈林等（2019）采用酵母和乳酸菌复配对红心猕猴桃异步发酵进行研究，结果表明，在二次发酵过程中将滤液用乳酸菌再次发酵，进行陈酿可增进其风味。

（1）发酵容器的制备。发酵容器即果酒发酵及贮存的所在场所，要求不渗漏，能密闭以及不与酒液起化学反应等。使用之前必须同盛器的所在场所一样进行严格的清理和消毒处理，可采用二氧化硫气体或甲醛熏蒸处理。

①发酵桶：常用木质桶，一般用橡木（柞木）、栎木、山毛榉木或栗木制成。呈

圆台形，上小下大，容量3 000～4 000kL或10 000～20 000kL，在靠近桶底15～40cm的桶壁上安装阀门，用以放出酒液，桶底开一排渣阀。上口有开口式与密闭式两种（图4-8），密闭式桶盖上安装发酵栓。

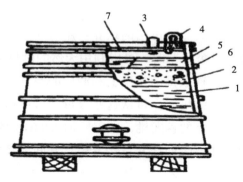

开口式发酵桶　　　　　　　　　　　密闭式发酵桶

1. 猕猴桃汁；2. 猕猴桃渣；3. 桶门；4. 倒"U"形管式发酵栓；
5. 压猕猴桃渣的木箅子；6. 支柱；7. 桶盖

图4-8　发酵桶

②发酵池：利用钢筋混凝土或石、砖砌成。大小不受限制，能密闭。池盖略带锥度，以利气体排出不留死角。盖上安有发酵栓（图4-9）、进料孔等。池底稍倾斜，安有放酒阀、废水阀及排放渣汁活门等。池内安有升（降）温设备及自动翻汁设备。池壁及池底均须用防水材料处理，以防渗漏。为了防止果酒（汁）的酸与钙起作用，影响酒的品质，须敷设瓷砖或用涂料涂敷，常见的涂料有石蜡涂料、环氧树脂涂料和酒石酸。

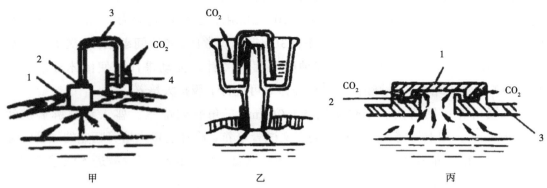

甲　　　　　　　　乙　　　　　　　　丙

甲、乙：适用于发酵桶的发酵栓；丙：适用于发酵池的发酵栓
甲：1. 圆孔；2. 软木塞；3. 倒"U"形玻璃管；4. 玻璃瓶
丙：1. 池盖；2. "U"形管；3. 池顶

图4-9　各种型式的发酵栓

③发酵罐：常用不锈钢和碳钢板制成圆锥体发酵罐，罐内设置升（降）温装置，罐顶端设有进料口和排气阀等，底端有出料口和排渣阀，单列或数个串联，适于大型酒厂。

（2）酒母的制备。

①天然酵母菌的培养：用来向果汁中接种的酵母菌制剂称为"酒母"。在无法获得纯种酵母菌时，可以利用天然的酵母菌进行繁殖制成酒母。

在猕猴桃的果皮上和酒厂的空气之中，都存在有大量的酵母菌和其他微生物。经过合理的培养，可从这些酵母菌群中得到优良的酵母菌。选成熟、新鲜、无病虫害、品质优良的猕猴桃，破碎后加入0.01%的二氧化硫或0.02%的偏重亚硫酸钾，混合均匀后放在温暖处任其自然发酵。其间要经常搅拌并将浮渣压入汁液中，以供给酵母菌充足的氧气，利于其迅速繁殖。2～3d后汁液的糖分已被大部分消耗，当糖的浓度仅有3%～4%时，加入糖分并恢复到初始浓度，同时加入0.1%～1.5%的磷酸铵，以补足酵母的营养供给。继续培养至酒精度达8°～10°时，真正的酵母菌占据了优势地位，即可投入生产使用。

培养成熟的酒母其酵母菌数达（0.8～1.2）×10^{7}个/mL，且健壮正常，出芽率为20%～25%，死亡率为1%～2%，没有杂菌。培养成熟的酒母须及时使用，以免酵母菌衰老，以及增加出芽率和死亡率。

②纯种酵母的扩大培养：猕猴桃酒生产者由菌种保管处得到的酵母菌，其菌株大多是琼脂斜面培养基培养的，须按下列步骤将其扩大为接种用酒母。

试管培养：在猕猴桃开始压榨前7～10d，采摘完全成熟、无霉变的猕猴桃，经破碎和压榨过滤得到新鲜猕猴桃汁，将其分装于已干热灭菌的带棉塞的数支试管或2～3个200mL三角瓶中，试管装量为10～20mL，三角瓶装量为50mL。塞紧棉塞后，在（5.9～9.8）×10^{4}Pa压力下杀菌30min（或常压100℃间歇杀菌3次），冷却至28～30℃，在无菌操作下掺入纯种酵母菌1～2针，摇动果汁，使菌体分散。在25～28℃恒温下培养24～48h，当发酵旺盛时可进行下级扩大培养。

二级培养：用清洁、干热杀菌的1 000mL三角瓶或烧瓶，盛入新鲜猕猴桃汁500～600mL，加上棉塞，杀菌方法同上文试管培养。冷却后接入培养旺盛的试管酵母菌液2～3支或三角瓶酵母液1瓶。在25～28℃恒温下培养24h，当发酵进入旺盛期即视为二级菌种，可进行三级扩大培养。

三级培养：用清洁、消毒的卡氏罐或101大玻璃瓶（图4-10），盛入约占瓶容量70%的新鲜猕猴桃汁，杀菌方法同上文试管培养。若加热杀菌困难，可采用二氧化硫或偏重亚硫酸钾杀菌，二氧化硫的用量为150mg/L，二氧化硫杀菌后须放置24h后才可以使用。接种在无菌室进行。先用75%的酒精消毒瓶口，然后接入二级菌种，接种量为培养液的2%～5%。在25～28℃恒温下培养24～28h，当酵母发酵旺盛时，可进行再扩大培养。

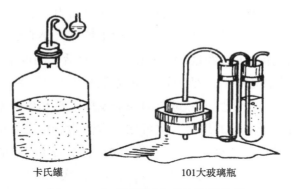

卡氏罐　　　　　　　　　101大玻璃瓶

图4-10　大玻瓶发酵与发酵栓的使用

酒母桶培养：酒母桶（图4-11）一般用不锈钢或木材制成。将猕猴桃汁自入口灌入杀菌桶，当猕猴桃汁量达桶容量的80%时，利用蒸汽对其杀菌，杀菌温度为85℃，保持几分钟后通入冷水使果汁冷却至30℃，将果汁放入消毒的培养桶中。培养桶可用蒸汽杀菌15～30min，也可以用二氧化硫（80～100mg/L）熏蒸，4h后即可装入果汁，接入发酵旺盛的玻璃瓶培养酵母，接种量为5%～10%。在桶上安装发酵栓，定时打开通气口，送入过滤净化的空气，在25℃下培养2d左右至发酵旺盛时即可取出2/3～3/4作酒母使用。余下部分可继续添加灭菌澄清猕猴桃汁进行酒母培养。只要培养的酒母健壮，无杂菌感染则可连续培养。若有杂菌感染或酵母菌衰弱则须将培养罐（桶）彻底灭菌，重新接种培养。

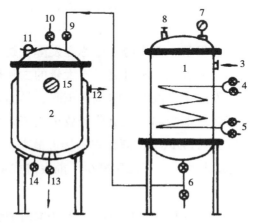

1.猕猴桃汁灭菌罐；2.酒母培养罐；3.猕猴桃汁及无菌空气入口；4.蒸汽及冷却水入口；5.冷凝水及冷却水出口；6.灭菌猕猴桃汁出口；7.压力表；8.安全阀；9.灭菌猕猴桃汁入口；10.无菌空气入口；11.发酵栓；12.冷却水出口；13.成熟酒母放出口；14.冷却水入口；15.视镜

图4-11　酒母培养罐

③酿酒活性干酵母的应用：为解决猕猴桃酒厂扩大培养酵母的麻烦和鲜酵母易变质不好保存等问题，现工厂已使用酿酒活性干酵母，具体用法如下。

复水活化：活性干酵母必须先使它们复水，恢复活力，然后才可直接投入发酵使用。即在温水（35～42℃）中加入10%量的活性干酵母，小心混匀，静置使之复水活化，每隔10min轻轻搅拌一下，经过20～30min（在此活化温度下最多不超过30min）酵母已复水活化，可直接添加到已处理好的猕猴桃汁中进行发酵。

活化后扩大培养：由于活性干酵母有潜在的发酵活性和生长繁殖能力，为提高使用效果，减少商品活性干酵母的用量，也可在复水活化后再进行扩大培养，制成酒母使用。做法是将复水活化的酵母投入澄清的含80～100mg/L SO_2 的猕猴桃汁中培养，扩大比为5～10倍，当培养至酵母的对数生长期后，再次扩大5～10倍培养。但为了防止污染，每次活化后的扩大培养以不超过3级为宜，培养条件与一般酿酒酒母相同。

装桶最好在一天内完成，然后加入发酵旺盛的酒母，加入量为果浆量的3%～10%。酒母可与果浆同时送入发酵容器，亦可先加酒母后送果浆。控制适宜的发酵温度。

发酵初期主要是酵母菌的繁殖阶段。酵母菌接入果浆后，需要经过一个适应阶段才能开始繁殖。所以，发酵器中果浆的表面最初是平静的。随后有微弱零星的二氧化碳气泡产生，表明酵母已开始繁殖。发酵初期要将发酵温度控制在25～30℃，经20～24h，酵母即开始旺盛繁殖。若温度偏低则会延迟到48～72h，甚至到96h才开始旺盛繁殖。发酵温度不能低于15℃。控制品温的最好方法是保持一定的室温。为了促进繁殖，要保证空气的供给。通常可通入过滤净化的空气，还可将发酵果汁在发酵桶内形成雾状喷淋，以增强与空气的接触。二氧化碳的释放逐渐加强则表明酵母已大量繁殖。

酵母旺盛繁殖后即开始前发酵，前发酵（也称主发酵）是主要的酒精发酵阶段。果汁的甜味渐减，酒味增加，品温也逐渐升高，有大量的二氧化碳放出，皮渣上浮结成一层，称之为"酒帽"。发酵达高潮时气味刺鼻熏眼，品温升到最高，活酵母细胞数保持一定水平。随后发酵势逐渐减弱，二氧化碳放出逐渐减少并接近平静，品温逐渐下降到接近室温，糖分减少到1%以下，酒精积累接近最高，汁液开始清晰，皮渣酒母部分开始下沉，酵母细胞逐渐死亡，活细胞减少，前发酵或主发酵结束。

前发酵的管理主要如下。

第一，温度控制。要保持温度在30℃以下。高于30℃时酒精容易蒸发而散失，影响成品的品质。高于35℃时醋酸菌容易活动，挥发酸增多，酒精发酵受阻。前发酵的温度升高主要是酵母菌释放发酵热造成的。理论上1g葡萄糖的发酵热若无损失，则能使100mL发酵液升温1.3℃。若以果汁含糖量16g/100mL进行发酵，可使品温在原始基础上升高20℃左右。如果原始温度为20～25℃，则可使品温升高至40～45℃，对发酵有害。实际上发酵热会由于热的传导和辐射散失一部分，二氧化碳排出时带走一部分，最终能使温度升高7～12℃。因此，发酵室内须安装控温设备，保证酒精发酵处在比较适宜的温度条件下。

第二，空气控制。前发酵过程中浮渣很厚并且与空气接触面积大，其中酵母菌数量多，发酵快，产热量亦大且不易散失，因此，温度上升也较快，与发酵液下层的温度可相差5～6℃。此时，好热性菌类常常大量繁殖产生挥发酸，影响酒的品质。坚厚的浮渣会阻碍二氧化碳的排出，过多二氧化碳的存在会直接影响酵母菌的正常发酵。为此，必须将浮渣压没在发酵液中。这样还有利于促进果皮及种子中的色素、单宁及芳香成分充分地溶出。常用的方法是将发酵液从桶底放出，用泵将其喷淋在浮渣上，每天1～2次，也可用压板将浮渣压在液面下的30cm左右。为了掌握发酵进程，须经常检查发酵液的品温、糖、酸及酒精含量的变化。发酵期的长短因温度而异。一般25℃需5～7d，20℃需14d，15℃则需14～21d。

5. 出桶压榨与后发酵

前发酵结束后应及时出桶，以免渣滓中的不良物质过多地溶出，影响酒的风味。出渣时若发现浮渣败坏、生霉或变酸，则须将浮渣取出弃去。排渣后将酒液放出，该酒液称之为原酒，将其装入转酒池，再泵入消过毒的储酒桶，桶内须留5%～10%的空间，安装发酵栓后进行后发酵。将浮渣取出后可用压榨机压出酒液。开始不加压流出的酒称自流酒，可与原酒互相混合。加压后流出的酒称为压榨酒，品质较差，应分别盛装。压榨后的残渣可供蒸馏酒或果醋的制作。

由于出桶时供给了空气，酒液中休眠的酵母菌复苏，使发酵作用再度进行，直至将酒液中剩余的糖分发酵完。该发酵过程称为后发酵。后发酵比较微弱，宜在20℃左右进行。经2～3周，已无二氧化碳释放，糖分降低到0.1%左右，此时将发酵栓取下，用同类酒添满后用塞子严封，待酵母菌和渣汁全部下沉后及时换桶，分离沉淀物，以免沉淀物与酒接触时间太长而影响酒质。分离时可将酒液暴露在空气中，吸收部分空气，有利于陈酿。若发现液面生花（杂菌等），用同类酒充满容器使生花溢出后，用虹吸法进行分离。分出的酒液装于消毒的容器中至满，密封后陈酿。沉淀物用压滤法去除，可用于制取蒸馏酒。

6. 降酸、澄清与陈酿

在陈酿之前必须经过降酸，过高的有机酸酸味过重，且常常伴随酒体粗糙失光、混浊等不良现象。加入碳酸钙是果酒降酸最常用的方法。近年来逐渐被重视的苹果酸-乳酸发酵（Malic-lactic fermentation，MLF）法，乳菌分解果酒产生乳酸，这是一个典型的二次发酵。发酵酒体中的有机物之间相互作用，酒体中部分有机酸含量降低，一定程度的改善了猕猴桃酒的稳定性，也降低了果酒中某些有害成分，增加了果酒的柔和度并提高酒体的稳定性。猕猴桃酒中的有机酸主要为乳酸和乙酸，该方法在猕猴桃酒酿制中适用性较强。酸味是不同猕猴桃酒品质差异化的最大滋味指标，鉴于不同乳酸菌菌株的产酸和苹果酸-乳酸发酵能力具有较大差异，在后续研究中积极开展猕猴桃酒用乳酸菌菌株的筛选非常必要。刚发酵完成的酒，含有二氧化碳、二氧化硫以及酵母的臭味，生酒味、苦涩味和酸味也很重，酒味粗糙不细腻，还含有大量的细小微粒及悬浮物，清晰度低，不稳定。必须经过陈酿澄清，使不良物质减少或消除，增加新的芳香成分，使酒体风味醇和芳香，酒液清晰透明。陈酿与澄清在时间顺序上难以区分，往往同时进行。但是二者的目的则不同，陈酿是达到酒味醇和、细腻芳香的措施，而澄清是获得清晰稳定的手段。

陈酿前若酒精度达不到要求，需添加同类果子的白酒或食用酒精补足，并且超过1°~2°，以增强保存性。实践证明，在陈酿中须有80个以上的保藏单位方能安全贮存（1%酒精度为6个保藏单位）。

用于陈酿的储器必须能密封，不与储酒起化学反应，无异味。陈酿温度为10~25℃，环境相对湿度为85%左右，通风良好，储酒室或酒窖须保持清洁卫生。

7. 添桶

添桶的目的就是使盛酒器保持满装，防止由于酒液蒸发造成的损失，温度下降酒液体积收缩、盛器的吸收和渗透等原因造成的空间，排除酵母活动的可能。添桶时须用同批猕猴桃酒添满，可在储酒器上部安装玻璃满酒器，以缓冲由于温度等因素的变化引起的酒液容积的变化，保证满装。

8. 换桶

陈酿过程中，猕猴桃酒逐渐澄清，同时形成沉淀，故须换桶，以分离沉淀。尤其是新酒在换桶时应融进适当的空气以促进陈酿。换桶时间和次数因酒质不同而不同。酒质较差的宜提早换桶并增加换桶次数。一般在当年12月换桶一次，第二年2—3月第二次换桶，8月换第三次，以后根据情况每年换一次或两年换一次。换桶时间应选择低温无风的时候。

9. 澄清及过滤

详见制汁章节的有关内容。

10. 冷热处理

猕猴桃酒的陈酿，在自然条件下需很长时间，一般2~3年。酒液单纯经过澄清处理，其透明度还不稳定。为了缩短酒龄，提高稳定性，可对猕猴桃酒进行冷和热处理。

（1）冷处理。酒中的过饱和酒石酸盐在低温的条件下，其溶解度降低而结晶析出。低温还使酒中氧的溶解度增加，从而使酒中的单宁、色素、有机胶体物质以及亚铁盐等氧化而沉淀析出。冷处理的温度须高于葡萄酒的冰点温度0.5℃，不得使酒液结冰。酒若结冰会发生变味。冷处理只有迅速降温至指定温度时，才会有理想的效果，并要保持其温度稳定，处理时间一般为3～5d。冷处理可用专用的热交换器或专用冷藏库。

（2）热处理。升温可加速酒的酯化及氧化反应，提高猕猴桃果酒的品质。还可以使蛋白质凝固，提高酒的稳定性，并兼有灭菌作用，增强酒的保藏性。有研究认为，猕猴桃酒以5～52℃下处理25d效果最好。热处理宜在密闭条件下进行，以免酒精及芳香物质挥发损失。处理温度也须稳定，不可过高，以免产生煮熟味。

（3）冷热交互处理。冷热交互处理可兼收两种处理的优点，并克服单独使用的弊端。有研究认为以先热后冷为好。但也有相反的意见。认为先冷后热处理使猕猴桃果酒更接近自然陈酿的风味。

11. 成品酒的调配

猕猴桃酒的成分非常复杂，不同品种的猕猴桃酒都有各自的质量指标。为了使酒质均匀，保持固有的特色，提高酒质或修正缺点，常在酒已成熟还未出厂时取样进行品评及化学成分分析，确定是否需要调配及调配方案。

（1）酒度。原酒的酒度若低于指标，最好用同品种高酒度的果酒进行勾兑调配。亦可以用同品种的蒸馏酒或精制酒精调配。调配时按下式进行：

$$V_1 = \frac{b-c}{a-b} V_2$$

式中，V_1——加入酒的体积（L）；

　　　V_2——原果酒的体积（L）；

　　　a——加入酒的酒度；

　　　b——欲达到的酒度；

　　　c——原果酒的酒度。

（2）糖分。甜猕猴桃酒中若糖分不足，最好用同品种的果汁进行调配，亦可用精制的砂糖调配。

（3）酸度。酸度不足时以柠檬酸补充。1g柠檬酸相当于0.935g酒石酸。酸度过高时可用中性酒石酸钾中和。

（4）颜色。不同猕猴桃品种酿制的酒色泽有差异，红阳猕猴桃酒的色泽棕红色，米良1号酿的猕猴桃酒则是浅黄色，可以根据不同的需求来进行调配，但以天然色素为好。

当酒的香味不足时可用同类天然香精调补。调配后的酒有较明显的生酒味，也易产生沉淀，需要再陈酿一段时间或冷热处理后才进入下一工序。

12.包装杀菌

在进行包装之前猕猴桃酒需进行一次精滤，并测定其装瓶成熟度。取一清洁消毒的空瓶盛酒，用棉塞塞口，在常温下对光放置一周，保持清晰不混浊即可装瓶。

试验证明，猕猴桃酒有80个以上的保藏单位时，便可直接装瓶，无须杀菌则可以长期保存。一般1%的糖分为1个保藏单位，酒精1%为6个保藏单位。干猕猴桃酒为16°以上，甜猕猴桃酒为11°，其含糖20%时可以不杀菌。如果保藏单位在80个以下，则在装瓶前或装瓶后须进行杀菌。装瓶前杀菌是将酒液快速通过杀菌器（90℃，1min），杀菌后立即装瓶密封（瓶子须先清洁灭菌）。装瓶后杀菌是将果酒冷装入瓶至适当高度。密封后在60~70℃下杀菌10~15min。装瓶杀菌后还需对光检验，合格后贴标、装箱即为成品。

七、猕猴桃白兰地酒

（一）蒸馏

蒸馏的目的是得到纯粹的乙醇及与之相伴的芳香物质。第一次蒸馏得到粗馏原白兰地。其酒精为25°~30°，当蒸馏出的酒降至4°时截去，分盛。将粗馏原白兰地进行再蒸馏，去除最初蒸出的酒（酒头），其中含低沸点的醛类等物质较多，影响酒质，应单独用容器盛装，称之为截头，占总量的0.4%~2.0%。继续蒸馏，直至蒸出的酒液浓度降为50°~58°时即分开，这部分酒称为酒心，质量最好即为原白兰地。取酒心（即中馏分）后继续蒸馏出的酒称为酒尾，含沸点高的物质多，质量较差，也另用容器盛装，即为去尾。酒头和酒尾可混合加入下次蒸馏的原料酒中再蒸馏。具体蒸馏设备见图4-12、图4-13。

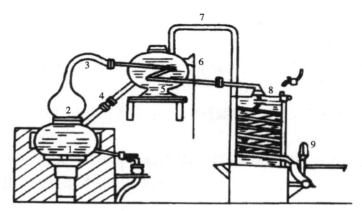

1.蒸馏锅；2.锅帽；3.鹅颈管；4.温酒进管；5.酒预热器；6.冷空气管；
7.回收酒气管；8.冷凝器；9.验酒器

图4-12　夏朗德式蒸馏设备系统

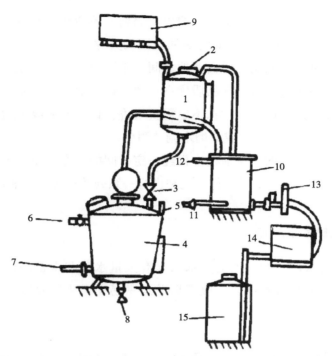

1.预热器；2.装料孔；3.进料阀；4.蒸馏锅；5.空气阀；6.进气阀；7.排气阀；8.排槽阀；
9.高位压力槽；10.冷却器；11.进水阀；12.出水阀；13.验酒器；14.泵酒器；15.贮酒桶

图4-13　用间接蒸汽加热的夏朗德式设备系统

（二）贮存

新蒸馏出的白兰地具有较强的刺激性气味，香气不协调，常有蒸锅味，不适于饮用。须经陈酿后熟后才具有良好的品质和风味。

（1）自然后熟。将原白兰地装入橡木桶中密封，放于通风干燥阴凉的室内，贮存时间多在4年以上。贮存陈酿时间越长，色泽越深，香气越浓、味道越细腻柔和。由于橡木中所含单宁、色素等被酒精溶出，使白兰地渐渐变成金黄色，微有涩味。木桶有一定透气性，白兰地得到微量氧气进行缓慢的氧化和酯化作用，使原来的辛辣味降低而变得细腻芳香。在木桶中长期贮存，酸含量有所增加，使白兰地的口味得到直接改善，还能促进半纤维素等多糖分子水解为单糖，这也对白兰地的口味改善有益。酒中醇类的氧化形成一定量的醛，醛与乙醇相结合形成缩醛，是白兰地中重要的香味成分。自然后熟由于所需时间很长，自然损耗较大，酒度亦会下降，资金和设备周转较慢。

（2）人工后熟。将白兰地置于40℃以上的温度下保温3~4d，或进行喷淋加氧，或加臭氧等加速酯化和氧化作用，均可在较短的时间内完成白兰地的陈酿后熟。

（3）勾兑和调配。要得到高质量的白兰地，单靠原白兰地长期在橡木桶里贮存，在生产上是不现实的。因为除过长的生产周期外还会导致酒质的不稳定。因此，勾兑和调配在白兰地生产中是获得稳定高质量酒的关键。

白兰地的勾兑是在不同品种原白兰地之间、不同木桶贮存的原白兰地之间和不同酒龄的原白兰地之间进行，以得到品质优良一致的白兰地。经勾兑的白兰地还需对酒中的糖、酒精和颜色进行调整。香味不足需要增香，口味不醇厚可适量加糖，颜色偏浅可适量加入糖色，用同类酒精或蒸馏水调节酒度。

经过精心勾兑和调配的白兰地还应再经一定时间的贮存，使风味调和。若出现混浊，须过滤或加胶澄清。必要时再行勾兑和进行一系列的处理才装瓶出厂。

八、猕猴桃速冻产品

速冻水果是速冻食品的一大类，水果含有大量水分和丰富的碳水化合物、有机酸、矿物质和维生素类营养物质，收获后贮运中易受微生物腐败变质，采用速冻加工，可长期贮藏不变质。

1. 工艺流程

猕猴桃原料采摘→运输→速冻前预处理（挑选、分级、清洗、去皮切分、烫漂或浸糖、预冷却、沥水、布料）→冻结→速冻后处理（包装、冻藏、解冻）

2. 操作要点

（1）冻结前预处理。

①浸糖：考虑到热烫对速冻猕猴桃品质的影响，为控制酶促氧化作用，防止褐变，不采用烫漂处理，而采用糖液，并结合添加柠檬酸、维生素C或异维生素C的方法进行浸渍处理，以抑制酶活性，防止产品变色或氧化。也可采用拌干糖粉的方法。因采摘时间和品种不同，糖液浓度应有所不同，一般需控制在30%~50%，糖液过浓会造成果肉收缩，柠檬酸为0.3%~0.5%，维生素C或异维生素C为0.1%左右。

②预冷与速冻：经过前处理的原料，可预冷至0℃，这样有利于加快冻结。有的速冻装置设有预冷设施，或在进入速冻前先在其他冷库预冷，然后陆续进行冻结。冻结速度因品种、块形大小、堆料厚度、入冻时品温、冻结温度等不同而有差异，在工艺条件及工序安排上考虑紧凑配合。

经过前处理的猕猴桃应尽快冻结，速冻温度在-35~-30℃，风速应保持在3~5m/s，保证冻结以最短的时间（<30min）通过冰晶生成区，使冻品的中心温度尽快达到-18~-15℃。只有这样才能使90%以上的水分在原有位置上结成细小冰晶，均匀分布在细胞内，从而获得品质新鲜、营养和色泽保存良好的速冻水果。

根据冻藏时间的长短，目前国内外常用的冻藏温度为-23~-18℃，但以-18℃为最普遍。虽然在-12℃温度下，已可以防止微生物的繁殖和败坏活动，但为防止长期冻藏过程中酶的作用或减少物理变化，则必须在-18℃温度下冻藏。

对于速冻食品来说，冻藏温度越低，其品质保持越好。但是考虑到设备费、电费和运转管理费这些经济性问题，就应考虑在保证其品质的情况下，哪一个冻藏温度最经济，另外考虑到猕猴桃是一年收获的，为满足市场周年供应需要，从速冻食品保藏温度、保藏时间和食品品质3个相关因素考虑，一致认为采用-18℃的冻藏温度对于大部分食品来讲是最经济的。在此温度下，微生物的繁育几乎完全停止，食品内部的生化反应已基本受到抑制，食品表面冰晶的升华量较小，其耐藏性和品质、营养得到良好的保持，设备运转费用也比较经济，且经一年的冻藏后不失去商品价值和食用价值。对速冻食品速冻终了温度也有要求，要求其与冻藏冷库的温度一样，也达到-18℃。由于速冻过程是从食品表面向中心推进的，所以在食品内部存在着一定的温度梯度。将其在中心温度达到-15℃结束时，冻结取出，温度均匀，各点的品温可达到-18℃，这时进入冻藏库保藏最为经济，而且不会引起库温的波动，对保持其品质最为有利。我国目前冷藏库一般的冻藏温度多是-18℃。而机械制冷系统的温度波动为±4℃左右，一般约2h波动一次，从而使冰晶日趋长大，对速冻食品品质会产生明显的损伤，使冻藏期大大缩短。随着人们对食品质量要求的日益提高，近年来国际上很多国家的冻藏温度逐渐趋向低温化，一般都在-30～22℃，有的甚至更低。这样即使制冷系统温度有波动，也能保证-18℃的低温。

③速冻食品冻藏的T. T. T. 概念。速冻食品的T. T. T.（Time、Temperature、Tolerance）是指速冻食品在生产、贮藏及流通的各个环节中，经历的时间和经受的温度对其品质耐藏性有决定性的影响。一般来说，速冻食品的初期品质主要受原料、速冻过程及其前处理和包装的影响，即所谓P. P. P.（Product、Process、Package）条件的影响。根据T. T. T. 概念，速冻食品的最终品质主要受品温和冷藏时间的影响。所以速冻食品的品质，实际上由P. P. P. 和T. T. T. 的双重条件决定。初期品质优良的冻结食品，如果在贮藏流通过程中马虎处理，品温高低波动，也会逐渐失去它的优良品质，甚至变质不能食用。

目前评判速冻食品耐贮性有优质保持期，又称高品质寿命（简称HQL），即速冻食品所经历的相应时间。还有实用贮藏期（简称PSL），即以不失去商品价值为度的时间。HQL和PSL的长短是由速冻食品在流通环节中所经历的时间和品温决定的，品温越低，HQL和PSL越长。如是同样的贮藏期相比较，品温低的一方品质保持较好。

大多数速冻食品的品质稳定性是随食品温度的降低而呈指数关系增大。速冻食品在-30～-10℃温度范围内，贮藏温度与实用冷藏期之间的关系曲线叫T. T. T. 曲线。根据T. T. T. 曲线的斜率可知温度对冻结食品品质稳定性的影响。把某种速冻食品在流通过程中所经历的温度和时间记录下来，根据T. T. T. 曲线按顺序标出各阶段品质下降值，然后再确定冻结食品的品质，这种方法叫T. T. T. 计算法。另外，T. T. T. 概念还告诉我们，速冻食品在流通中因所经历的时间、温度而引起的品质降低值是累积的，也是不可逆的。而且试验表明与所经历的温度和时间的顺序无关。例如把相同的冻结食品分别放在两种温度冻藏，一种是开始时放在-10℃贮藏1个月，然后放在-30℃贮藏6个月；另一种是开始时放在-30℃贮藏6个月，然后再在-10℃贮藏1个月，分别总共贮藏7个月后，其品质下降值是相等的。大多数冻结食品都符合T. T. T. 概念，但也有T. T. T. 概念不适用的速冻食品。

④包装：冻结后的产品经包装后入库冻藏，为加快冻结速度，一般采用先冻结后包装的方式。包装前，应按批次进行质量检查及微生物指标监测。为防止产品氧化褐变和干耗，在包装前对猕猴桃果粒镀冰衣，即将产品倒入水温低于5℃的镀冰槽内，入水后迅速捞出，使产品外层镀包一层薄薄的冰衣。

包装形式有大、中、小，包装材料有纸、玻璃纸、聚乙烯薄膜（或硬塑）及铝箔等。为避免产品干耗、氧化、污染而采用透气性能低的包装材料，还可以采用抽真空包装或抽气充氮包装，此外还应有外包装（大多用纸箱），每件重10～15kg。包装大小可按消费需求而定，半成品或厨房用料的产品，可用大包装。家庭用及方便食品要用小包装（袋、小托盘、盒、杯等）。分装应保证在低温下进行。工序要安排紧凑，同时要求在最短的时间内完成，重新入库。一般冻品在-4～-2℃时，即会发生重结晶，所以应在-5℃以下包装。

⑤冻藏：速冻果粒的长期贮存，要求将贮存温度控制在-18℃以下，冻藏过程应保持稳定的温度和相对湿度。若在冻藏过程中库温上下波动，会导致重结晶，增大冰晶体，这些大的冰晶体对果肉组织细胞的机械损伤更大，解冻后产品的汁液流失增多，严重影响产品品质。并且不应与其他有异味的食品混藏，最好采用专库贮存。速冻的果粒一般可达10～12个月，若贮存条件好则可达2年。

⑥运输销售：在运输时，要应用有制冷及保温装置的汽车、火车、船、集装箱等专用设施，运输时间长的要将温度控制在-18℃以下，销售时也应有低温货架或货柜。整个商品的供应程序采用"冷冻链"系统，使冻藏、运输、销售及家庭贮存始终处于-18℃以下，才能保证速冻果粒的品质。

（2）速冻果实食用前的解冻。

①解冻及快速解冻概念：速冻果实解冻就是使其在食用前融化恢复到冻前新鲜状态的工艺过程。解冻是速冻果实在食用前或进一步加工前必经的步骤。对于小包装的速冻果品，家庭中常结合烹调和自然放置下融化两种典型的解冻方式。但对于食品工业大量处理，为了保证其高质量的原料，使之在解冻时仍保持良好的品质，就必须重

视解冻方法及了解其对解冻果实质量的影响。

解冻是指冻结时果实组织中形成的冰结晶还原融化成水，可视为冻结的逆过程。解冻时冻结品处在温度比其高的介质中，冻品表层的冰首先融化成水，随着解冻过程的进行，冰层融化逐渐向内延伸。由于水的热导率为0.58W/（m·K），冰的热导率为2.33W/（m·K），冻品已解冻部分的热导率比冻结部分小4倍，因此解冻速度随着解冻过程的进行而逐渐减慢，这恰好与冻结过程相反。即使是快速解冻，所需时间也比速冻时间长得多。通常解冻食品在−1～5℃温度区中停留的时间长，会使食品变色，产生异味。所以解冻时亦希望能快速通过此温度区。过去曾有快速冻结，缓慢解冻的见解，其理由是细胞间隙中冰融化的水需要一定时间才被细胞吸收。近年来由显微镜观察发现，细胞吸收过程是极快的，而且缓慢解冻常常出现汁液流失、质地和色泽变化等质量问题，所以目前一致观点是快速解冻有利于解冻质量。

解冻终温由解冻食品的用途所决定。用作加工原料的冻品，半解冻即其中心温度达到−5℃就可以了，以能用刀切断为准，此时汁液流失亦少。一般解冻介质的温度不宜过高，以不超过10～15℃为宜。为防止解冻时质量变化，最好实现均匀解冻。这就要求解冻时冻料薄些，表面积大些，使用外部加热法解冻时，应采用热传导性能好的介质（如水等）。用同种解冻介质，一般流动的介质比静止的热传导性要好。

②解冻方法：目前有两类解冻方法，一是由温度较高的介质向冻结品表面传递热量，热量由表面逐渐向中心传递，即所谓外部加热法；二是在高频或微波场中使冻结品各部位同时受热，即所谓的内部加热法。

常用的外部加热法有空气解冻法、水（或盐水）解冻法、水蒸气凝结解冻法、热金属面接触解冻法。空气解冻法，一般采用25～40℃空气和蒸汽混合介质解冻。水（或盐水）解冻法，一般采用15～20℃的水介质浸渍解冻。常用的内部加热法有欧姆加热法、高频或微波加热法、超声波加热法、远红外辐射加热法等。一般来说，解冻时低温缓慢比高温快速解冻汁液流失少。如果速冻水果是供鲜食用，不宜采用加热法解冻，宜采用低温解冻方法。

3.果品速冻方法及设备

目前，生产中应用的果品速冻方法很多，但按使用的冷冻介质与食品接触的状况可分成间接冻结和直接冻结两大类。间接冻结形式中主要有静止空气冻结法、半送风冻结法、送风冻结法，其中送风冻结法中主要有隧道式冻结装置、传送带式连续冻结装置、螺旋带式连续冻结装置、流态化冻结装置。直接冻结形式中有液态喷淋装置、液态二氧化碳喷淋和氟利昂喷淋等冻结方法。从速冻要求来讲，静止空气冻结法和半送风冻结法冻结果品时间太长，一般需5～10h，属典型的慢冻，其产品不符合现代食品市场要求，没有应用价值。而3种液态冷媒直接冻结方法虽然可以做到速冻果品，但因冻结成本较高，也不实用。因此，重点介绍送风冻结果品的方法和装置。

（1）送风冻结法和装置。送风冻结法又称鼓风冻结法，是利用流动空气作冷冻介质的冻结方法。它适用的冻结原料种类和规格较宽，应用范围广泛。空气作为冷冻介质既经济又卫生，且容易实现冻结机械化。当冻结间内空气静止时，冻结缓慢，达不到速冻要求。送风冻结法是利用低温和高速流动的空气，促使果品快速散热，可达到速冻要求。此类速冻设备的关键是使高速流畅的低温空气与果品物料充分接触，要求所用的空气温度往往为（−35±2）℃。因为需要的温度低，所以，须采用二段压缩制冷机械，空气流速要达到10～15m/s（慢冻流速为3～5m/s）。表4-2所示为食品表面风速与冻结速度之间的关系。

表4-2 风速与冻结速度的关系

风速（m/s）	传热系数 [W/（m²·K）]	冻结速度比（风速0时为1）	风速（m/s）	传热系数 [W/（m²·K）]	冻结速度比（风速0时为1）
0	5.8	1.0	3.0	18.3	2.9
1	10.0	1.7	4.0	22.5	3.5
1.5	12.0	2.0	5.0	29.5	4.0
2.0	14.2	2.3	6.0	33.3	4.3

从表4-2可以看出，增大风速能使表面传热系数提高，从而提高冻结速度以达到速冻目的。与静止空气相比较，风速5.0m/s时，冻结速度提高近4倍。

冻结时的送风方式分为由下向上送风、由上向下送风和水平方向送风3种。

送风速冻法的缺点有两个，一是冻结初期果品表面会发生明显的脱水干缩现象，即所谓的表面冻伤；二是速冻设备中蒸发管经常出现结霜现象，须经常除霜。

①隧道式冻结装置：冻结果品多数是在传送带式或流化床式冻结装置中附加一条冻结隧道，如图4-14所示。

将处理过的物料装入托盘，放到带滚轮的载货架车上，从隧道一端陆续送入，经一定时间（几个小时）冻结后，从另一端推出。蒸发器和冷风机装在隧道的一侧，风机使冷风从侧面通过蒸发器吹到果品物料，冷风吸收热量的同时将其冻结。吸热后的冷风再由风机吸入蒸发器被冷却，如此不断反复循环。所使用的风机大都是轴流式，风速增高产品干耗亦有所增大。这种装置的总耗冷量较大。优点是适用于不同形状的果品冻结。

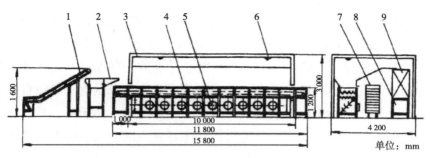

1. 提升机；2. 振动筛；3. 维护结构；4. 流态床；5. 风机；6. 灯具；7. 蒸发器支架；8. 蒸发器；9. 架车

图4-14　隧道式冻结装置

②传送带式连续冻结装置：传送带式冻结装置如图4-15所示。通常用不锈钢网带或板带在-40～-35℃的冷风下移动，风的流向可与物料平行、垂直、顺向或逆向。传送带移动速度可根据冻结时间进行调节，蒸发器有融霜装置。

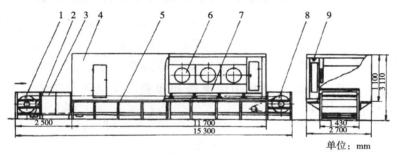

1. 前部装置；2. 喷淋装置；3. 传送钢带；4. 库体；5. 中部托架；6. 风机；7. 蒸发器；8. 后部装置；9. 灯具

图4-15　传送带式连续冻结装置

③螺旋带式连续冻结装置：因传送带式冻结装置占地面积大，故将传送带做成螺旋面向上盘旋的传送形式。该装置中间是个转筒，传送带的一边紧靠转筒一起运动，传送带是不锈钢网带，物料放在上面，传送带由下部送入，从上部传出。而冷风则由上部吹入，下部排出，冷风与物料呈逆向对流换热。厚2.5cm的物料40min即可冻至-18℃。

这种装置体积小，同样的传送带面积，其装置体积仅为一般传送带冻结装置的25%；功率较高，干耗量比隧道式冻结装置要少。但它的生产量少，间歇生产时耗电量大，成本较高。

④流态化冻结装置：该装置使用高速冷风从物料下方往上吹，可把物料吹起，呈悬浮状态，故通称悬浮式冻结；由于要把物料吹成悬浮状态需要很高的气流速度，故对被冻结物料的大小有所限制。

（2）流化床冻结方法和装置。目前国际上冻结发展趋势是单体快速冻结，即IQF

（Individual quick freezing），然后进行小包装销售。流化床冻结是实现IQF较理想的方法。其冻结的产品具有典型的速冻质构，品质好，包装和食用方便。

①冻结原理：流化床是流体与固体颗粒复杂运动的一种形态，固体颗粒受流体的作用，其运动形式变成类似流体状态。在流态化冻结中，低温空气气流自下而上，使网带上的颗粒物料在其作用下形成类似沸腾状态，像流体一样运动，并在运动中被快速冻结。根据低温气流的速度不同，物料的状态可分为固定床、临界流化床、正常流化床3类。

②流化床中的传热：

对流传热系数（Kd）：气流速度是影响对流传热系数Kd的决定因素。对固定床而言，床层上游气流速度越大，Kd值越大。对于流化床，当物料颗粒达到最佳流化状态时，Kd值与上游气流速度无关，即使连续提高流速，Kd也不会明显增大，这是由于颗粒之间空隙逐渐增大，颗粒间的气流速度（也称缝隙速度）也随之保持基本不变的缘故。

蒸发传热系数（Kz）：冷却后物料颗粒虽然滤去了大部分水分，但表面仍很潮湿。进入流化床冻结时，除表面被冷却而带走一部分显热外，同时还有由于水分蒸发而带走一部分潜热，因而物料颗粒表层温度迅速降低。继续冻结时，已冻结的表层也还有蒸发现象。因此，冻结过程中快速冷却和表层冻结两个阶段的蒸发传热系数（Kz），应分别计算，即

$$Kz_1=1\,500Kz_1\triangle p_1/\triangle t_1$$

$$Kz_2=1\,700Kz_2\triangle p_2/\triangle t_2$$

式中，Kz_1、Kz_2——分别为快速冷却阶段和表层冻结阶段的对流传热系数〔W/（m²·K）〕；

$\triangle p_1$、$\triangle p_2$——分别为物料颗粒表面与空气的水蒸气分压差（Pa）；

$\triangle t_1$、$\triangle t_2$——分别为物料颗粒表面与床层中冷空气间的平均温差（℃）。

由于在深温冻结阶段物料蒸发传热量极少，因此Kz_2值可忽略不计。

有效换热面积：从$Q=AK\triangle t$公式可知，增大换热面积A可以使换热量大大增加。在速冻速度方面，流态化冻结之所以优于一般冻结，除传热系数K值增大外，有效换热面积A的增大也是一个重要因素。至于其他冻结过程，如堆积冻结、盘装冻结、箱装冻结等，其有效换热面积则只相当于食品流态化冻结的几分之一。造成食品流态化冻结有效换热面积增大的原因在于气流绕流物料颗粒表面的机会增多。加之颗粒本身上下和旋转运动，使其各面都可以受到气流的冲击，从而实现均匀冻结。一般认为，气流速度、风压、颗粒形状及大小等都直接影响换热面积的增大。相反，流化床层中出现不良流化现象时，其有效换热面积都会相应减少，使冻结时间延长，冻结质量降

低。

平均温差：由于物料颗粒连续地进入冻结室，并在床层上被冷风吹成流动状态，且气、固两相流体的流动基本属于稳定流动，同时由于在冷却区、表层冻结区和冻结区等不同位置上温度也不一样，因此这种传热可以称为稳定的变温传热。在这种情况下，冷却介质与物料颗粒间的平均温差可采用以下公式计算：

a. 当 $t_2 - t_1 > 6℃$ 时：

$$\triangle t_m = (t_1 - t_2) / \ln[(t_m - t_1) / (t_m - t_2)]$$

b. 当床层高度 $H < 100mm$ 时：

$$\triangle t_m = t_m - (t_1 - t_2) / 2$$

式中，$\triangle t_m$——冷却介质与食品颗粒的平均温差（℃）；

　　　t_m——物料表面温度（℃）；

　　　t_1——筛网下方空气温度（℃）；

　　　t_2——悬浮层上部空气温度（℃）。

③流化床冻结装置：近年来国内外研制了许多新型的食品流态化冻结装置，这是实现食品单体快速冻结较为理想的设备。与其他冻结装置相比，具有冻结速度快、产品质量好、耗能低等优点。适宜冻结小尺寸的球状、圆柱状、片状及块状颗粒食品，尤其适宜果品单品的冻结加工。

a. 流态化冻结装置分类：食品流态化冻结装置属于强烈吹风快速冻结装置，按其机械传送方式可分带式流态化冻结装置、振动流态化冻结装置和斜槽式流态化冻结装置。

带式流态化冻结装置：按冻结区段可分为一段带式流态化冻结装置（这类装置又可分为单层带式和多层带式）和两段带式流态化冻结装置。

振动流态化冻结装置：按振动方式分为往复式振动流态化冻结装置和直线振动流态化冻结装置。

斜槽式流态化冻结装置：按流态化形式分为全流态化冻结装置和半流态化冻结装置。

b. 3种流态化冻结装置简介：

带式流态化冻结装置

一段带式流态化冻结装置通常只有一个冻结区段，传输机构采用不锈钢传送带。传送带可以设置一层或多层，又称单流程或多流程。

单流程（或单层）一段带式流态化冻结装置：这是一种早期流态化冻结装置，其主要特点是结构简单，只设一条不锈钢传送带。传送带装有侧链和支撑滚动轮，沿轨道运动，带宽分别为900mm、1 000mm、1 200mm等。进、出料口设有装卸料装置，并附设传送带清洗装置。蒸发器置于传送带下侧或旁侧。围护结构为硬质聚氨酯夹心板。风机一般采用高风压轴流风机或离心风机。该装置的缺点是装机功率大、耗能高、果品颗粒易黏结。操作时应根据物料流化程度确定物料层厚度，对易于实现流态化的猕猴桃粒、猕猴桃片，料层厚度控制在40～60mm。猕猴桃的速冻参数根据物料形状和厚度进一步研究和细化。

多流程一段带式流态化冻结装置：装置内设置两条或两条以上传送带，并且传送带摆放位置为上下串联式。该装置的蒸发器设置在传送带下侧或旁侧，冷风自下而上吹过物料层。传送带为不锈钢网带，装置还附设振动滤水器、布料器、进料器、清洗器和干燥器等。

LSD-1型流化床冻结装置是一种典型的两段带式流态化冻结装置，如图4-16所示。该装置的特点是将物料分成两区段冻结，第一区段为表层冻结区，第二区段为深温冻结区。

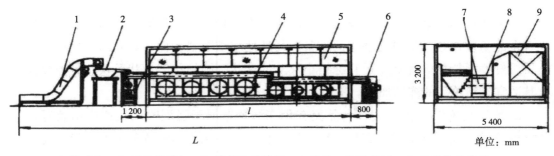

1. 提升机；2. 振动送料机；3. 前部传动装置；4. 风池；5. 防护网；6. 后部传动装置；7. 风机；8. 检修走廊；9. 蒸发器

图4-16　LSD-1型流化床冻结装置

颗粒状物料进入冻结室后，首先进行快速冷却；即表层冷却至冰点温度，先使其表面冻结，让颗粒之间或颗粒与传送带之间呈散离状态。然后进入第二区段，深温冻结至中心温度为-18℃。蒸发器置于一侧，风机采用轴流风机，侧吹风，流化床下设可调节式导流板。LSD-1.5型为改进型，第一段传送带加了"驼峰"，有利于防止物料黏结，装机功率减小，体积缩小。

振动流态化冻结装置

往复式振动流态化冻结装置：瑞典Frigoscandia公司制造的MA型往复式振动流态化冻结装置，特点是结构紧凑，冻结能力大、耗能低、易于操作，并设有气流脉动旁通机构和空气除霜系统，是目前国际上比较先进的冻结装置。该装置采用带有打孔底板的连杆式振动筛，取代了传送带结构。其中脉动旁通机构的结构为电动机带动旋转风门，并按一定速度（可调）旋转，使通过流化床和蒸发器的气流量时增时减（10%～15%），搅动物料层，并获得低温，从而更有效地冻结猕猴桃品。由于风门旋转速度可调，因而可以调节到适宜猕猴桃各种形态物料的脉动旁通气流量，以实现最佳流态化。

直线振动流态化冻结装置：这种装置运用直线振动原理，将机械传送机构设计成双轴惯性振动槽，取代了深温冻结区的传送带结构。物料经过第一段（传送带）微波区表层被迅速冻结后，在第二段深温冻结区借助于双质体同步激振振动槽的振动和上吹冷风实现全流态化操作，使传热系数K和有效换热面积A尽可能达到最大值，强化了物料与冷风之间的热交换，从而在短时间内获得高质量的速冻产品。

该装置采用两区段冻结工艺，第一段为表层冻结区，有效长度为3.26m，第二段为深温冻结区，有效长度为5m。两段输送速度可通过调整变速电机和振动筛激振角来实现，以满足不同物料对冻结时间的不同要求；为了防止物料之间、物料与传送带之间互相黏结，第一段微冻区传送带设置了3个"驼峰"。当物料层经过"驼峰"时，堆积密度发生变化，食品颗粒呈松散状，为进入第二段深温冻结区的全流态化冻结提供了良好条件；第二段传送机构采用双质体同步激振振动槽，使物料借助振动电机偏心体相对同步回转运动产生的定向激振力，呈跳跃式抛物线形向前运动，并在上吹风的作用下形成全流态化。这样既取代了强制通风流态化，节省能耗，又改善了气流分配的均匀性，提高了流态化效果；提升机采用不锈钢丝网带和大波纹板代替不锈钢板料斗结构，适宜各种物料的冻结要求；具有综合冻结能力，可以根据用户要求设置冻结隧道。

斜槽式流态化冻结装置

该装置的冻结工艺为全流态化（或纯流态化）操作范围。物料颗粒完全依赖于上吹的高压冷气流形成像流体一样的流动状态，并借助于带有一定倾斜角的槽体（打孔底板）向出料端流动。料层厚度通过出料口导流板调整，以控制装置的冻结能力。瑞典Frigoscandia公司制造的"W"形斜槽式流态化冻结装置，蒸发器装置在流化床旁，自动喷水除霜。离心风机置于流化床下，气流通过打孔底板导流以均匀速度吹过物料层，然后经过蒸发器冷却，再由风机压入静压箱，反复循环。

该装置的主要优点是无传送带和振动筛等传输机构，因而结构紧凑、简单、维修量小、易于操作。其缺点是装机功率大、单位耗电指标高。

第四节　猕猴桃果实主要加工产品中常见的质量问题及控制措施

一、糖制品常见质量问题及控制

（一）变色

糖制品在加工过程及贮存期间都可能发生变色，在加工期间的前处理中，变色的主要原因是氧化引起酶促褐变，因此必须做好护色处理，即去皮后要及时浸泡于盐水或亚硫酸盐溶液中，含气高的还需进行抽空处理，在整个加工工艺中尽可能地缩短与空气接触时间，防止氧化。而非酶促褐变则伴随在整个加工过程和贮藏期间，其主要影响因素是温度，温度越高变色越深。在加工中要尽可能缩短受热处理的过程，果脯类加工需要配合使用好足量的亚硫酸盐，在贮存期间要控制温度在较低的条件下，如12～15℃，对于易变色品种最好采用真空包装，在销售时要注意避免阳光暴晒，减少与空气接触的机会。

另外微量的铜、铁等金属的存在（0.001%～0.003 5%）也使产品变色，因此加工用具一定要用不锈钢制品。

（二）返砂和流汤

为了避免糖制品中蔗糖的晶析或返砂，糖制时常加一定量的饴糖、淀粉糖浆或蜂蜜等。糖制时还可以加少量的果胶或动物胶、蛋清等非糖物质，以增大糖液的黏度，起到阻止蔗糖晶析和提高糖液的饱和度作用。在贮藏中一定要注意控制恒定的温度，且不能低于12～15℃，否则由于糖液在低温条件下溶解度下降引起过饱和而造成结晶。同时对于散装糖制品一定要注意贮藏环境的湿度不能过低，即要控制在相对湿度为70%左右。如果相对湿度太低则易造成结晶（返砂），如果相对湿度太高则又会引起吸湿回潮（流汤）。糖制品一旦发生返砂或流汤将不利于长期贮藏，也影响制品外观。

（三）微生物败坏

糖制品在贮藏期间最易出现的微生物败坏是长霉和发酵产生酒精味。这主要是由于制品含糖量没有达到要求的浓度，即65%～70%，因此加糖时一定按要求糖度添加。但对于低糖制品一定要采取防腐措施，如添加防腐剂，采用真空包装，必要时加入一定的抗氧化剂，保证较低的贮藏温度。对于罐装猕猴桃果酱一定要注意封口严密，以防表层残氧过高为霉菌提供生长条件，另外杀菌要充分。

二、罐头食品常见质量问题及控制

（一）胖听罐头

合格罐头其底盖中心部位略平或呈凹陷状态。当罐头内部的压力大于外界空气的压力时，底盖鼓胀，形成胖听，或称胀罐。从罐头的外形看，可分为软胀和硬胀，软胀包括物理性胀罐及初期的氢胀或初期的微生物胀罐。硬胀主要是微生物胀罐，也包括严重的氢胀罐。

1. 物理性胀罐

（1）原因。罐头内容物装得太满，顶隙过小，加热杀菌时内容物膨胀，冷却后即形成胀罐，加压杀菌后，若消压过快，冷却过速，排气不足或贮藏温度过高，高气压下生产的制品移至低气压环境里等，都可能形成罐头两端或一端凸起的现象，这种罐头的变形称为物理性胀罐。此种类型的胀罐，内容物并未坏，可以食用。

（2）防止措施。

①应严格控制装罐量，切勿过多。

②注意装罐时，罐头的顶隙大小要适宜，要控制在3～8mm。

③提高排气时罐内的中心温度，排气要充分，封罐后能形成较高真空度，即达39 990～50 650Pa。

④加压杀菌后的罐头消压速度不能太快，使罐内外的压力较平衡，切勿差距过大。

⑤控制罐头制品适宜的贮藏温度（0～10℃）。

2. 化学性胀罐（氢胀罐）

（1）原因。高酸性食品中的有机酸（果酸）与罐头内壁（露铁）起化学反应，放出氢气，内压增大，从而引起胀罐。这种胀罐虽然内容物有时尚可食用，但不符合产品标准，以不食为宜。

（2）防止措施。

①防止空罐内壁受机械损伤，以防出现露铁现象。

②空罐宜采用涂层完好的抗酸全涂料钢板制罐，以提高对酸的抗腐蚀性能。

3. 细菌性胀罐

（1）原因。由于杀菌不彻底，或罐盖密封不严，细菌重新侵入而分解内容物，产生气体，使罐内压力增大而造成胀罐。

（2）防止措施。

①对罐藏原料充分清洗或消毒，严格注意加工过程中的卫生管理，防止原料及半

成品的污染。

②在保证罐头食品质量的前提下，对原料的热处理（预煮、杀菌等）必须充分，以消灭产毒致病的微生物。

③在预煮水或糖液中加入适量的有机酸（如柠檬酸等），降低罐头内容物的pH值，提高杀菌效果。

④严格封罐质量，防止密封不严造成泄露，冷却水应符合食品卫生要求，或经氯化处理的冷却水更为理想。

⑤罐头生产过程中，及时抽样保温处理，发现带菌问题，要及时处理。

（二）罐壁的腐蚀

1. 影响因素

（1）氧气。氧对金属是强烈的氧化剂。在罐头中，氧在酸性介质中显示很强的氧化作用。因此，罐头内残留氧的含量，对罐头内壁腐蚀是个决定性因素。氧含量越多，腐蚀作用越强。水果罐头，一般属酸性或高酸性食品，含酸量越多，腐蚀性越强。当然，腐蚀性还与酸的种类有关。

（2）硫及含硫化合物。果实在生长季节喷施的各种农药中含有硫，如波尔多液等。硫有时在砂糖中作为微量杂质存在。当硫或硫化物混入罐头中也易引起罐壁的腐蚀。此外，罐头中的硝酸盐对罐壁也有腐蚀作用。

（3）环境湿度。环境相对湿度过高，则易造成罐外壁生锈、腐蚀乃至罐壁穿孔。

2. 防止措施

（1）对采前喷过农药的果实，加强清洗及消毒，可用0.1%盐酸浸泡5～6min，再冲洗，以助脱去农药。

（2）对含空气较多的果实，最好采取抽空处理，尽量减少原料组织中空气（氧）的含量，进而降低罐内氧的浓度。

（3）加热排气要充分，适当提高罐内真空度。

（4）注入罐内的糖水要煮沸，以除去糖中的SO_2。

（5）对于含酸或含硫高的内容物，则容器内壁一定要采用抗酸或抗硫涂料。

（6）罐头制品贮藏环境相对湿度不应过大，以防罐外壁锈蚀，所以，罐头制品贮藏环境的相对湿度应保持在70%～75%。此外，要在罐外壁涂防锈油。

（三）变色及变味

1. 原因

猕猴桃罐头在加工过程或在贮藏运销期间，常发生变色、变味的质量问题，这是猕猴桃果品中的某些化学物质在酶或罐内残留氧的作用下或长期贮藏温度偏高而产生的酶促褐变和非酶褐变所致。

罐头内平酸菌（如嗜热性芽孢杆菌）的残存，会使食品变质后呈酸味。

2. 防止措施

（1）选用含花青素及单宁低的猕猴桃原料制作罐头。

（2）加工过程中，猕猴桃去皮、切块后，迅速浸泡在稀盐水（1%～2%）或稀酸中护色。此外，果块抽空时，防止果块露出液面。

（3）装罐前根据不同品种的制罐要求，采用适宜的温度和时间进行热烫处理，破坏酶的活性，排除原料组织中的空气。

（4）加注的糖水中加入适量的抗坏血酸，可防止变色。但需注意抗坏血酸脱氢后，存在对空罐腐蚀及引起非酶褐变的缺点。

（5）苹果酸、柠檬酸等有机酸的水溶液，既能对半成品护色，又能降低罐头内容物的pH值，从而降低酶促褐变的速率。因此，原料在去皮、切分后应浸泡在0.1%～0.2%柠檬酸溶液中，另外糖水中加入适量的柠檬酸都有防褐变作用。

（6）配制的糖水应煮沸，随配随用。如需加酸，但加酸的时间不宜过早，避免蔗糖的过度转化，否则过多的转化糖遇氨基酸等易产生非酶褐变。

（7）加工中，防止果实（果块）与铁、铜等金属器具直接接触，所以要求用具要用不锈钢制品，并注意加工用水的重金属含量不宜过多。

（8）杀菌要充分，以杀灭平酸菌之类的微生物，防止制品酸败。

（9）控制仓库的贮藏温度，温度低褐变轻，高温加速褐变。

（四）罐内汁液的混浊和沉淀

此类现象产生的原因有多种，加工用水中钙、镁等金属离子含量过高（水的硬度大），原料成熟度过高，热处理过度，罐头内容物软烂，制品在运销中震荡过大，而使果肉碎屑散落，贮藏中受冻，化冻后内容物组织松散、破碎，微生物分解罐内食品等。应针对上述原因，采取相应措施。

三、制汁中常见质量问题及控制

（一）变色

果汁在加工中发生的变色多为酶促褐变，在贮藏期间发生的变色多为非酶褐变。

1. 对于酶促褐变控制的办法

（1）要尽快用高温杀死酶活性。

（2）添加有机酸或维生素C抑制酶促褐变。

（3）加工中要注意脱氧。

（4）加工中要避免接触铜、铁用具等。

2.对于非酶褐变控制的办法

（1）防止过度的热力杀菌和尽可能地避免过长的受热时间。

（2）控制pH值在3.3以下。

（3）要使制品贮藏在较低的温度下，如10℃或更低的温度。另外，贮藏中要避光。

（二）混浊和沉淀

澄清果汁要求汁液透明，混浊果汁要求有均匀的混浊度，但在贮藏过程中常发生果汁的混浊和沉淀。这是因为澄清果汁的澄清处理中澄清剂用量不当或处理时间不够，使果胶或淀粉分解不完全等造成混浊，而混浊果蔬汁又是一个果胶、蛋白质等亲水胶体物质组成的胶体系统，其pH值、离子强度，尤其是保护胶体稳定性物质的种类与用量不同等，都会对混浊果蔬汁的稳定性产生影响。

因此对于澄清果汁应严格澄清处理的操作，必须等澄清效果满意后方可进行过滤，而混浊果汁为多相不稳定体系，可以从减小固体颗粒体积，减少固体颗粒与果汁体系的密度差及增大果汁黏度等方面增加混浊果汁的稳定性来考虑。所以一方面要掌握好均质处理的压力和时间条件，另一方面要配合使用好稳定剂（如黄原胶、海藻酸钠、明胶、羧甲基纤维素等）的种类和用量。金属离子螯合剂往往也是混浊果汁稳定剂不可缺少的成分。

（三）微生物引起的败坏

微生物的侵染和繁殖引起的败坏可表现在变味（馊味、酸味、臭味、酒精味和霉味），也可引起长霉、混浊和发酵。

如何避免此类情况发生，主要应从以下几个方面进行。

（1）采用新鲜、无霉烂、无病虫害的果实原料。

（2）注意原料的洗涤消毒。

（3）严格车间和设备、管道、工具、容器等的消毒，缩短工艺流程的时间。

（4）果汁灌装后封口要严密。

（5）杀菌要彻底。

（四）掺假检测

自从果汁工业化生产以来，掺假就一直伴随着果汁的生产而产生，它极大地影响着产品的品质。掺假可以直接加水，加各种含有果汁营养成分的水等。其控制途径大致有如下方法。

1. 化学成分加权鉴定法

20世纪50—70年代，发达国家基本上完成了重要果汁的基本化学成分数据积累，通过分析这些成分以及计算它们在果汁中的相对权重即可确定果汁的真实性。这些指标大多不太受加工条件的影响。其方法是先确定主要指标在果汁中的含量和修正实际计算数值，然后确定每一指标的权重。其系数≈100/指标含量×权重，每个指标的系数之和即为原汁含量。苹果汁饮料原汁含量计算方法如表4-3所示，猕猴桃汁的原汁含量计算可参照此方法。

表4-3　苹果汁饮料原汁含量计算方法

成分	含量（mg/L）	实际修正值（mg/L）	权重（%）	系数
钾	1 150	1 150	35	0.030 4
磷酸盐	220	210	35	0.166 7
山梨醇	500	450	10	0.022 2
天门冬氨酸	80	200	20	0.100 0

表4-3中可见，原汁含量为系数之和即0.313（31.93%），据认为其误差范围为±10%。若要计算原汁的重量百分率，只要考虑到饮料的相对密度，用下式计算即可：

$$W = \varphi \times d_1/d_2$$

式中，W——原汁的质量分数；

φ——原汁的体积分数；

d_1——原汁相对密度；

d_2——饮料相对密度。

2. 化学成分对照法

西欧各国如德国、荷兰及美国等大多公布有主要果汁的特性指标含量值，分析每一种果汁及饮料中这些指标的含量，再综合参考标准值，即可判断一种果汁的真假或质量好坏。猕猴桃果汁有研究者利用特征指标或稳定同位素技术来进行鉴别，在实际应用中待技术推广。

3. 感官评定

包括色泽、外观、芳香、风味等感官特性，可采用经培训的熟练感官鉴定人员评判是否真实或掺假。

四、果酒常见质量问题及控制

由于在酿制过程中环境设备消毒不严，原材料不合规格，以及操作管理不当等，均可能引起果酒发生各种质量问题，主要是由于微生物的原因，也有化学方面的原因。

（一）生膜

1. 原因

果酒暴露在空气中，先在表面生长一层灰白色或暗黄色、光滑而又薄的膜，随后逐渐增厚、变硬，膜面起皱纹，此膜将酒面全部盖满。振动后膜即破碎成小块（颗粒）下沉，并充满酒中，使酒混浊，产生不愉快气味。

生膜又名生花，是由酒花菌类繁殖形成的。它们的种类很多，主要是醭酵母菌。该菌在酒度低、空气充足、24～26℃时最适宜繁殖。当温度低于4℃或高于34℃时停止繁殖。

2. 防止措施

（1）贮酒盛器须经常装满，加盖封严。

（2）在酒面上加一层液体石蜡隔绝空气，或经常充满一层二氧化碳或二氧化硫气体。

（3）在酒面上经常保持一层高浓度酒精。若已生膜，则须用漏斗插入酒中，加入同类的酒使其充满盛器使酒花溢出后除去。注意不可将酒花冲散。严重时需用过滤法除去酒花再行保存。

（二）变味

1. 酸味

果酒变酸主要是由于醋酸菌发酵引起的，它是果酒酿造业的大敌。醋酸菌可以使酒精氧化成醋酸，使果酒产生刺舌感。若醋酸含量超过0.2%，就会感觉有明显的刺舌，不宜饮用。

醋酸菌繁殖时先在酒面上生出一层淡灰色薄膜，最初是透明的，以后逐渐变暗，有时变成一种玫瑰色薄膜，出现皱纹，并沿器壁生长而高出酒的液面。以后薄膜部分下沉，形成一种黏性的稠密物质，称为醋母。但有时醋酸菌的繁殖并不生膜。

引起醋酸发酵的醋酸菌种类很多，常见的是醋酸杆菌。这类菌繁殖的最适条件为酒精度12°以下，有充足的空气供给，温度为33～35℃，固形物及酸度较低。防止措施与生膜同。

2. 霉味

用生过霉的盛器、清洗除霉不严、霉烂的原料未能除尽等原因都会使酒产生霉味。霉味可用活性炭处理过滤而减轻或去除。

3. 苦味

苦味多由种子或果梗中的糖苷物质浸出而引起。可通过加糖苷酶加以分解，或提高酸度使其结晶过滤除之。有些病菌的侵染也可以产生苦味，可通过加入感染病菌的酒量的3%～5%的新鲜酒脚并搅拌均匀，沉淀分离之后苦味即去除。

4. 硫化氢味和乙硫醇味

硫化氢味（臭皮蛋味）和乙硫醇味（大蒜味）是酒中的固体硫被酵母菌还原而产生硫化氢和乙硫醇引起的。因此，硫处理时切勿将固体硫混入果汁中。利用加入过氧化氢的方法可以去除。

5. 其他异味

酒中的木臭味、水泥味和果梗味等可通过加入精制的棉籽油、橄榄油和液体石蜡等与酒混合使其被吸附。这些油与酒互不融合而上浮，分离之后即去除异味。

（三）变色

1. 变黑

在果酒生产过程中如果铁制的机具与果酒或果汁相接触，使酒中的铁含量偏高（超过8～10mg/L）会导致酒液变黑。铁与单宁化合生成单宁酸铁，呈蓝色或黑色（称为蓝色或黑色败坏）。铁与磷酸盐化合则会生成白色沉淀（称为白色败坏）。因此，在生产实践中须避免铁质机具与果汁和果酒接触，减少铁的来源。如果铁污染已经发生，则可以加明胶与单宁沉淀后消除。

2. 变褐

果酒生产过程中果汁或果酒与空气接触过多时，过氧化物酶在有氧的情况下将酚类化合物氧化而呈褐色。用二氧化硫处理可以抑制过氧化物酶的活性，加入单宁和维生素C等抗氧化剂，都可有效地防止果酒的褐变。

3. 混浊

果酒在发酵完成之后以及澄清后分离不及时，由于酵母菌体的自溶或被腐败性细菌分解而产生混浊；由于下胶不适当也会引起混浊；有机酸盐的结晶析出、单宁物质析出以及蛋白质沉淀等均会导致酒液混浊。这些混浊现象可采用下胶过滤法除去。如果是由于再发酵或醋酸菌等的繁殖而引起混浊则须先行巴氏杀菌后再用下胶处理。

第五章　猕猴桃副产物的综合利用

现代医学研究证实，猕猴桃具有降低血液中胆固醇及甘油三酯的功能，可治疗消化不良、维生素缺乏症、肝炎、呼吸道疾病等，对防治坏血病、动脉粥样硬化、冠心病、高血压均有特殊功效。猕猴桃碱是从猕猴桃果实中提纯出来的一种类似番木瓜硫醇蛋白的水解酶，可以嫩化肉类，防止果冻凝固，具有抗肿消炎的功能。猕猴桃中还含有大量的抗衰老物质——超氧化物歧化酶（SOD），因而被列入宇航员食谱。猕猴桃中的膳食纤维质量分数为1.1%～3.3%，可促进肠蠕动、加速废物清除、降低肠道中某些致癌物质的重吸收。据不完全统计，我国猕猴桃加工量约有10%，产品已由单一的水果产品向饮料、酒品、果脯等产品拓展，加工量也逐年上升，猕猴桃籽的数量也越来越大，猕猴桃的综合利用已成为猕猴桃加工的重要环节之一。经测定，猕猴桃籽中的粗脂肪含量较高，最高可达35.62%，油中富含多种不饱和脂肪酸、维生素以及矿物质，其中α-亚麻酸含量高达63%以上，这是目前发现的除紫苏籽油外亚麻酸含量最高的天然植物油。α-亚麻酸及其代谢物是人体大脑皮质、视网膜、睾丸和精子中乙醇胺磷酸酯和神经磷脂的重要组成部分，具有降血脂、抑制血小板凝聚、改变血液流变特性、抗炎、抗自身免疫反应、抗变态及抗肿瘤作用。

马建岗等（2003）国内外对猕猴桃的研究主要集中在其栽培、采收、贮藏上，对果实和根部所含有的有用成分，尤其对其药用价值也进行了一些探讨，一般认为其果实中含有抗突变剂的成分，有助于预防基因突变，能抑制黑素瘤或皮肤癌；果实中富含精氨酸和谷氨酸，可以促进血管扩张、血液流动；所含的可食性纤维既有可溶性纤维也有不溶性纤维，可预防结肠癌等。随着猕猴桃果汁加工业的不断扩大，产生了大量废弃的籽实，成为一个亟待解决的问题。

第一节　猕猴桃籽的加工利用

一、猕猴桃籽油

（一）猕猴桃籽油的营养成分

猕猴桃籽油含有丰富的亚油酸、α-亚麻酸等多不饱和脂肪酸，是一种新型的高α-亚麻酸功能性油脂。干燥的猕猴桃果实种子为棕褐色或黄褐色，种子细小，长椭圆形，形似芝麻，每个猕猴桃果实种子数250~800粒，平均500粒左右，每千克果实含种子33~46g。经测定，猕猴桃种子中的粗脂肪含量一般为28.3%~30.8%，最高可达35.62%，猕猴桃籽油中富含多种不饱和脂肪酸、脂类、黄酮类、酚类、维生素、硒以及其他生物活性物质，其中α-亚麻酸含量高达63%以上。猕猴桃籽油维他命E含量为0.81mg/g；且富含多种不饱和脂肪酸、脂类、黄酮类、酚类、维生素、微量元素硒及其他生物活性物质；脂肪酸有棕榈酸（C16：0）、硬脂酸（C18：0）、油酸（C18：1）、亚油酸（C18：2）和亚麻酸（C18：3）等，不饱和脂肪酸含量高达80%以上，其中又以亚油酸占12%~21%、亚麻酸占38%~44%为多数。采用超临界CO_2流体萃取技术从猕猴桃籽中提取的猕猴桃籽油，色泽金黄透亮，略带清香，经有关科研和医疗卫生部门试验，猕猴桃籽油具有辅助降低血脂、软化血管和延缓衰老等保健功能，在医药与功能性食品领域具有非常广泛的用途。猕猴桃籽油中富含多种不饱和脂肪酸、脂类、黄酮类、酚类、维生素等物质，是目前发现亚麻酸含量较高的天然植物油，在医学、保健和美容等领域具有广泛的用途。

（二）不同品种猕猴桃籽油脂肪酸组成的差异

猕猴桃籽油及其附属产品的开发具有巨大的市场前景。但猕猴桃籽油的相关研究多注重产品研发和工艺参数，而忽略了对不同品种猕猴桃籽油脂肪酸组成及其功能活性物质的分析。因此，猕猴桃籽油产品开发过程中，原料选择方面缺乏相应的科学参考依据，存在一定盲目性。7个品种（金艳、红阳、红实2号、金实1号、阳光金果、海沃德、徐香）猕猴桃籽出油率在19.23%~28.28%，因品种不同而存在差异性。其中海沃德猕猴桃籽出油率最高，为28.28%，显著高于其他6个品种（$P<0.05$）。7种猕猴桃籽中共检测到18种脂肪酸，红阳猕猴桃18种，金艳17种，海沃德、徐香、阳光金果16种，金实1号15种，红实2号14种，共有脂肪酸14种，相对百分比占

总量的98.72%～100%。猕猴桃籽油中主要以不饱和脂肪酸为主，相对百分含量在85.7%～87.1%，含量较高的有顺-9，12，15-十八烷酸（亚麻酸）、（Z，Z）-9，12-十八碳烯酸（亚油酸）、（Z）-9-十八碳烯酸（油酸），饱和脂肪酸主要以十六烷酸、十八烷酸为主。由此可以看出，猕猴桃中脂肪酸构成的共同特征为富含亚麻酸、油酸和亚油酸等不饱和脂肪酸。7个品种中亚麻酸含量由高到低依次为金实1号、徐香、海沃德、阳光金果、红阳、金艳、红实2号，其中金实1号猕猴桃籽中亚麻酸含量显著高于金艳（$P<0.05$）。不同品种中油酸和亚油酸相对百分含量有所不同，但各品种之间无显著差异（$P>0.05$）。单因素方差分析结果显示，红实2号猕猴桃籽油中十六烷酸相对百分含量显著低于徐香（$P<0.05$），其他各品种之间无显著差异（$P>0.05$）。红实2号猕猴桃籽油中十八烷酸相对百分含量显著高于金艳和金实1号（$P<0.05$），其余各品种之间无显著差异。可见，不同品种猕猴桃脂肪酸构成仅在某些脂肪酸上存在一定的差异性，主要体现在不饱和脂肪酸亚麻酸及饱和脂肪酸十六烷酸和十八烷酸。7个品种猕猴桃籽油脂肪酸组成差异均不大，金艳猕猴桃与其他6个品种在空间分布上均存在重叠。阳光金果和海沃德最为相似，这两个品种虽然与红阳、金实1号、红实2号、徐香、金艳彼此之间及与其他品种在空间分布上均不重叠，品种之间差异主要与饱和脂肪酸辛酸、十四烷酸、壬二酸、二十烷酸、13-二十二烷酸、十七烷酸、cis-11-二十二烷酸和不饱和脂肪酸11，14，17-二十碳三烯酸、二十二烷酸、11，14-二十碳烯酸相关。7个品种猕猴桃虽然在个别脂肪酸上存在显著差异，但综合脂肪酸组成和各组分相对百分含量可知，不同品种脂肪酸组成差异较小。

不同品种猕猴桃中角鲨烯含量有较大差异，甚至有些品种（中华、毛花、软枣、狗枣等）种子中不含角鲨烯，说明不同品种猕猴桃籽油中角鲨烯含量存在较大差异。目前国内市场上占有率较高的7个猕猴桃品种（红阳、金艳、红实2号、金实1号、徐香、海沃德、阳光金果）籽油中角鲨烯含量分析发现，7个品种猕猴桃籽油中均含有角鲨烯，不同品种猕猴桃籽油中角鲨烯相对百分含量有一定的差异，金艳1.72%、红阳1.57%、红实2号1.30%、金实1号1.01%、阳光金果1.33%、海沃德1.37%、徐香1.42%。金艳猕猴桃籽油中角鲨烯相对百分含量显著高于其他6个品种（$P<0.05$）。红阳猕猴桃与海沃德、徐香无显著差异（$P>0.05$），显著高于红实2号、金实1号和阳光金果（$P<0.05$）；红实2号、徐香、海沃德、阳光金果4个品种之间无显著差异（$P>0.05$），但均显著高于金实1号（$P<0.05$）。海沃德猕猴桃籽出油率最高，且角鲨烯的相对百分含量也较高，因此从经济成本角度考虑更适宜于猕猴桃籽油的加工。

（三）猕猴桃籽油的提取工艺

近年来国内开展的对其提取方法的研究大多集中于超临界CO_2萃取法。尽管该法萃取温度低，提取效率高，无化学溶剂残留，但也存在着萃取时间长、设备投入大、运转成本高的缺陷。因此，应对超声波辅助提取猕猴桃籽油的工艺进行优化，以期为猕猴桃综合开发利用提供参考。超声波辅助提取是利用超声波辐射所产生的强烈空化效应、机械振动、扰动效应、高加速度、击碎和搅拌作用等多级效应，增大物质分子运动频率和速度，增加溶剂穿透力，从而加速目标成分进入溶剂，促进提取的进行。该法能避免高温高压对有效成分的破坏，具有快速简便、价廉、高效等优点，适合天然活性成分的提取。

目前，提取方法主要有机械压榨法、溶剂浸出法、超声波法和超临界CO_2萃取法。工业生产多采用浸渍法和冷榨法提取油脂，浸渍法提取时间长，溶剂挥发损失较多，提取效率低，易造成溶剂残留；冷榨法产率低，精制工艺烦琐，油品色泽不理想。与传统方法相比，超临界CO_2萃取技术具有操作温度低、溶解能力强、无毒、无污染、无溶剂残留及产品易分离等优点，特别适合食品工业生物活性物质和热敏性物质的分离提取。另外，它不需要油脂工业经常采用的除磷脂、胶质、蛋白、溶剂和臭味等杂质的精炼工艺，可以极大地保持油脂的天然本色。采用超临界CO_2萃取技术从猕猴桃籽中提取的猕猴桃籽油，色泽金黄透亮，略带清香。超临界CO_2萃取技术是20世纪后期开始大量发展的一项新型分离技术，它具有萃取过程不使有机溶剂残留并具有环保节能等优势，超临界CO_2萃取技术已广泛地应用于植物油脂的提取研究，为开发高附加值的油脂工业奠定了基础。

超临界CO_2萃取法得率较高，工艺简单、提取条件温和、产品中无溶剂残留。在超临界CO_2萃取过程中，压力、温度和CO_2流量是影响萃取率的重要因素。萃取率随压力升高而增大，但当压力增至一定值时，萃取率不再增加；温度影响有机物分子同CO_2分子的结合与解离，从而影响萃取率；CO_2流量对萃取率有双重影响，一方面因CO_2与物料的接触传质时间减少而降低了萃取率，另一方面因增加了传质浓度差而有利于油脂的萃取。不同的学者得到的猕猴桃籽油超临界CO_2萃取最佳参数有所差异。杨柏崇等（2003）得到的最佳工艺参数为40~60目原料粒径，一次投料量300g，压力25~35MPa，温度40~45℃，CO_2流量25kg/h，分离温度30℃，萃取率为30%；王新刚等（2003）得到最佳工艺参数为压力30MPa，温度45℃，CO_2流量5L/min，时间2.5h，提油率为23.02%；刘元法等（2005）研究了温度和压力对猕猴桃籽油萃取率的影响，得到最佳工艺参数为温度45℃、压力30MPa，萃取率为31.76%。

1. 超临界CO_2萃取

（1）工艺流程。

猕猴桃籽→除杂→清洗干制→粉碎→过筛→称量→装料→超临界CO_2萃取→减压分离→猕猴桃籽油→离心分离、精滤→成品油脂

（2）工艺要点。

①猕猴桃籽的选择与处理：在影响猕猴桃籽油萃取产率的诸多因素中，猕猴桃籽粗脂肪含量是最重要的因素，它直接受猕猴桃果实成熟度的影响。

在生长初期，猕猴桃果实种子呈青色，细小、扁平，且含油量很低；成熟期猕猴桃果实种子呈褐色或棕褐色，含油量增高，但猕猴桃果实过熟会出现油脂部分酸败现象。湘西米良1号在10月中下旬，猕猴桃鲜果糖度最高，即为猕猴桃果实的最佳成熟时期，此时的籽粒饱满，呈光亮的棕褐色，出油率高，猕猴桃籽油的品质佳。

原料籽的提取：通过洗籽工艺将猕猴桃籽提取出来。

提取工艺流程：鲜果→催熟→清洗→榨汁（原果汁作他用）→渣→洗籽→晒干或烘干→猕猴桃籽

表5-1中的前3项指标可定为硬性指标，水分含量可以用快速水分测定仪进行测定，酸价和过氧化值的测定则可快速挤压2~3mL毛油，用快速滴定法检测；后6项指标主要采用感官评定。因此，猕猴桃籽如符合标准要求，则能减少人为因素造成收到劣质果籽。

表5-1　猕猴桃籽分级理化指标

级别	水分（%）	酸价	过氧化值	色泽	光亮度	饱满度	体积	杂质	搓伤
一级	<8	<2	<8	棕褐	油亮	好	较粗	无	无
二级	<10	<3	<10	棕褐	光亮	较好	较粗	无	轻度
三级	<10	<4	<12	褐	干燥	一般	一般	微量	轻度
四级	<10	<4	<12	褐	无光泽	扁平	细小	少量	轻度

猕猴桃籽的粉碎度：为了减少CO_2流体在猕猴桃籽中的扩散距离，猕猴桃籽在投入超临界CO_2流体萃取装置之前，必须经过粉碎、过筛，不得有未破碎的籽粒。

猕猴桃籽粉过粗或过细都会对传质效果产生较大的影响，从而降低萃取效率。若猕猴桃籽的粉碎度过粗，则会造成萃取时间延长和萃取不完全，从而增加生产成本，产生不必要的浪费；若猕猴桃籽的粉碎度过细，则物料在高压下易被压实，传质阻力增大，同时易堵塞滤网，从而降低萃取效率，不利于萃取操作。通过单因素试验考察猕猴桃籽粒粉碎度对萃取效果的影响，萃取条件采用萃取温度48℃、萃取压力30MPa、CO_2流速300kg/h、萃取时间240min、分离温度30℃、分离压力6MPa，猕猴桃籽粉碎度对萃取产率影响的试验结果见图5-1。从图5-1可知，猕猴桃籽粒的粉碎度以40~60目为宜。

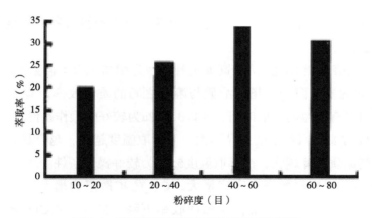

图5-1　猕猴桃籽粉碎度对萃取产率的影响

②超临界CO_2萃取工艺参数的确定：

分离压力与温度的确定：CO_2的临界温度（T）=304.13K，临界压力（P）=7.375MPa，由于分离条件处于临界状态以下，所以分离温度与压力只要在临界温度与压力之下即可，它们对萃取效率的影响不大。但考虑到猕猴桃籽油中亚油酸、α-亚麻酸等多不饱和脂肪酸含量高，容易氧化变质，故分离温度的选择以30℃左右较为适宜；分离压力控制在6MPa左右。

萃取时间的确定：采用萃取温度48℃，CO_2流速300kg/h，分离温度30℃的萃取条件，分别在20MPa、25MPa、30MPa、35MPa萃取压力下，测定不同时间的萃取产率，所得数据如图5-2所示。

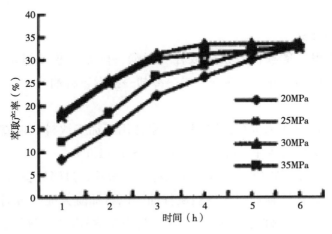

图5-2　不同压力下萃取产率随时间变化

由图5-2可知，在萃取过程的前3h，萃取产率逐渐增加，到4h基本萃取完毕，其中以压力控制在30MPa时效果最好，若再延长萃取时间不但会增加能源的消耗，且对提高萃取产率贡献不大，所以，在实际生产中，选择萃取时间4h较为适宜。但若是在生产中碰到不正常的情况（如缺气、滤网堵塞等原因）而没有萃取完全，仍需适当地延长萃取时间。

超临界CO_2的溶解能力随压力升高而上升，因为增加压力不但会增加CO_2的密度，还会减少分子间的质传阻力，增加溶质与溶剂之间的质传效率，有利目标成分的萃取。在高压下可以有较短的萃取时间，所以35MPa为较好的操作条件。

各操作温度对油脂回收率的差异不大，但萃取温度越高，越容易导致油脂氧化反应的进行，油脂品质下降越快，故萃取温度55℃为较好操作条件。

装填量过多，则原料的堆积密度增大，CO_2的扩散阻力增大，气流分布也不均匀，易形成"沟流"现象，从而使萃取回收率下降；另外，在CO_2流速一定的情况下，原料装填量加大也意味着每单位原料上的流量减少，从而导致萃取率下降。但如果原料装填量过少，则不能充分发挥设备的萃取能力，使设备的利用率降低。

CO_2流速为41～42kg/h与38～38kg/h所获得的油脂回收率相同，但提高CO_2流量，降低了CO_2与原料的接触时间，单位体积的CO_2萃取量降低，使得油脂回收率下降；另外，随着CO_2流量增加，萃取时间会缩短，增加了CO_2的使用量，增加设备使用经费。故将CO_2流量控制在38～39kg/h为较好的操作条件。

原料粒径对回收率的影响是因为原料变细，增加了质传面积，减少了质传的阻力和质传的距离，有利于萃取；但如果原料粒径太细，则在高压下易形成密实的滤饼，因此增加了质传阻力，不利于萃取。所以太细的粉末对萃取是不利的，例如谷类的麸皮经常在萃取时造成"沟流"现象的发生。原料粒径控制在60～80目为较好的操作条件。

2. 超声波溶剂提取

（1）工艺流程。猕猴桃打浆→取籽→干燥→除杂→粉碎过筛→称重→加入溶剂→超声波辅助提取→抽滤→滤液→干燥→冷却→猕猴桃籽油

（2）操作要点。

①取籽：选择成熟鲜果进行打浆榨汁，果汁用于加工饮料，果渣经沉降分离工序提取出籽，经60℃干燥后备用，籽得率一般为0.8%～1.0%。

②粉碎过筛：采用三辊研磨机对猕猴桃籽进行粉碎，过筛后备用。

③提取：采用超声波辅助提取猕猴桃籽油，以石油醚为提取溶剂，在物料粒度为40目下，最佳提取工艺条件为料液比1：10，超声功率360W，提取温度45℃，提取2次，每次30min。在此条件下，猕猴桃籽油的提取率为31.26%。经GC-MS分析，猕猴桃籽油的主要脂肪酸组成为亚麻酸（65.3%）、油酸（14.5%）、亚油酸（13.3%）、棕榈酸（5.6%）、硬脂酸（1.3%），色谱图见图5-3，脂肪酸组成如表5-2所示。

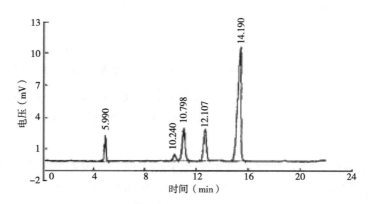

图5-3　提取的猕猴桃籽油GC-MS色谱

表5-2　猕猴桃籽油脂肪酸组成

序号	脂肪酸组成	相对分子质量	相对含量（%）
1	棕榈酸	256.42	5.6
2	硬脂酸	284.48	1.3
3	油酸	282.44	14.5
4	亚油酸	280.44	13.3
5	亚麻酸	278.44	65.3

④抽滤：对提取液进行抽滤分离，所得滤液用旋转蒸发仪蒸发回收有机溶剂，得到猕猴桃籽毛油。

⑤干燥：采用真空干燥箱对毛油进行干燥处理，控制真空度0.08～0.1MPa，温度95～105℃，直至恒重。

3. 水酶法提取猕猴桃籽油

萃取猕猴桃籽油的方法很多，但由于猕猴桃籽油耐热性能差，采用传统的热榨法萃取，油脂中营养成分及活性物质含量较低，不耐贮藏，产品损失较多，对其色泽产生的影响也较大。水酶法是一种新兴的提油方法，它是以机械和酶解为手段破坏植物细胞壁，使油脂得以释放。该技术处理条件温和，工艺路线简单（无须脱溶，可直接利用三相离心分离油、水、渣），而且可以同时萃取油和蛋白质，生产过程能耗相对低，废水中生化需氧量（BOD）与化学需氧量（COD）大为下降，污染少，易于处理。

水酶法提取猕猴桃籽油的最优工艺条件为液料比10，酶添加量2.5%，酶解温度50℃，酶解pH值9.0，酶解时间4h，提取2次。在此条件下，猕猴桃籽的出油率为

27.17%，萃取率达86.75%。

随着液料比的增加，猕猴桃籽的出油率快速上升，在液料比为10时达到最高。这可能是由于酶解时加入的水有利于蛋白质的溶出，对酶解有利。当液料比大于10时，猕猴桃籽出油率反而有所下降，原因可能是加水量过多降低了酶与底物的浓度，降低了蛋白酶分子与底物分子的碰撞概率，从而使酶的作用效果下降，油萃取率降低，因此，选择液料比为10。

随着酶解温度的升高，猕猴桃籽出油率不断上升，上升趋势明显，在50℃时达到最高，出油率为25.46%，但当温度超过50℃时，随着温度升高萃取率迅速下降。这是因为在一定温度范围内，温度的提高增加了分子的动能，促进了扩散作用的进行，酶促反应也服从这个规律。但不同的是，酶是蛋白质，当温度升高至一定程度时，酶会发生变性，其活性中心的结构被破坏，会部分甚至完全失去其催化活性，从而降低酶解反应速度，根据试验确定最适宜的酶解温度为50℃。

随着酶用量的增加，猕猴桃籽出油率不断升高，这是由于随着酶浓度的增大，反应速率加快，有利于油脂的释放。但当酶用量超过2.5%时，出油率增加缓慢，这说明当酶用量超过2.5%时，继续增加酶浓度对猕猴桃籽出油率贡献不大。因此，选择酶添加量为2.5%。

随着酶解时间的延长，猕猴桃籽出油率不断上升，但当酶解时间超过4h，出油率增幅很小。这说明酶解反应达到一定时间后，由于底物减少及抑制作用增强等原因，油脂的释放就不再进一步增加，出油率趋于恒定。因此，选择酶解时间为4h。

猕猴桃籽出油率随着酶解pH值的升高而迅速增加，在pH值9.0时达最高，出油率为25.46%。但当pH值超过9时，萃取率随pH值的升高而下降，这可能与碱性蛋白酶的最适酶解pH值有关，当酶解pH值偏离其最适pH值时不利于碱性蛋白酶作用，酶活下降严重，细胞壁的破坏效果减弱不利于猕猴桃籽油的萃取。

（四）油的包埋

为了增加猕猴桃籽油在制剂中的稳定性，提高机体生物利用度，猕猴桃籽油经β-环糊精包合后，不仅在水中溶解度大大增加，稳定性也得以提高。

为了确保制剂有效，采用β-环糊精（β-CD）包合猕猴桃籽油，以增加其稳定性。包合方法一般有饱和水溶液法、超声法、研磨法等，按下列3种方法对猕猴桃籽油进行β-CD包合，以猕猴桃籽油得率为考察指标，通过对比试验研究，选择适宜的包合方法。

1. 饱和水溶液法

取20g β-CD，加一定量的蒸馏水，加热至全部溶解，配制成饱和溶液，缓慢定量滴加猕猴桃籽油乙醇溶液，保温搅拌一定时间，使溶液呈混悬态，冷藏24h抽滤，得白色沉淀物，用石油醚清洗，干燥，即得包合猕猴桃籽油。

2. 超声波法

取20g β-CD制成规定温度下的饱和溶液，滴加猕猴桃籽油乙醇溶液，置超声波清洗器中，按规定时间超声处理，冷藏24h，抽滤，用石油醚清洗，干燥，即得。

3. 胶体磨法

取20g β-CD置胶体磨中，加适量蒸馏水，缓慢加入定量猕猴桃籽油乙醇溶液，按规定时间研磨，冷藏24h，抽滤，用石油醚清洗，干燥，即得。

表5-3结果表明，饱和水溶液法>胶体磨法>超声波法，故选择饱和水溶液法进行包合。加入6倍于猕猴桃籽油的β-CD包合，包合温度40℃，搅拌时间1h，适合工业化大生产。

表5-3　不同包合方法的比较结果（n=3）

包合方法	猕猴桃籽油（%）
饱和水溶液法	72.15 ± 5.46
超声波法	63.96 ± 5.39
胶体磨法	66.28 ± 6.64

（五）猕猴桃籽油软胶囊的制备

猕猴桃籽油被人们誉为"生命油"和"黄金油"。研究表明，猕猴桃籽油软胶囊具有调节血脂、延缓衰老等保健功能，2003年被国家卫生部批准为国产保健食品。通过在猕猴桃籽油软胶囊生产中实施药品生产质量管理规范（Good manufacturing practice，GMP），使产品质量稳定，安全，软、硬件管理上加强规范，提高整体素质，为企业提高经济效益和社会效益。

1. 工艺流程

猕猴桃果籽→低温干燥→粉碎→超临界CO_2萃取→分离→化胶→制胶囊丸→硬化定型→洗胶囊丸→最终干燥→灯检→内外包装→猕猴桃籽油软胶囊

2. 操作要点

（1）原辅物料的预处理。原辅物料须经洁净缓冲区域除去外包装或经清洁处理后方可进入配料室，配料室的环境空气洁净度达到10万级。

猕猴桃籽要求籽粒饱满，有光泽，呈红褐色或褐色，无异味，无外来杂质，水分≤8%。辅料明胶符合《食品安全国家标准　食品添加剂明胶》（GB 6783—2013）规定；水质必须符合《生活饮用水卫生标准》（GB 5749—2022），保证生产出合格的猕猴桃籽油软胶囊，并做好批号、批次管理。

（2）超临界CO_2萃取。将粉碎好的籽经超临界CO_2萃取设备装置进行萃取。

萃取控制参数：萃取压力为（30±3）MPa，萃取温度（48±3）℃，CO_2流量280～300kg/h。分离Ⅰ压力为（74±1）MPa，温度为（28±3）℃；分离Ⅱ压力为（7±1）MPa，温度（20±3）℃。每釜萃取时间≤210min。

（3）化胶。化胶是将明胶、甘油和水等制备胶囊壳的原料以一定比例混合制成胶囊的过程。水：明胶：甘油=1：1：0.5，水温30℃时加入明胶，真空脱气温度55～65℃，脱气压力-0.07MPa。胶液质量的好坏直接影响胶囊产品的合格率和质量，因此，化胶是制胶囊丸的关键工序之一。

（4）制胶囊丸。制胶囊丸是加工胶囊的核心工序。开启主机，控制囊壳厚度1.60mm，明胶盒温度60℃，将籽油按0.5g压注封于胶皮内，形成一定大小和形状密封的胶囊。

（5）最终干燥。通过控制干燥室环境与温度，使胶囊胶皮中的水分自然蒸发，干燥室环境温度为18～22℃，相对湿度≤30%，干燥时间≤25h。

（6）猕猴桃籽油软胶囊加工技术及关键质控点。猕猴桃籽油软胶囊加工工艺采用以明胶、甘油为主的成囊材料和先进的加工设备，将猕猴桃籽油定量充填，一次压制成胶囊丸。超临界CO_2萃取设备、制胶囊设备依照工艺要求选用自动操作。此外，净化空调系统（HVAC）要求与工艺布局合理，人流、物流要区分开，并设有符合卫生要求的人员卫生通道和物流通道。生产车间根据猕猴桃籽油加工及工艺流程和操作要点，合理分区划分洁净级别。猕猴桃籽低温干燥、粉碎、超临界CO_2萃取工序为一般生产区，而制胶囊丸、硬化定型、洗胶囊丸、最终干燥、灯检和内外包装为生产控制区，控制区洁净度控制为10万级。凡通入洁净区的空气须经过净化空调系统净化，严格控制温度、湿度、尘埃。

（7）猕猴桃籽油软胶囊加工质量控制。猕猴桃籽油软胶囊生产环境按《保健食品良好生产规范》（GB 17405—1998）的要求严格控制空气洁净度，温度、湿度、尘埃须达到工艺要求。猕猴桃籽油软胶囊加工质量控制要点见表5-4。

表5-4　猕猴桃籽油软胶囊加工质量控制要点

工序	质量控制点	控制项目	检测频率
前处理	粉碎、过筛	无异物、细度80目	2次/班
投料	称量、投料量	名称、数量、含量	2次/批
萃取	萃取参数	萃取压力（30±3）MPa，萃取温度（48±3）℃ CO_2流量280～300kg/h	1次/批

（续表）

工序	质量控制点	控制项目	检测频率
化胶	投料比例	水：明胶：甘油比例=1：1：0.5	1次/批
	化胶过程	水温30℃时加入明胶，真空脱气温度55~65℃ 脱气压力-0.07MPa	
制胶囊丸	囊壳厚度、明胶盒温度	囊壳厚度1.60mm，明胶盒温度60℃	1次/30min
	胶皮厚度	（1.03±0.05）mm	
硬化定型	硬化时间	14h~18h	1次/30min
	环境温度、湿度	湿度40%~55%、温度20~25℃	1次/30min
洗胶囊丸	时间	用90%食用酒精每15min清洗一次	1次/15min
最终干燥	干燥室温度、湿度	18~22℃，相对湿度≤30%	2次/班
	干燥时间	≤25h	
灯检	丸形	无大小丸，无异形丸、无气泡丸	1次/批
内包	分装、封口或密封	瓶装120粒，封口、封盖良好 并注明生产日期和批号	3次/班
外包	打印内容	批号、有效期正确，清晰、无漏印	3次/班
	贴签	粘贴端正、牢固	
	装箱	数量准确、摆放整齐、封口牢固	

（8）成品包装。制成形的胶囊丸经感官、理化指标检测和微生物检测后即可按规格要求进行包装。内包装室温度18~22℃、相对湿度45%~50%，并在包装机上设有吸尘装置，排除粉尘，包装袋内应有干燥剂。包装容器用铝箔或棕色（无色不透光）医用塑料瓶，所使用的包装材料必须达到国家卫生标准和卫生管理办法规定。猕猴桃籽油软胶囊保健食品产品标识应符合《食品安全国家标准　预包装食品标签通则》（GB 7718—2011）的要求，其说明书、标签和印制符合国家相关部门批准的内容。

二、猕猴桃籽粕蛋白质

猕猴桃的种子细小，形似芝麻，棕褐色，猕猴桃籽中含有蛋白质20.87%，可以作为饲料和蛋白质来源进行开发利用。随着猕猴桃加工业不断扩大，产生的大量废弃籽粕，成为一个亟待解决的问题。以猕猴桃为原料进行生产的食品企业，可充分利用加工后的猕猴桃籽粕，合理开发这一资源，将其变废为宝，既可解决猕猴桃加工企业废物料处理问题，又拓宽了猕猴桃深加工领域。

猕猴桃籽蛋白质大多为碱溶性蛋白，等电点为4.2，利用碱提酸沉法提取脱脂猕猴桃籽粕蛋白质，研究表明，添加0.1%次氯酸钙能有效抑制产品褐变；提取优化工艺条件为料液比1∶25，浸提时间40min，浸提液pH值9，浸提温度35℃。在此条件下，蛋白质提取率可达87.08%。猕猴桃籽蛋白质产品的起泡性为6.33%，泡沫稳定性为49%，乳化性为21.18%，持水性为4.1。本法提取猕猴桃籽粕蛋白质工艺流程简单，成本较低，提取率较高，但浸提时间较长，若采用酶法等其他方法协同作用，可缩短提取时间。

采用不同溶剂对猕猴桃籽蛋白质进行分离提取，得到4种蛋白质，其中水溶性蛋白和碱溶性蛋白浓度远远高于醇溶性蛋白和盐溶性蛋白；通过对4种蛋白的抗氧化活性的测定，发现4种蛋白均具有铁离子还原能力，并对1,1-二苯基-2-三硝基苯肼（DPPH）自由基具有较强的清除能力，除醇溶性蛋白外，其他3种粗蛋白与蛋白质浓度呈现良好的量效关系；4种蛋白抗氧化活性顺序依次为醇溶性蛋白>水溶性蛋白>盐溶性蛋白>碱溶性蛋白。

（一）工艺流程

猕猴桃脱脂籽粕→碱液提取→离心（5 000r/min、20min）→上清液加酸沉淀→离心沉淀→调pH值至中性→冷冻干燥→猕猴桃蛋白

（二）工艺参数

浸提液pH值10.0，提取温度50℃，籽粕粉碎度80目，料液比1∶12，浸提80min。

使用该工艺生产，猕猴桃籽粕蛋白提取率可达63.7%，产品纯度为65.1%。采用碱提酸沉法提取猕猴桃籽粕蛋白，简单可行，适应工业化生产的要求，有望成为猕猴桃精深加工和综合利用的又一途径。

三、猕猴桃籽粕多酚

最新研究发现，猕猴桃籽粕中除富含蛋白质和油脂外，还含有大量的多酚类物质。因此，对猕猴桃籽粕中多酚提取工艺及其抗氧化活性进行研究，以期拓展猕猴桃籽的精深加工，为猕猴桃果实附加值的提高开辟一条新途径提取工艺如下。

猕猴桃籽 —脱脂→ 猕猴桃籽粕 → 干燥 → 过筛 ↓ 收集滤液 ← 离心过滤 ← 溶剂提取

猕猴桃籽粕作为猕猴桃加工业的下脚料，大多被废弃或作为饲料。为实现高值利用，以丙酮作为提取溶剂可以有效提高猕猴桃籽粕多酚的提取率，猕猴桃籽粕多酚最适的提取条件为提取温度35℃、丙酮浓度60%、浸提时间80min及料液比1∶12；猕猴桃籽粕多酚对两种活氧自由基OH·和O_2^-·具有很强的清除能力，且效果优于人工合成抗氧化剂二丁基羟基甲苯（BHT）。因此，猕猴桃籽粕多酚可以作为一种有效的天然抗氧化剂进行深入研究。

四、猕猴桃籽中总酚酸的提取

猕猴桃籽抗氧化活性部位富含酚酸类化合物，抗氧化活性部位总酚酸含量高达42.46%，而总浸膏中总酚酸含量为6.61%，活性部位总酚酸含量约为总浸膏的7倍。可见，酚酸类化合物是影响猕猴桃籽抗氧化活性的重要组成部分，张珊等（2019）研究发现，75%的乙醇提取分离法能够有效富集酚酸类化合物，为系统研究猕猴桃籽中酚酸类成分及该植物资源的开发利用提供科学依据。

第二节　猕猴桃果皮及猕猴桃根的利用

一、猕猴桃果皮的综合利用

目前我国对于猕猴桃的生产加工仍处于初级阶段，猕猴桃在加工过程中有20%~30%的物质以皮渣的形式被丢弃，鲜果皮渣中不仅含有柠檬酸、钙、镁、维生素C、大量粗纤维、果胶酶和水解蛋白酶，还含有很多的活性成分，如黄酮、植物多酚。但至今猕猴桃果皮中许多高价值的物质仍未被高效利用，不仅降低了鲜果加工的附加值，而且形成新的环境污染，这使得猕猴桃产业附加值较低、产业链较短、产业的经济效益相对低下。猕猴桃果皮渣若能得到合理开发和利用，对于提高水果的经济效益，充分利用水果资源和保护环境都有着重要的现实意义。目前国内对猕猴桃果皮渣的利用以从中提取果胶及纤维素为主，对多酚等活性成分报道较少。

（一）果皮中生物活性物质的研究

有研究者对干燥猕猴桃果皮依次用己烷、丙酮、甲醇和70%甲醇室温下提取，提取液浓缩，上硅胶柱和ODS柱反复分离，得到己烷提取部分H0~H5、丙酮提取部分

A0~A6、甲醇部分M0~M5以及70%甲醇部分70M0~70M6。

一是猕猴桃果皮提取物的细胞毒活性随着溶液的极性增加而减弱，水溶性最大的70%甲醇提取物细胞毒活性最低，同一提取物对不同的靶细胞作用相同，其中H2、H3、A3、A4、A5和M2活性较高，与对正常人牙龈成纤维细胞（HGF细胞）作用比较，除A4和M2外，其余均不显示特异抗人口腔鳞状细胞癌细胞（HSC-2）、人唾液腺瘤细胞（HSG）的细胞毒活性。电子自旋共振（ESR）光谱显示，只有A5、A6、M4、M5在碱性环境中产生自由基，表明细胞毒活性不总是与自由基强度平行相关。

二是所有提取物均使抗坏血酸钠的自由基强度增加，同时对$O_2^-·$具有清除作用，并随溶液的水溶性增大而活性增强，提示提取物有促氧化和抗氧化的双向作用，其中A5、A6、M4、M5、70M2~70M6清除$O^{2-}·$活性较强。

三是只有70%甲醇提取物显示抗HIV活性，并在碱性状态下，产生广泛的电子自旋共振（ESR）信号。

四是只有H2部分抑制表皮葡萄球菌生长，M2抑制表皮葡萄球菌溶血，70M2、70M6完全抑制大肠杆菌生长，A0、A3、A6、M4中度抑制大肠杆菌所有提取物对白色假丝酵母菌和抗幽门螺杆菌（HP）无抑制作用。

五是H4、H5、A4和M2完全逆转淋巴瘤-5178细胞的多药耐药，作用呈剂量依赖型。

（二）果皮中果胶的提取

果胶是普遍存在于植物内的一种酸性多糖物质，主要以粉末的状态存在，颜色呈现淡黄色，水溶性比较好，具有良好的胶凝化作用、乳化作用和稳定作用，它被广泛用于食品、医药、化妆品及印染等行业。果胶对糖尿病等慢性疾病有一定的疗效，而且还有降血压、血脂，减少胆固醇，清除铅中毒，预防癌症等作用，在医药和化妆品等领域得到了较为广泛的应用。果胶普遍存在于植物的细胞壁和细胞内层，是内部细胞的支撑物质。果胶的提取方法有酸解法、盐析法、微生物法和离子交换法等。果胶常用的提取方法有酸水解法、交换树脂法、微波法、酶法及超声波法等。

草酸铵的分子式为$(NH_4)_2C_2O_4$，属铵盐类，弱酸弱碱性，其NH_4^+对果胶有较好的络合作用，能增加果胶的溶解性，提高萃取率，目前已在西番莲、亚麻等植物提取果胶中得到了应用。蒋治卫等（2019）以草酸铵为萃取剂，从红心猕猴桃果皮原料中提取果胶。其最佳萃取条件为草酸铵质量浓度1.2%、提取温度80℃、提取时间3.0h、料液比25∶1。在最优工艺条件下，果胶的提取率达12.95%。

果胶提取工艺流程：猕猴桃洗净→去头尾和果肉→漂洗→60℃干燥→粉碎→过筛→称量→浸提→分离→调pH值至1.5→过滤→分离→结晶→沉淀→分离→沉淀→干燥→产品

采用酸解乙醇沉淀法，超声辅助提取猕猴桃果皮及果肉中果胶，猕猴桃果皮的果胶提取率（3.7%～4.2%）大于猕猴桃果肉的果胶提取率（1.6%～2.1%）。超声波是频率超过人耳听力范围的声波，当超声波作用于提取介质时，介质会被撕裂出许多小空穴，这些小空穴瞬间就会闭合，而闭合时会产生高达几千个大气压的瞬时压力，即空化现象。空化过程中产生的极大压力造成物料迅速击碎、分解，使溶剂能够渗透进入细胞内部，然后细胞中的成分就会溶于溶剂之中。在超声波的作用下，可以促进成分向溶剂中溶解，从而提高有效成分的提取率，达到提取有效成分的目的。

（三）多酚的提取

植物多酚是多羟基酚类化合物的总称，又称植物单宁，多酚类物质具有清除自由基、预防心脑血管疾病、美容、抗衰老等作用，对便秘、溃疡有一定的防治作用。

目前国内对猕猴桃果皮渣的利用以从中提取果胶及纤维素为主，对多酚等活性成分报道较少。刘晓燕等（2018）研究贵长猕猴桃果皮多酚提取温度50℃、提取时间60min、乙醇体积分数60%、料液比1∶20。进行3次多酚提取，平均值为13.04mg/g。贵长猕猴桃果皮多酚对DPPH自由基和超氧自由基都有一定的清除作用，对DPPH自由基最强的清除率达到了65%，对超氧自由基最强的清除率达40%，并且都是随着多酚质量浓度的增加，清除效果也更加明显，但是当多酚质量浓度增加到一定值后，对这2个自由基清除率的增大趋势也趋于平缓，证明了贵长猕猴桃果皮多酚具有一定的体外抗氧化能力。

二、猕猴桃根的综合利用

猕猴桃根是猕猴桃科植物猕猴桃的根，又称为中华猕猴桃根、藤梨根。猕猴桃根内含有大黄素、大黄甲醚、羟基大黄素、多糖、维生素C、甾体以及萜类等。猕猴桃根是我国常用的传统中药材，其生物学功能非常广泛，具有抗肿瘤、解毒、利尿、止血的作用。《贵州民间方药集》云"利尿，缓泻，治腹水；外用接骨，消伤"。《陕西中草药》云"清热解毒，活血消肿，抗癌。治疮疖，瘰疬"。有研究发现，猕猴桃根可有效抑制多种肿瘤的生长和转移。从猕猴桃根中提取的主要化合物三萜类在体外对肝细胞癌（HCC）生长具有抑制作用。下一步研究中，需要对猕猴桃根提取分离出的有效提取物的化学成分的抗肿瘤作用进行科学评价，探讨猕猴桃根抗肿瘤研究方面的具体作用靶点，为临床肿瘤治疗提供理论依据。

（一）猕猴桃根种类和抗肿瘤作用的临床研究

有研究表明，猕猴桃根对多种肿瘤细胞均有抑制作用，猕猴桃根的组成十分复杂，但其主要化学成分是三萜类、多糖、黄酮类、甾类、萜类和酚酸，其中，三萜类和酚酸具有显著的抗肿瘤活性，对治疗各种恶性肿瘤均有效。有研究报道，猕猴桃根通过下调EP3的表达，抑制肝细胞癌（HCC）细胞的增殖、侵袭和迁移，同时促进HCC细胞凋亡，这些效应可能部分通过EP3直接调节血管内皮生长因子、表皮生长因子受体、基质金属蛋白酶-2和基质金属蛋白酶-9的表达来介导。徐莹等（2020）研究发现，不同浓度猕猴桃根抑制HePG2和HUH7细胞增殖，且随浓度的增加，抑制作用逐渐增强，差异有统计学意义（$P<0.05$）。流式细胞术检测结果发现，与对照组比较，50μg/mL、100μg/mL猕猴桃根促进细胞由G1期进入S期，抑制DNA复制，促进HePG2和HUH7细胞凋亡，差异均有统计学意义（$P<0.05$）。划痕试验结果发现，与对照组比较，猕猴桃根显著促进HePG2和HUH7细胞迁移，具有剂量依赖性（$P<0.05$）。猕猴桃根促进Akt基因和蛋白表达，抑制p-Akt表达，抑制Akt磷酸化比例，促$PTEN$基因和蛋白表达，差异有统计学意义（$P<0.05$）。猕猴桃根通过P-aKT/PETN调控HCC细胞增殖、周期停滞及细胞凋亡。

抗肿瘤作用研究中使用较多的猕猴桃根种类为软枣猕猴桃根，此外山梨猕猴桃根、美味猕猴桃根、毛花猕猴桃根和中华猕猴桃根等抗肿瘤研究均有进展。现代研究显示，不同类型的猕猴桃根均能够显示良好的抗肿瘤作用，证实猕猴桃根值得展开更加深入的研究。张丽等（2007）采用MTT比色法检测藤莉根正丁醇提取物在不同浓度下对食管癌Eca-109细胞的生长抑制作用，证实藤梨根正丁醇提取物与食管癌Eca-109细胞生长抑制随药物浓度增加以及用药时间的延长不断增强，其生长抑制率为87.20%，能有效抑制人食管癌Eca-109细胞生长。张凤芬等（2005）用体外细胞培养法，采用MTT法、细胞集落形成法、生长曲线法测定山梨猕猴桃根提取物乙醇浸膏正丁醇溶解部分对白血病细胞株L1210以及P388D1、宫颈癌细胞株Hela、人胃癌细胞株SGC7901、黑色素瘤细胞株B16、神经性肿瘤细胞株NG108-15、人肝癌细胞株Hele7404等癌症细胞株的生长抑制情况，结果表明山梨猕猴桃根乙醇浸膏正丁醇溶解部分在体外具有较好的抗肿瘤活性。梁洁等（2008）利用系统溶剂分离法对美味猕猴桃根进行部位分离，并采用其分离产物70%乙醇总提取物、石油醚提取物、醋酸乙酯提取物、正丁醇提取物以及95%乙醇提取物测定其各自对宫颈癌细胞株Hela、人胃癌细胞株SGC7901、黑色素瘤细胞株B16、人肝癌细胞株Hele7404、小鼠肉瘤细胞株S180以及小鼠肝癌细胞株H226肿瘤株的生长抑制情况，证实美味猕猴桃根的70%乙醇总提取物、醋酸乙酯提取物以及正丁醇提取物具有一定的体外抗肿瘤作用。林水花等（2017）应用乙醇提取毛花猕猴桃根，提取液浓缩物分别使用石油醚、乙酸乙醇以及正丁醇进行萃取，证实乙酸乙酯提取物抗肿瘤活性最高，其对肺癌细胞SGC7901和鼻咽癌细胞CNE2的生长抑制率分别为80.10%和76.07%。

（二）抗肿瘤有效成分研究

有研究者通过液微萃取-高效液相色谱法将乙醇作为溶剂从藤梨根提取OA和UA两种活性成分，证实两种活性成分具有抗肿瘤作用。研究者从猕猴桃根中分离的皂苷、黄酮类化合物、多糖以及蒽醌类化合物，并证实上述提取物均具有抗氧化和保肝的药用价值。欧阳红涛等（2011）通过MTT试验和对HBsAg以及HBeAg的检测，以筛选藤梨根抗乙肝病毒的活性部位，证实乙醇提取部分（A1）是藤梨根抗肝炎病毒的活性部位，在体外有较强抗肝炎病毒活性，对正常细胞的影响较小。白新鹏等（2006）采用美味猕猴桃根的不同提取物和阳性对照药甘草酸二铵灌胃治疗四氯化碳（CCl_4）建立的小鼠急性肝损伤模型，检测小鼠血浆内丙氨酸转氨酶（AST）以及天冬氨酸转氨酶（AST）活性，证实各部位的提取物对小鼠CCl_4肝损伤均有不同程度的保护作用，其中乙醇粗提物经乙酸乙酯萃取后，并采用60%～90%乙醇洗脱得到的提取物对肝脏损伤保护作用更为明显。安泳潼等（2012）建立了裸鼠A549肺癌模型和小鼠Lewis肺癌模型，检测猕猴桃素-D对荷Lewis肺癌雌性小鼠的淋巴细胞增殖以及NK细胞活性的影响，证实可显著促进荷Lewis肺癌雌性小鼠脾淋巴细胞增殖作用，上调NK细胞活性，提高雌性小鼠的免疫力。张慧莹等（2011）应用乙醇回流提取法提取软枣猕猴桃根中蒽醌类化合物，并进行4种白血病细胞的生长抑制检测，结果证实蒽醌类化合物为软枣猕猴桃根抗肿瘤的活性成分，软枣猕猴桃根蒽醌类化合物具有一定的体外抗肿瘤作用。

（三）猕猴桃根抗肿瘤作用及机制

现代药理学研究显示，猕猴桃根提取物在体外治疗胃癌、肝癌以及食道癌等肿瘤细胞株具有显著的效果。钟振国等（2004）运用猕猴桃根提取物对白血病细胞株L1210和P388D1、宫颈癌细胞株Hela、人胃癌细胞株SGC7901、黑色素瘤细胞株B16以及神经性肿瘤细胞株NG108-15的生长抑制、凋亡进行观察，证实美味猕猴桃根提取物能够抑制上述肿瘤细胞株的增殖，诱发部分细胞凋亡和死亡。为进一步证实猕猴桃根的抗肿瘤作用，针对猕猴桃根治疗不同癌症类型的临床研究进展作进一步研究。

1. 猕猴桃根抗胃癌作用

白吉庆等（2012）采用各种浓度的猕猴桃根提取物作用于人胃癌SGC-7901细胞，免疫组织化学法进行p53和Bel-2表达水平的检测，证实藤梨根提取物能够抑制人胃癌SGC-7901细胞p53以及Bel-2的表达。陈永杰等（2012）采用大肠癌HT-29细胞对40只裸鼠进行荷瘤造模，分为藤梨根提取物注射低、中、高剂量组以及空白对照组，测定各组肿瘤抑制率、脾脏指数、NK细胞的活性度、Bcl-2、Bax、Caspase-3的蛋白表达水平，证实藤梨根提取物能够抑制大肠癌细胞HT-29荷瘤裸鼠的瘤体生长，进而诱导癌细胞坏死、凋亡，能够下调Bel-2的表达水平，上调Bax、Caspase-3表达水平，提高机体免疫功能。

2. 猕猴桃根抗食管癌作用

燕平等（2009）探究人食管癌Eca-109细胞生长以及凋亡，证实猕猴桃根提取物可以使抗食管癌Eca-109细胞增殖抑制，加速肿瘤细胞凋亡，具有良好的抗肿瘤作用。国宏莉等（2014）应用MTT比色法以检测浓度各不相同的藤梨根乙酸乙酯药液，在不同注射药物时间抑制人食管癌Eca-109细胞生长的功能，证实猕猴桃根药液能够上调Caspase-3、Caspase-9表达水平，下调Caspase-8表达水平。

3. 猕猴桃根抗结肠癌作用

杨晓丹等（2016）运用MTT比色法、Hochest33258染色法、流式细胞术以及Western Blot法探究中华猕猴桃根乙酸乙酯提取物对结肠癌SW480细胞的作用，发现中华猕猴桃根乙酸乙酯提取物能够抑制SW480细胞的增殖，可能与上调*P53*、*P21*基因表达，下调抑制*CyclinD1*基因表达水平相关。陈永杰等（2012）将不同浓度猕猴桃根提取物进行一般形态学以及AO/EB荧光染色观察，检测人大肠癌LoVo细胞中凋亡相关基因的表达情况，结果显示猕猴桃根提取物能够明显抑制LoVo细胞增殖的作用，其机制可能与降低Bcl-2表达水平，提高Bax、Caspase-3表达水平，加速线粒体凋亡具有相关性。

4. 猕猴桃根抗肺癌作用

孙雪飞等（2011）建立肺癌A549细胞裸鼠移植瘤模型，选取肺癌A549细胞裸鼠，并对藤梨根乙酸乙酯提取物对癌细胞生长抑制、凋亡诱导及其作用机制进行研究，证实猕猴桃根乙酸乙酯提取物能够抑制肺癌A549细胞生长，加速诱导瘤细胞凋亡速率，可能与通过下调瘤细胞Survivin和mRNA的表达水平有关。杜庆聪等（2011）对肺癌A549细胞给予不同浓度的猕猴桃根乙酸乙酯提取物，观察细胞形态学变化、Ki-67抗原表达变化，结果显示猕猴桃根乙酸乙酯提取物可以显著抑制肺癌A549细胞生长和增殖，与下调Ki-67抗原表达具有相关性。

5. 其他抗肿瘤研究

王岚等（2010）通过对小鼠移植性S180肉瘤和H22肝癌为模型进行研究发现，猕猴桃根正丁醇以及总黄酮苷对S18肉瘤和H22肝癌均有抗肿瘤作用。方红明等（2013）通过建立Balb/c小鼠CT26人工种植模型，探究复方猕猴桃根制剂对肿瘤的抑制作用以及血管内皮生长因子水平表达，证明复方猕猴桃根制剂能抑制肿瘤生长，可能与降低CT26瘤体内VEGF表达，抑制抗肿瘤血管生成有关。

参考文献

安泳潼，沈龙海，尹蓓佩，等，2012. 猕猴桃素-D的抗肺癌作用和免疫调节功能[J]. 中国医药工业杂志，43（10）：842-845.

敖礼林，况小平，赵秋生，等，2007. 猕猴桃的科学采收和综合储藏保鲜技术[J]. 农村百事通（15）：13-14.

敖礼林，杨著莲，饶卫华，2001. 猕猴桃的科学采收与贮藏[J]. 农村发展论丛：实用版（17）：25.

白吉庆，王小平，叶峥嵘. 等，2012. 藤梨根提取物对人胃癌SGC-7901细胞瘤*p53*、*Bcl-2*基因表达的影响[J]. 陕西中医（2）：244-245.

白俊青，2019. 不同品种猕猴桃在贮藏期对青霉病的抗性评价[D]. 杨凌：西北农林科技大学.

白新鹏，裘爱泳，2006. 美味猕猴桃根提取物保肝作用的实验研究[J]. 中药材（8）：824-827.

别智鑫，翟梅枝，李春茂，等，2006. 不同施肥处理对秦美猕猴桃贮藏性及其品质的影响[J]. 西北植物学报（9）：1950-1954.

蔡金术，王中炎，2009. 套袋对"楚红"猕猴桃果实品质的影响[J]. 湖南农业科学（1）：118, 121.

蔡同一，倪元颖，闫红，等，1999. 不同国产超滤膜对苹果浓缩汁产生后混浊影响的比较[J]. 食品工业科技（1）：17-19.

曹彬彬，董明，赵晓佳，等，2012. 不同浓度臭氧对皖翠猕猴桃冷藏过程中品质和生理的影响[J]. 保鲜与加工（2）：5-8, 13.

曹凡，高贵田，王铎，等，2019. ClO_2对猕猴桃表面溃疡病病菌的杀菌作用及果实货架期品质的影响[J]. 核农学报（1）：88-95.

陈楚润，姜多，吴传金，等，2018. 红阳猕猴桃收贮运方案制定方法研究[J]. 广东农业科学（3）：33-37.

陈海峰，刘晴，曾书琴，2016. 猕猴桃蒸汽热烫去皮工艺研究[J]. 食品科技（6）：117-120.

陈红梅，王沙沙，尹何南，2018. 不同工艺处理对野生猕猴桃酒品质的影响[J]. 食品科学，39（4）：233-239.

陈林，秦文飞，吴应梅，等，2019. 红心猕猴桃酒异步发酵工艺的研究[J]. 酿酒科技（2）：236-239.

陈诗晴，王征征，姚思敏薇，等，2017. 猕猴桃低糖复合果酱加工工艺[J]，安徽农业科学（33）：96-99，112.

陈诗晴，王征征，姚思敏薇，等，2018. 不同杀菌方式对贮藏过程中猕猴桃低糖复合果酱品质的影响[J]. 食品工业科技，39（5）：53-58，64.

陈岩业，2015-01-21. 一种猕猴桃果酒：201410533562.2[P].

陈野，刘会平，2017. 食品工艺学[M]. 北京：中国轻工业出版社.

陈永杰，史仁杰，2012. 藤梨根提取物对HT-29荷瘤裸鼠的抑制及诱导凋亡作用的影响[J]. 世界华人消化杂志（17）：1547-1552.

陈永杰. 史仁杰，2012. 藤梨根提取物对大肠癌LoVo细胞增殖的抑制作用及诱导凋亡的影响[J]. 世界华人消化杂志（18）：1657-1661.

程小梅，彭亚军，杨玉，等，2018. 猕猴桃青霉病病原菌鉴定及中草药提取物对其抑菌效果[J]. 植物保护（3）：186-189，202.

崔永杰，李平平，丁宪，等，2012. 猕猴桃分级果实表面缺陷的检测方法[J]. 农机化研究，34（10）：139-142.

丁正国，1998. 猕猴桃浓缩汁的生产开发[J]. 食品工业（2）：12-13.

杜庆聪，裴艳涛，杨国涛，等，2011. 藤梨根乙酸乙酯提取物对肺癌A549细胞增殖的影响[J]. 中国老年学杂志（21）：4180-4183.

段爱莉，雷玉山，孙翔宇，等，2013. 猕猴桃果实贮藏期主要真菌病害的rDNA-ITS鉴定及序列分析[J]. 中国农业科学（4）：810-818.

段眉会，朱建斌，2012. 猕猴桃贮藏保鲜实用工艺技术[M]. 杨凌：西北农林科技大学出版社.

段腾飞，李昭，岳田利，等，2019. 反式-2-己烯醛对猕猴桃贮藏过程扩展青霉生长的抑制作用[J]. 农业工程学报（2）：293-301.

段志坤，杨尊元，2002. 猕猴桃的采收与贮藏[J]. 柑桔与亚热带果树信息（7）：36-37.

方芳，许凯扬，罗忠银，等，2013. 二次正交旋转组合设计优化水酶法提取猕猴桃籽油的工艺[J]. 中国粮油学报（1）：55-59.

方红明，郭勇，王辉，等，2013. 复方藤梨根制剂对CT26小鼠移植瘤的生长及瘤体内血管内皮生长因子表达的影响[J]. 现代实用医学（12）：1330-1331，1418.

冯银杏，2017. 猕猴桃冻片加工及果皮粉干燥加工特性研究[D]. 广州：华南理工大学.

高海生，2006. 猕猴桃贮藏保鲜与深加工技术[M]. 北京：金盾出版社.

高磊，罗轩，张蕾，等，2018. 猕猴桃采后真菌腐烂病害发生与防治技术研究进展[J].

中国果树（3）：72-76.

高愿军，熊卫东，李元瑞，等，2004. 猕猴桃加工中还原型VC和氧化型VC变化的研究
　　[J]. 中国食品学报（4）：37-41.

高振鹏，岳田利，袁亚宏，等，2002. 真空渗糖法加工低糖猕猴桃果脯工艺研究[J]. 西
　　北农林科技大学学报（自然科学版），30（增刊）：36-38.

耿敏，2016. 猕猴桃加工工艺探究分析[J]. 食品安全导刊（27）：127.

龚恕，张星海，2007. 猕猴桃糖水罐头加工过程中营养成分变化比较[J]. 安徽农学通报
　　13（15）：58-60.

郭宇欢，张丽媛，何玲，等，2017. 银杏叶粗提物对猕猴桃灰葡萄孢霉的抑制[J]. 现代
　　食品科技（6）：111-117.

国宏莉，陈光治，李江华，等，2014. 藤梨根乙酸乙酯制剂诱导食管癌细胞凋亡机制
　　的观察[J]. 浙江临床医学（7）：1027-1029.

韩礼星，黄贞光，赵改荣，等，2001. 猕猴桃果实采收贮藏与保鲜[J]. 果农之友
　　（6）：36-37.

何国荣，2019. 基于单片机的猕猴桃果实称重分级控制器设计[J]. 湖北农业科学
　　（18）：137-140.

何佳，张宏森，张海宁，等，2012. 果浆酶和果胶酶对猕猴桃出汁率的影响[J]. 食品科
　　学，33（8）：76-79.

何小娥，丁仁惠，王文龙，等. 不同采收期对猕猴桃果实耐贮性的影响[J]. 安徽农学通
　　报（8）：54-57.

何易雯，王志勇，吴泽宇，等，2018. 超高压处理对猕猴桃汁叶绿素保留率的影响[J].
　　包装与食品机械（6）：7-9.

侯凯强，2017. 猕猴桃的采收和贮藏保鲜技术研究进展[J]. 闽东农业科技（1）：17-19.

胡花丽，王毓宁，李鹏霞，2015. 气调贮藏对猕猴桃抗坏血酸-谷胱甘肽代谢的影响
　　[J]. 现代食品科技（7）：152-159.

胡容平，石军，林立金，等，2017. 四川猕猴桃软腐病防治初步研究[J]. 西南农业学
　　报，30（2）：366-370.

霍迎秋，张晨，李宇豪，等，2019. 高光谱图像结合机器学习方法无损检测猕猴桃[J].
　　中国农机化学报，40（4）：71-77.

纪娜，2019. 基于PLC和MCGS的猕猴桃果实称重分级控制器设计[J]. 自动化技术与应
　　用（6）：20-23.

贾德翠，王仁才，涂洪强，等，2008. 不同预冷处理对猕猴桃果实冷藏效果的影响[J].
　　湖南农业大学学报：自然科学版（3）：314-316.

江峰，魏洪，黄亚励，等，2017. 壳聚糖香草醛席夫碱对猕猴桃果汁污染菌的抑制作用[J]. 贵州医科大学学报（1）：40-44.

江峰，魏洪，徐红，等. 壳聚糖及其衍生物对猕猴桃致病菌的抑制作用[J]. 中国食品添加剂（12）：87-92.

姜爱丽，白雪，杨柳，等，2016. 软枣猕猴桃加工与保鲜研究进展[J]. 食品工业科技，37（14）：375-378，384.

蒋成，张旭，刘孝平，等，2019. 猕猴桃酒专用酵母的筛选[J]. 基因组学与应用生物学（4）：1689-1696.

蒋治卫，谭凤玉，周鹏宇，等，2019. 草酸铵法提取红心猕猴桃果皮果胶工艺研究[J]. 安徽农学通报（16）：122-124.

金方伦，2000. 黔北山区猕猴桃不同采收期对果实品质的影响[J]. 广西园艺（3）：20-21.

黎星辰，2017. 猕猴桃酒酿酒菌种性能分析、优选与混合发酵工艺优化研究[D]. 成都：西华大学.

李超，陈丹，王乃馨，等，2015. 低糖猕猴桃脯的制备工艺研究[J]. 徐州工程学院学报（自然科学版），30（3）：64-69.

李加兴，孙金玉，陈双平，等，2006. 猕猴桃籽粕蛋白提取工艺研究[J]. 中国食品学报（6）：14-18.

李加兴，孙金玉，刘飞，等，2010. 超声波辅助提取猕猴桃籽油的工艺优化[J]. 中国油脂（8）：11-14.

李加兴，袁秋红，孙金玉，等，2007. 猕猴桃果脯微波干燥工艺研究[J]. 食品与发酵工业，33（8）：99-101.

李加兴，周长春，杨建军，等，2008. 猕猴桃籽油软胶囊GMP技术应用研究[J]. 食品工业科技（4）：78-80.

李建芳，周枫，王爽，等，2019. 野生猕猴桃酒苹果酸-乳酸发酵优良乳酸菌的筛选与耐受性研究[J]. 中国酿造，38（8）：56-59.

李京，徐莹，杨晓丹，等，2017. 猕猴桃根的抗肿瘤作用及临床研究进展[J]. 中华中医药学刊（11）：2745-2747.

李可，袁怀瑜，朱永清，等，2021. 不同品种猕猴桃籽油脂肪酸组成的PCA分析[J]. 中国调味品（2）：70-74.

李辣梅，严涵，王瑞，等，2023. 1-甲基环丙烯对即食"红阳"猕猴桃货架寿命与风味的影响[J]. 食品与发酵工业，49（12）：144-152.

李黎，陈美艳，张鹏，2016. 猕猴桃软腐病的病原菌鉴定[J]. 植物保护学报，43（3）：527-528.

李平平，邵玉玲，张发年，等，2014 .基于统计分析猕猴桃外观指标分级方法的研究[J].农机化研究，36（4）：167-170.

李秋萍，刘仁杰，张起，等，2016.修文猕猴桃加工及其加工利用前景探索[J].农技服务，33（18）：117.

李昕沂，刘丹丹，罗晶晶，等，2021.不同酵母菌发酵对猕猴桃果酒品质的影响[J].中国酿造，40（2）：107-110.

李圆圆，罗安伟，李琳，等，2018.采前氯吡脲处理对'秦美'猕猴桃贮藏期间果实硬度及细胞壁降解的影响[J].食品科学，39（21）：273-278.

李忠宏，陈香维，史亚歌，2004.猕猴桃加工中变色机理及护色方法探讨[J].西北农业学报（1）：124-127.

梁根桃，严逸伦，方星，1990.中华猕猴桃果实采收后某些生理特性的研究[J].浙江林学院学报（2）：104-110.

梁洁，甄汉深，李生茂，等，2008.广西产美味猕猴桃根正丁醇部位化学成分研究[J].中国中药杂志（11）：1275-1277.

梁明在，廖哲逸，王惠如，等，2008.以超临界CO_2先导试验设备萃取猕猴桃籽油之研究[C].第七届全国超临界流体技术学术及应用研讨会论文集：102-107.

林水花，吴锦忠，吴建国，2017.毛花猕猴桃根中总三萜成分纯化工艺研究[J].海峡药学（2）：5-11.

刘春燕，丁捷，刘继，等，2019.脱皮方式对低糖猕猴桃果酱特征风味物质的影响[J].食品科技，44（1）：125-132.

刘焕军，罗安伟，牛远洋，等，2018.臭氧处理对猕猴桃果实采后病害及品质的影响[J].中国食品学报（11）：175-183.

刘晓翠，王丽，黎星辰，等，2019.响应面优化猕猴桃酒混合发酵工艺[J].食品工业科技，40（18）：65-71.

刘晓燕，张喜龙，马立志，2018.贵长猕猴桃果皮中多酚的提取工艺及抗氧化研究[J].食品科技（9）：261-266.

刘旭峰，樊秀芳，张清明，等，2002.猕猴桃采收适期研究[J].西北农业学报（1）：72-74.

刘元法，曾益坤，王兴国，2005.猕猴桃籽油的超临界萃取及其成分分析[J].粮油食品科技（1）：35-36.

刘运松，雷玉山，王西锐，2006.剖析影响猕猴桃果实贮藏质量的原因[J].保鲜与加工（5）：4-5.

刘忠超，盖晓华，2020.基于机器视觉和PLC的猕猴桃分级控制系统设计［J］.中国农机化学报，41（1）：131-135.

刘仲华，张盛，张胜，等，2013. 猕猴桃籽油β-环糊精包合物的制备工艺研究[J]. 食品工业（8）：49-50.

栾霞，李秀娟，郭咪咪，2017. 湘西猕猴桃籽成分分析及猕猴桃籽油的特性研究[J]. 中国油脂（8）：136-139.

罗安伟，2012. 猕猴桃酒用酵母的选育[D]. 杨凌：西北农林科技大学.

吕娟莉，曹改莲，段眉会，2018. 即食猕猴桃推广价值及产业发展前景[J]. 中国果菜，38（3）：57-59.

吕岩，宋云，2019. 猕猴桃的科学采收[J]. 西北园艺：果树（4）：12-14.

麻成金，李加兴，姚茂君，等，2006. 超临界CO_2萃取猕猴桃籽油的工业化生产研究[J]. 中国粮油学报，21（2）：75-78.

马超，曹森，李苇洁，等，2019. 不同套袋对红阳猕猴桃采后品质及贮藏品质的影响[J]. 食品与发酵工业（15）：202-208.

马建岗，杨水云，林淑萍，等，2003. 猕猴桃籽有机成分的初步研究[J]. 西北植物学报（12）：2172-2175.

马秋诗，饶景萍，李秀芳，等，2014. 贮前热水处理对'红阳'猕猴桃果实冷害的影响[J]. 食品科学（14）：256-261.

孟凡池，曹建芳，张钰婷，等，2017. 超声辅助提取猕猴桃果皮及果肉中果胶的工艺优化[J]. 绿色科技（14）：283-285.

穆晶晶，张博，李书倩，等，2013. 失水处理对软枣猕猴桃贮藏期间褐变相关因子的影响[J]. 食品科学（20）：307-311.

穆韦瞳，李涵，邓红，等，2018. 冷破碎猕猴桃果粉的研制剂其品质特性研究[J]. 安徽农业科学（5）：183-188.

牛远洋，2017. 臭氧耦合低温对猕猴桃保鲜效果的研究[D]. 杨凌：西北农林科技大学.

欧阳红涛，吴晶莹，陈玉祥，2011. 藤梨根抗病毒活性部位的初步筛选[J]. 中国现代医学杂志（4）：8-12.

欧阳玉祝，李佑稷，张萍，等，2008. 添加芦荟提取物对猕猴桃果汁抗氧化性的影响[J]. 食品科学，29（10）：71-74.

潘静娴，戴洪，黄玉婷，2005. 猕猴桃碱法去皮工艺参数和效果的决策预报[J]. 食品工业科技（11）：121-123.

潘牧，陈超，王辉，等，2019. 不同预处理条件对低温真空油炸猕猴桃脆片品质的影响[J]. 农技服务，27（8）：33-34，36.

戚一曼，樊明涛，程拯艮，等，2016. 猕猴桃酒主要发酵过程中多酚及抗氧化性的研究[J]. 食品研究与开发，37（24）：6-12.

屈慧鸽，孙宪忠，赵淑兰，1997. 不同采收期的软枣猕猴桃贮藏效果研究[J]. 特产研究
（3）：11-14.

屈魏，高萌，冉昇，等，2020. 挂树预贮对'徐香'猕猴桃采后耐贮性和冷敏性的影
响[J]. 食品科学（23）：197-204.

邵玉玲，徐立青，宋思哲，等，2015. 陕西省A区猕猴桃分级现状及发展对策[J]. 农机
化研究（2）：249-253.

师俊玲，李元瑞，江峰，1999. 超滤在猕猴桃汁澄清中的应用[J]. 食品工业科技,20
（1）：20-22.

石浩，王仁才，王琰，等，2020. 猕猴桃采后病害植物源杀菌剂的筛选及其抑菌效果
分析[J]. 经济林研究（1）：75-82.

宋艳，2016-07-26. 一种猕猴桃果粉的制备方法及制备装置：20161059221.7[P].

苏文文，吴迪，韩振诚，等，2021. 贵州猕猴桃果实腐烂病病原菌鉴定及分析[J]. 河南
农业科学（3）：97-102.

孙菲菲，2006. 优良猕猴桃酒酵母优选及猕猴桃酒香气调控技术研究[D]. 杨凌：西北
农林科技大学.

孙洪浩，张家庆，徐国俊，等，2014. 不同澄清剂对猕猴桃干酒澄清效果的影响[J]. 酿
酒，41（6）：57-61.

孙兰萍，张斌，赵大庆，等，2008. 响应曲面法优化超临界CO_2萃取猕猴桃籽油条件
[J]. 化学工程，36（12）：1-5.

孙强，罗秦，冉旭，2014. 果胶酶提高红心猕猴桃出汁率的工艺优化[J]. 食品工业科技
（14）：202-210.

孙晓，王海柱，李英杰，等，2022. 超临界CO_2萃取猕猴桃籽油工艺的研究[J]. 石油钻
探技术（3）：17-23.

孙雪飞，裴艳涛，杨国涛，等，2011. 藤梨根提取物对肺癌A549细胞凋亡及细胞周期
的影响[J]. 中国老年学杂志（20）：4001-4004.

孙旸，孙春玉，马骥，等，2011. 果胶酶提高软枣猕猴桃出汁率的工艺优化[J]. 中国酿
造，30（9）：115-117.

唐雪，曹宁，周景瑞，2017. 贵长猕猴桃酒酿造工艺研究[J]. 酿酒科技（12）：50-54.

陶淑华，陈丽，蒋镇烨，等，2020. 低温贮藏对美味猕猴桃布鲁诺果实主要挥发性物
质和脂肪酸代谢的影响[J]. 核农学报（2）：288-297.

田红炎，饶景萍，2012. 二氧化氯处理对机械损伤猕猴桃果实的防腐保鲜效果[J]. 食品
科学（18）：298-302.

王岸娜，2004.壳聚糖澄清猕猴桃果汁及其澄清机理的探讨[D].无锡：江南大学.

王岸娜，孙玉丹，李龙安，等，2012.响应面法优化猕猴桃糖蛋白提取工艺研究[J].河南农业科学（8）：121-127.

王岸娜，吴立根，王晓曦，2006.猕猴桃加工研究现状[J].食品与机械，22（3）：67-69.

王东伟，黄燕芬，肖默艳，等，2008.果胶酶处理对软枣猕猴桃出汁率的影响[J].保鲜与加工（4）：48-50.

王鸿飞，李元瑞，师俊玲，1999.果胶酶在猕猴桃果汁澄清中的应用研究[J].西北农业大学学报（3）：106-109.

王岚，康琛，杨伟鹏，等，2010.藤梨根正丁醇提取物和总黄酮苷抗肿瘤作用研究[J].中国中药杂志（16）：2184-2186.

王丽娟，2017.三种水果罐头原料去皮技术的研究[D].杭州：浙江大学.

王明召，阳廷密，张素英，等，2018.'红阳'猕猴桃不同时期采收果实品质及贮藏效果研究[J].中国果树（4）：31-33，41.

王明召，阳廷密，张素英，等，2019.采果方法对'红阳'猕猴桃果实贮藏性能的影响[J].南方园艺（6）：67-38.

王强，董明，刘延娟，2010.不同猕猴桃品种贮藏特性的研究[J].保鲜与加工（2）：44-47.

王勤，赵周，曾娟，等，2021.苍溪红心猕猴桃最适采收期研究[J].江苏农业科学（16）：134-139.

王斯妤，陈东元，王璠，等，2021.果袋颜色对"金艳"猕猴桃果实品质和贮藏性的影响[J].安徽农业科学（12）：34-37.

王斯妤，陈东元，王璠，等，2020.套袋处理对红阳猕猴桃果实品质及贮藏性的影响[J].江西农业学报（6）：41-46.

王新刚，胡小军，李安生，2003.超临界二氧化碳萃取猕猴桃籽油的研究[J].食品与机械（4）：11-12.

王雪青，兰凤英，邵汝梅，2001.高压对猕猴桃酱质量的影响[J].食品与发酵工业，288（3）：28-30.

王亚楠，胡花丽，张璇，等，2013.气调贮藏对'红阳'猕猴桃果胶含量及相关酶活的影响[J].食品与发酵工业（8）：38-42.

王玉萍，2013.不同品种猕猴桃采后果实耐冷性差异及早采和1-MCP处理对其冷害的影响[D].杨凌：西北农林科技大学.

王玉萍，段琪，饶景萍，等，2013.1-MCP对不同品种猕猴桃果实冷害的调控作用[J].西北农业学报（3）：110-114.

吴标，麻成金，黄群，等，2007. 脱脂猕猴桃籽粕蛋白质提取工艺条件研究[J]. 四川食品与发酵（5）：35-38.

肖松山，王远烈，吴汉香，1994. 海沃德猕猴桃适时采收的贮藏效应[J]. 果树科学（1）：46-47.

谢慧明，2012. 超高压处理对猕猴桃汁品质的影响[J]. 食品科学，33（11）：17-20.

谢主兰，吴红棉，周浓，等，2001. 猕猴桃汁、糯米汁复合饮料的工艺研究[J]. 食品科技（2）：51-52.

徐莹，任雪，佟昌慈，等，2020. 猕猴桃根提取物抗肝细胞癌作用及相关机制研究[J]. 临床军医杂志（2）：128-132.

许发平，2018-08-30. 超声震荡制备猕猴桃果脯的方法：201810999606.9[P].

宣娟，2011. 猕猴桃加工利用概况[J]. 农业科技与装备（7）：9-11.

闫彬，郭文川，2020. 基于K-means聚类与果萼形状的'海沃德'猕猴桃膨大果检测方法[J]. 西北农林科技大学学报（自然科学版）（5）：1-8.

严涵，肖春，张辉，等，2022. "即食"红阳猕猴桃的制备工艺[J]. 食品与发酵工业，48（13）：227-237.

燕平，李志玖，骆志国，2009. 藤梨根提取物对人食管癌Eca-109细胞生长和凋亡的调节[J]. 肿瘤学杂志（7）：635-637.

杨柏崇，李元瑞，2003. 猕猴桃籽油的超临界二氧化碳萃取研究[J]. 食品科学（7）：104-108.

杨贵琴，莫飞旭，高强，等，2019. 套袋时间对猕猴桃品质及防御酶活性的影响[J]. 贵州农业科学（8）：97-102.

杨海霞，关云静，邓建军，等，2013. 猕猴桃籽粕蛋白质的提取分离及抗氧化活性[J]. 食品与发酵工业（9）：205-209.

杨海霞，袁越，赵亮，等，2014. 猕猴桃籽粕多酚的提取及其体外抗氧化活性研究[J]. 西北大学学报：自然科学版（2）：226-230.

杨金娥，康雪峰，罗峰谊，2022. 关于猕猴桃"即食性"若干问题的思考[J]. 果业之友（5）：7-10.

杨青珍，饶景萍，王玉萍，2013. '徐香'猕猴桃采收后逐步降温处理对果实冷害、品质和活性氧代谢的影响[J]. 园艺学报（4）：651-662.

杨涛，马京晶，雷进，2021. 基于表面缺陷识别的猕猴桃分级方法[J]. 湖北农业科学（7）：145-148.

杨晓丹，郑振东，韩涛，等，2016. 中华猕猴桃根乙酸乙酯部分抑制结肠癌SW480细胞增殖作用[J]. 临床军医杂志（1）：55-59.

姚茂君，王中华，汤璞，等，2007. 猕猴桃果脯褐变控制方法研究[J]. 中国食物与营养
（8）：41-44.

叶昕，李昆同，2011. "红阳"猕猴桃采收成熟度及1-MCP对果实保鲜的效果[J]. 四川
农业大学学报（29）：374-377.

张琛，郗笃隽，刘辉，等，2020. 我国猕猴桃果酒酿造工艺及其品质评价研究进展[J].
中国酿造，39（10）：26-29.

张凤芬，钟振国，张雯艳，等，2005. 山梨猕猴桃根提取物的体外抗肿瘤活性研究[J].
中医药学刊（2）：261-263.

张浩，2014. 不同品种猕猴桃果实冷藏适宜温度的研究[D]. 杨凌：西北农林科技大学.

张慧莹，王璇，丁婷婷，等，2011. 软枣猕猴桃根蒽醌类化合物的提取及其体外抗肿
瘤实验[J]. 中国老年学杂志，31（23）：4630-4631.

张江波，2009. 猕猴桃酒优良酵母的电融合法选育研究[D]. 杨凌：西北农林科技大学.

张丽，国宏莉，田林，等，2007. 藤梨根提取物对人食管癌细胞生长抑制作用的研究
[J]. 中药材，30（5）：564-566.

张丽华，惠伟，屠荫华，2015. 猕猴桃在食品加工中的应用[J]. 氨基酸与生物资源，37
（2）：6-9.

张丽华，李昌文，纵伟，等，2016. 猕猴桃果酱制作的研究[J]，湖北农业科学，55
（3）：699-702.

张秦权，文怀兴，许牡丹，等，2013. 猕猴桃切片真空干燥设备及工艺的研究[J]. 真空
科学与技术学报（1）：1-4.

张群，葛可达，张维，等，2020. 1-MCP结合低温贮藏对猕猴桃采后品质的影响[J]. 湖
南农业科学（3）：61-66.

张群，李绮丽，李绍华，等，2020. 采收期对"金艳"猕猴桃果实品质和耐贮性的影
响[J]. 食品安全质量检测学报（12）：3913-3918.

张群，舒楠，罗赛男，等，2022. 不同品种猕猴桃贮藏特性的研究[J]. 湖南农业科学
（1）：73-78，82.

张群，舒楠，宁密密，等，2022. 不同施肥处理对"东红"猕猴桃贮藏期间果实硬度
及细胞壁降解的影响[J]. 保鲜与加工（9）：28-37.

张群，舒楠，宁密密，等，2022. 采果方法对贮藏期猕猴桃果实品质劣变和抗氧化能
力的影响[J]. 湖南农业科学（5）：80-85.

张群，舒楠，张维，2021. 不同去皮方法对猕猴桃去皮效果和品质的影响[J]. 湖南农业
科学（2）：87-90，95.

张珊，宋乐园，陈林玉，等，2019. 中华猕猴桃籽中抗氧化化学成分研究及总酚酸含

量测定[J]. 中国药学杂志（20）：1653-1659.

张覃权，文怀兴，许牡丹，等，2013. 猕猴桃切片真空干燥设备及工艺研究[J]. 真空科学与技术学报，33（1）：1-4.

张晓萍，高贵田，王雪媛，2018."华优"猕猴桃果酒加工工艺研究[J]. 陕西师范大学学报（自然科学版），46（6）：100-107.

赵丽芹，2001. 园艺产品贮藏加工学[M]. 北京：中国轻工业出版社.

赵宁，魏新元，樊明涛木，等，2017. 发酵方法及品种对猕猴桃酒多酚和抗氧化性的影响[J]. 食品科学，38（21）：86-92.

钟彩虹，曾秋涛，王中炎，2002. 果实套袋对猕猴桃采前落果及果实品质的影响[J]. 湖南农业科学（4）：34-35.

钟曼茜，翟舒嘉，刘伟，等，2023. 我国即食猕猴桃产业发展现状、问题与对策[J]. 中国果树（2）：122-127.

钟振国，张凤芬，甄汉深，等，2004. 美味猕猴桃根提取物抗肿瘤作用的实验研究[J]. 中医药学刊（9）：1705-1707.

周元，贲浩，傅虹飞，2014. 酵母菌株对猕猴桃酒香气成分的影响[J]. 食品工业科技，30（12）：263-270，240.

朱春华，龚琪，李进学，等，2013. 猕猴桃果实加工综合利用研究进展[J]. 保鲜与加工，13（1）：57-62.

朱克永，隋明，2018. 猕猴桃加工工艺及开发利用趋势[J]. 食品研究与开发，39（22）：220-224.

朱新鹏，沈大刚，2004. 猕猴桃脆片生产工艺[J]. 林业科技开发，18（3）：68.

祝美云，党建磊，2010. 壳聚糖复合膜涂膜保鲜猕猴桃的研究[J]. 果树学报（6）：1006-1009.

曾凡杰，孟莉，吕远平，2017. 不同前处理和冻结方式对猕猴桃片干制品品质的影响[J]. 食品科技，42（8）：63-68.

曾祥碧，唐靖文，龙友，等，2016. 不同颜色套袋对猕猴桃品质及贮藏性的影响[J]. 中国园艺文摘（2）：9-12，51.

左丽丽，王振宁，樊梓鸾，等，2013. 三种猕猴桃多酚粗提物对A549和Hela细胞的抑制作用[J]. 食品工业科技，34（5）：358-361.

左玉萍，冯成利，党蕊叶，2006. 猕猴桃蛋白酶提取的工艺技术研究[J]. 西北农业学报（6）：127-129.

MASKAN M, 2001. Drying, shrinkage and rehydration characteristics of kiwifruits during hot air and microwave drying[J]. Journal of Food Engineering，48（2）：177-182.

ZhOUY，GONG G S，CUI Y L，et al.，2015. Identification of botryosphaeriaceae species causing kiwifruit rot in Sichuan province，China[J]. Plant Disease，99（5）：699-708.

附录一 冷库设备、制冷系统维护保养及使用注意事项

一、冷库设备及制冷系统维护保养

1.经常检查和确认电源的电压是否符合要求，电压应为380V ± 10%（三相四线）。冷藏设备长期不用时，应切断总电源，并确保制冷机组不受潮、不被灰尘等其他物质所污染。

2.制冷机组上的冷凝器很容易被污染，应根据实际情况定期进行清洗。以保持良好的传热效果。散热好，制冷才好。制冷机组周围不要堆放任何杂物。

3.制冷机在运转过程中应避免振动，振动除增加机械磨损外还会导致机组上连接管松动或者断裂。机器在运转过程中若发现噪声异常，应停机检查，排除后再运行。制冷压缩机组的保护功能均已事先设定好，无须调整。

4.定期检查制冷机组的各连接管及阀件上的连接管是否牢固、是否有制冷剂渗漏（一般渗漏的地方会出现油迹）。检漏最实用的方法是：用海绵或软布沾上洗涤剂，揉搓起沫，然后均匀涂在要检漏的地方，观察数分钟。若渗漏会有气泡出现，在渗漏的地方做上记号，然后做紧固或气焊处理（由专业制冷工作人员进行检修操作）。

5.冷库的电器设备应避免受潮，以免漏电造成触电事故。

6.冷库门的铰链、拉手、门锁应根据实际情况定期添加润滑油。

7.冷库的电器设备检修应由电工或懂得用电知识的人员来操作，任何检修都必须切断电源以确保安全。

8.冷库的上面（顶板）不应堆放杂物，否则冷库的库板会变形而影响保温性能，并保持冷库周围通道畅通，只有确保传热良好，制冷才能良好。安放冷库的位置应保持干燥、洁净、无易燃易爆物品，确保没有任何安全隐患。蒸发器前不得堆放物品（预留一定的空隙），以免影响制冷效果。

冷库的库内温度、湿度等参数，这些都应根据冷库的实际情况而设定，不可任意改变参数。冷库出厂时已根据用户要求定制，要了解冷库的技术参数后再进行控制器上各项参数的设定。

如因空气湿度过大、化霜间隔时间长、库温设定不正常，所有这些都会导致库内蒸发器上霜层增厚，库温下降。这时就应进行化霜（除霜）处理。并及时观察，等霜层消失立即停止化霜。稍等片刻后再启动设备。

压缩机应避免频繁启动，每次停机间隙时间不应少于6min。发现压缩机视油镜油位下降或变脏时，需及时添加或更换，不能加入牌号不对和长期暴露在空气中致使含水量多的不合格冷冻机油，否则会引起高温碳化、低温析蜡、电机绝缘受损、系统回油困难等故障。经常注意压缩机外壳、机身及气缸盖处的温度变化以判定压缩机运转是否正常。制冷压缩机组在通常情况下不须加油。如果确定需要加油，应由专业人员加入压缩机专用油，加油量由专业人员制定，不得盲目添加。

9. 冷库设备初期运转机组，要经常观察压缩机的油面、回油情况、油的清洁度，发现油脏或油面下降要及时更换和添加，以免润滑不良造成烧毁压缩机。

10. 冷库设备的冷风机，要经常检查除霜情况，除霜是否彻底，除霜不好导致制冷慢并造成系统回液。

11. 冷库设备的风冷机组，要经常清扫冷凝器使其保持良好的通风换热状态。冷库水冷机组，要经常检查冷却水的混浊程度，如冷却水太脏，要进行更换。检查供水系统有无跑、冒、滴、漏问题。水泵工作是否正常，阀门开关是否有效，冷却塔风机是否正转。

12. 仔细倾听压缩机、冷却塔、水泵或冷凝器风机运转的声音，发现异常及时处理，同时检查压缩机、排气管及地脚的振动情况。

13. 经常观察压缩机运行状态，检查其排气温度，在换季运行时，要特别注意及时调整系统供液量。

14. 对压缩机的维护，初期系统内部清洁度较差，在运行30d后要更换一次冷冻油和干燥过滤器，在运行半年之后再更换一次（要根据实际情况而定）。对于清洁度较高的系统，运行半年以后也要更换一次冷冻油和干燥过滤器，以后视情况而定。

二、库房的使用与管理

1. 冷库的使用，应按设计要求，充分发挥冷库的冻结、冷藏、制冰、储冰能力，提高利用率，确保安全生产与商品质量。商品堆垛，要留出合理的间距与走道，不得靠墙、靠顶，以便库内操作、车辆通过、设备检修以及使空气保持良好的循环。商品货垛要牢固整齐、挂牌，做到先进先出。商品进出库房要防止撞击库门、柱子、墙壁和制冷设备。

2. 库房管理要设立专门小组，要特别注意防水、防逃氨，要严格把好冰、霜、水、门、灯五关。

（1）穿堂和库房的墙、地坪、门、顶棚等部位有了冰、霜、水要及时清除。

（2）库内排管和冷风机要及时扫霜、融霜，以提高制冷效能，节约用电，冷风机水盘内不得积水。

（3）未经冻结的热货不得进入冻结物冷藏间，以防止损坏冷库，保证商品质量。

（4）要管好冷库门，商品进出要随手关门，库门损坏要及时维修，做到开启灵活，关闭严密、不逃冷，风幕要正常运转。

3.认真做好建筑物的维护和保养，防止建筑结构的冻融循环、冻酥、冻胀。

（1）空库时，冻结间和冻结物冷藏间应保持在-5℃以下，防止冻融循环；冷却物冷藏间应保持在露点温度以下，避免库内滴水受潮。

（2）为了保护地坪、防止冻胀冻坏，不得把商品直接铺在地坪上冻结，脱钩或脱盘不得在地坪上摔击，不准倒垛拆桩。

（3）商品堆垛、吊轨悬挂，其重量不得超过设计负荷。

（4）没有地坪防冻措施的冷却物冷藏间，在使用中应防止地坪冻胀。

（5）冷库地下自然通风管道应保持畅通，不得积水、结霜，不得堵塞。

（6）要定期对建筑物使用进行全面检查，发现问题要及时修复。

4.库内电器线路要经常维护、防止漏电，出库房要随手关灯。

三、商品保管与卫生

1.冷库要加强商品保管和卫生工作，重视商品养护，保证商品质量，减少干耗损失。要配备专职保质员（保管员）负责检查出入库商品质量，库内要做到符合食品卫生的要求。

2.根据商品的特性，严格掌握库房温度、湿度，在正常情况下，冻结物冷藏一昼夜温度变化不得超过1℃，冷却物冷藏间不得超过0.5℃。在货物进出仓过程中，冻结物冷藏间温度变化不得超过4℃，冷却物冷藏间不得超过3℃。

3.要严格掌握库内商品的贮存保质期限，定期检查，先进先出。如发现商品异变，应及时发出质检单，会同货主迅速处理。

4.商品要经过挑选、整理或改换包装才能入库。

5.要建立库房台账，认真记载商品的货主、进出库时间、凭证号码、数量、等级、质量、包装和生产日期，要按垛挂牌，定期核对账目，做到账、货、卡相符。

6.冷库必须做好下列卫生工作。

（1）库房周围和库内外走廊、汽车、火车月台、电梯等场所要专人清扫，保持卫生。

（2）库内使用的易锈金属工具、木质工具、运输工具、垫木、冻盘等设备要勤洗、勤擦、定期消毒，防止发霉、生锈。

（3）库内商品出清后，要彻底清扫、消毒，堵塞鼠洞，消灭霉菌。

四、设备管理、安全与劳动保护

1. 冷库的制冷设备具有高压、制冷剂有毒的特点，冷库职工要贯彻"安全第一、预防为主"的方针，严格贯彻执行相关部门《压力容器安全监察规程》《在用压力容器检验规程》，要以高度责任感进行认真的操作、维护、保养和检验，确保设备安全运转。

2. 冷库中的制冷工、电工、电焊工、叉车工、电梯工等特种作业人员应持证上岗，要经常进行安全教育、技术培训和业务学习，并按相关部门规定期限进行考核。

3. 冷库中所用压力容器除每次大修进行气密性试验外，外部检查必须每年一次，内部检验按规定期限内检验。压力表、安全阀每年必须经法定部门检验一次。经检验不合格者必须强制修复、更新。

4. 机房、库房的每台设备、每个阀门、仪表都必须有专人负责，认真操作，检修保养，建立交接班、安全生产、设备维护保养制度及定额标准等各类岗位责任制，并严格执行。

5. 操作人员要做到"四要""四勤""四及时"，要定期考核评比、奖惩。

（1）"四要"。要确保安全运行；要保证库房温度；要尽量降低冷凝压力；要充分发挥制冷设备的制冷效率，努力降低水、油、电、制冷剂及辅助材料的消耗。

（2）"四勤"。勤看仪表；勤查机器温度；勤听机器运转有无杂音；勤了解进出货情况。

（3）"四及时"。及时放油；及时除霜；及时放空气；及时消除冷凝器水垢。

6. 交接班时要做到如下几点。

（1）清楚当班生产任务及机器运转、供液、库温等情况。

（2）机器设备运行中的故障隐患及需要注意的事项明确。

（3）车间记录完整。

（4）生产工具用品和安全消防器材齐全。

（5）机器设备及工作场所清洁无污，周围无杂物。

（6）交接班中发现问题，如能当班处理，交班人应在接班人协助下负责处理完毕再离开。

7. 冷库库房和机房工作人员是在低温下工作，应按有关部门的规定，给予相应的劳动保护待遇。

五、冷库日常管理制度

1. 冷库工作人员必须遵守各项规章制度，遵守工作时间，服从工作安排，保证安全生产。

2. 制冷工要严格遵守操作规程，根据库温要求按时开机、停机，要经常检查维修保养机械设备，发现异常要及时维修并向领导报告。

3. 制冷工要经常检查库房内的温度，否则，如造成经济损失要对其进行经济处罚。

4. 制冷工工作时间内不准脱岗喝酒、睡觉或从事与本职工作无关的活动。

5. 冷库机房不准私留非工作人员住宿，非工作人员不准进入机房内。

6. 冷库内的各类货物要按位存放，堆放整齐。出库要填写出库单，要及时清理积压物品。因工作失职造成损失的，追究保管员责任并给予经济处罚。

7. 未经冷库经理同意，不得为外单位或个人在库内存放物品，否则追究保管员和管理员责任，视情节轻重给予50～200元或扣发当月奖金的处罚。

8. 库内物品做到账物相符，保管员必须对工作认真负责，不得粗心大意，弄虚作假，以权谋私，否则出现问题追究保管员责任。

9. 保管员、制冷工下班前要认真检查库房、机房情况，没有问题后方可离岗。

10. 冷库值班人员要经常注意冷库周围情况，发现异常要及时报警，确保冷库安全。

附录二 '红阳'猕猴桃采收技术规程

（T/HNSKJX 001—2020）

1 范围

本标准规定了'红阳'猕猴桃果实的采收成熟度、采收操作要求及方法。

本标准适用于'红阳'猕猴桃果实采收。

2 规范性引用文件

下列文件对于本文件的应用是必不可少的。凡是注日期的引用文件，仅所注日期的版本适用于本文件。凡是不注日期的引用文件，其最新版本（包括所有的修改单）适用于本文件。

GB 2762 食品安全国家标准　食品中污染物限量

GB 2763 食品安全国家标准　食品中农药最大残留限量

NY/T 1392 猕猴桃采收与贮藏技术规范

3 术语和定义

下列术语和定义适用于本文件。

3.1 '红阳'猕猴挑

'红阳'猕猴桃又名红心奇异果/红心猕猴桃，鲜果横剖面沿果心有紫红色线条呈放射状分布，似太阳光芒四射，色彩鲜美，故称'红阳'猕猴桃。

3.2 采收成熟度

果实外观表现出品种特征，但质地坚实，后熟果应有的品质、风味、香气等尚未表现。

3.3 机械损伤

在采收过程中因受到跌落、碰撞、振动、挤压、摩擦、刺伤等作用而引起果实变形，果皮、果肉破损等伤害。

4 采收指标

4.1 果实质量安全要求

符合GB 2762和GB 2763的有关规定。

4.2 采收成熟度指标

采收成熟度指标应符合表1的规定。

表1 采收成熟度指标

指标	范围
可溶性固形物	≥6.2%
种子颜色	呈黄褐色或黑色
果肉	果心部呈放射状红色，大多数种子的种皮呈现黄褐色或黑色

5 采收操作要求

5.1 采前测产取样

在一亩地的东、南、西、北、中随机抽取5株正常结果树，数每棵树的果实数量，再测一下平均单果重，平均单果重×单株平均果实数量×每亩结果树数=亩产。

然后在东、南、西、北、中各选1株，每株随机测5个果实的可溶性固形物，80%的果肉可溶性固形物含量≥6.2%可采收。

5.2 采收时间要求

应在晴天早、晚低温时段或多云天气时进行采收。

5.3 采收人员要求

采收人员进园前应进行采前培训，剪平指甲，穿戴工作衣帽和手套。

5.4 采收容器

使用专用的猕猴桃采收容器，应清洁卫生。

5.5 采收方法

掰下果实放入采果袋，转入果筐。整个采收过程应轻采轻放，装满果实的筐应放在树荫下或者阴凉、通风的场所，严禁在太阳下暴晒。

5.6 采后要求

采后及时运到预冷场地，从采收到入库不应超过24h。

附录三 ‘红阳’猕猴桃贮藏技术规程

（T/HNSKJX 002—2020）

1 范围

本标准规定了‘红阳’猕猴桃贮藏用果的基本要求，分级、入库、贮藏、果库管理、贮藏果实质量要求技术规范。

本标准适用于湖南‘红阳’猕猴桃鲜果的采后贮藏。

2 规范性引用文件

下列文件对于本文件的应用是必不可少的。凡是注日期的引用文件，仅所注日期的版本适用于本文件。凡是不注日期的引用文件，其最新版本（包括所有的修改单）适用于本文件。

GB 7718 食品安全国家标准 预包装食品标签通则

GB/T 191 包装储运图示标志

NY/T 1392 猕猴桃采收与贮运技术规范

NY/T 1778 新鲜水果包装标识 通则

3 术语和定义

下列术语和定义适用于本文件。

3.1 田间热

采收的猕猴桃从田间带到冷库的热量。

3.2 预冷

果实贮藏前或运输前，将其所携带的田间热量迅速去除，使果实温度降低到要求的降温措施。

4 贮藏

4.1 贮藏果实成熟度要求

'红阳'猕猴桃果实可溶性固形物含量达6.2%~9.0%，果实硬度应≥3kg/cm²。

4.2 预冷

采后24h内冷却到15℃左右，并保持24~48h。

4.3 挑选

剔除不符合要求的病虫果、机械伤果和畸形果。

4.4 分级

质量等级应符合表1的规定。

表1 等级要求

等级	要求
特级	具有本品种全部特征和固有外观颜色，无明显缺陷，果实大小80~100g
一级	具有本品种特征，可有轻微颜色差异和轻微形状缺陷，但无畸形。表皮缺损总面积不超过1cm²
二级	果实无严重缺陷，可有轻微颜色差异和轻微形状缺陷，但无畸形。可有轻微擦伤；果皮可有面积之和不超过2cm²已愈合的刺伤、疮疤

4.5 包装

按照NY/T 1778的规定执行。

特级和一级猕猴桃果实应单层托盘包装，果实之间应隔开。

4.6 标志

4.6.1 产品标签

应符合GB 7718、NY/T 1778的规定。

4.6.2 外包装图示标识

应符合GB/T 191的规定。

4.7　库房准备

4.7.1　入库前对制冷设备进行检修并调试正常。对库房及包装材料进行灭菌、消毒、灭鼠处理，然后及时通风换气。

4.7.2　果实入库前选择下列方法之一，对冷库的空气、地面及墙面进行消毒杀菌。

4.7.2.1　ClO_2消毒：配制60~80mg/L的ClO_2水溶液，全面均匀喷洒后密闭30min。

4.7.2.2　臭氧（O_3）消毒：不小于20mg/m³浓度的O_3，密闭30min。

4.7.2.3　消毒液消毒：0.5%高锰酸钾溶液喷洒冷库，密闭30min。

4.7.3　贮果用具准备

用于贮藏果实的板条木箱、塑料箱，其内壁必须平整，宜衬垫软物，容量为10~15kg。用60~80mg/L的ClO_2水溶液或含氯浓度0.5%~1.0%的漂白粉溶液或0.05%的次氯酸钠溶液浸泡，刷洗后沥干待用。

4.7.4　空库降温

库房温度应预先3~5d降至（1±0.5）℃，使库充分蓄冷。

4.8　贮藏要求

4.8.1　库温控制在（1±0.5）℃，相对湿度为90%~95%。

4.8.2　堆码要求

按等级分垛堆码。货垛排列方式走向及间隙应与库内空气循环流向一致。堆码距离墙20~30cm，距冷风机不少于150cm，距冷库库顶50~60cm，垛间距30~50cm，库内通道120~180cm，垛底垫木（石）高度10~15cm。

4.8.3　入库

将果实分批集中入库，每日入库量不超过库容量的25%。应在清晨或夜间外界气温低的时段入库，每间库房入库装载的时间连续不超过5d。

5　贮期管理

5.1　温度和湿度的监测

每天定时检测一次库房内的温度和湿度，控制在贮藏要求的范围内。

5.2　通风换气

每7~10d，在夜间或早晚低温时抽、换气一次。

5.3　换箱挑选

入库后每个月在库内进行倒箱，调换位置；剔除软果及腐烂果。

5.4　贮藏效果监测

从库房不同位置取样，筐数≤100筐，随机取5筐；筐数101～300筐，随机取7筐；筐数301～500筐，随机取9筐；筐数501～1 000筐，随机取10筐；筐数≥1 000筐，随机取不少于15筐。贮藏期内，每间隔10～15d抽取不少于50个果实逐果检查，腐烂果率≥3%时，应及时出库上市。

6　出库

果实达到出库标准应及时出库。

7　记录

根据附录填写相关的表格。建立入库、出库、消毒、温湿度和果品质量安全系列记录表格。

具体见附表1～附表5。

附表1　入库单

品名	规格型号	数量	合计	日期	记录人	备注

附表2　出库单

品名	规格型号	数量	合计	日期	记录人	备注

附表3　消毒记录

消毒试剂名	浓度	数量	合计	消毒实施者	消毒日期	备注

附表4　库房温湿度记录

库房名	温度	湿度	记录者	记录日期	备注

附表5　果品质量安全记录

果品来源	果品数量	最大农药残留情况	重金属含量情况	记录人	记录日期	备注

附录四 猕猴桃果脯加工技术规程

(T/HNSKJX 009—2021)

1 范围

本标准规定了猕猴桃果脯的术语和定义、要求、加工工艺、操作要点、标志、标签、运输和贮存。

本标准适用于猕猴桃果脯的加工。

2 规范性引用文件

下列文件对于本文件的应用是必不可少的。凡是注日期的引用文件，仅所注日期的版本适用于本文件。凡是不注日期的引用文件，其最新版本（包括所有的修改单）适用于本文件。

GB/T 191 包装储运图示标志

GB/T 317 白砂糖

GB 2760 食品安全国家标准 食品添加剂使用标准

GB 2762 食品安全国家标准 食品中污染物限量

GB 2763 食品安全国家标准 食品中农药最大残留限量

GB 5749 生活饮用水卫生标准

GB 7718 食品安全国家标准 预包装食品标签通则

GB 8956 食品安全国家标准 蜜饯生产卫生规范

GB 14881 食品安全国家标准 食品生产通用卫生规范

GB 14884 食品安全国家标准 蜜饯

GB 15203 淀粉糖卫生标准

GB 28050 食品安全国家标准 预包装食品营养标签通则

3　术语和定义

下列术语和定义适用于本文件。

3.1　猕猴桃果脯

以猕猴桃为原料，经清洗、去皮、切分、护色、硬化、烫漂、糖渍、干燥等工艺制成的具有猕猴桃风味的产品。或以猕猴桃为原料，经清洗、去皮、切分、烫漂、硬化护色、糖渍、干燥等工艺制成的具有猕猴桃风味的产品。

4　要求

4.1　原辅料要求

4.1.1　原料

成熟度应控制在6～8成熟，符合GB 2762、GB 2763及其他食品标准和有关规定。

4.1.2　辅料

白砂糖应符合GB/T 317的规定，果葡糖浆应符合GB 15203的规定，其他辅料应符合相应的食品标准和有关规定。

4.1.3　加工用水

应符合GB 5749的规定。

4.1.4　食品添加剂

质量应符合相关食品安全标准规定，使用应符合GB 2760相关规定。

4.2　加工环境

应符合GB 8956和GB 14881的规定。

5　工艺流程

工艺流程分2种：

5.1　猕猴桃→清洗→去皮→切分→护色、硬化→漂洗→烫漂→糖渍→沥糖→干燥→冷却→包装。

5.2　猕猴桃→清洗→去皮→切分→烫漂→护色、硬化→漂洗→糖渍→沥糖→干燥→冷却→包装。

6 操作要点

6.1 清洗

用流动水冲洗,除去果皮表面沾染的尘土、泥沙、杂质等,沥干。

6.2 去皮与切分

采用机械去皮法,与猕猴桃接触的刀具为不锈钢。去除猕猴桃的皮、果蒂。将果肉切片,厚薄均匀,一般厚度为6~8mm。

6.3 护色、硬化

将果肉片放在低于200mg/kg的亚硫酸及盐类和其他添加剂的混合溶液中浸泡6~8h,其中添加剂符合GB 2760和其相应的食品标准及有关规定。

6.4 漂洗

用流水冲洗果肉片5~10min,除去表面的护色液和硬化剂,沥干。

6.5 烫漂

将果肉片放入沸水中0.5~1min至果肉软化,迅速用清水冲洗将果片冷却至室温。

6.6 糖渍

糖渍可以采用以下2种方法。

6.6.1 分段糖渍

一段糖渍:白砂糖与果葡糖浆的比例宜为(2~5):1、糖度为30~40°Brix的糖液进行糖渍,同时添加20~50mg/kg的亚硫酸及盐类和其他符合标准要求的添加剂,室温下糖渍24~48h。

二段糖渍:一段糖渍后,白砂糖与果葡糖浆的比例宜为(2~5):1、糖度为50~60°Brix的糖液进行糖渍,同时添加符合要求的添加剂,室温下糖渍24~48h。

6.6.2 真空糖渍

按要求将处理好的果片,白砂糖与果葡糖浆的比例宜为(2~5):1、糖度为50~60°Brix的糖液,添加20~50mg/kg的亚硫酸及盐类和其他符合标准要求的添加剂,按照真空使用说明进行真空糖渍。

6.7　沥糖

糖渍完成后，将猕猴桃果肉捞出，沥干表面的糖液。

6.8　干燥

6.8.1　传统热风干燥

将经过糖渍的果肉片采用分段烘干的方法进行烘烤。第一次烘干过程是保持烘炉温度80～85℃，时间为6～8h；第二次烘干过程是保持烘炉温度50～55℃，时间为24～36h。在实际操作中根据果脯水分含量为16%～20%的要求来进行时间调整。干燥好的果脯要求外部不黏手，捏起来有弹性。

6.8.2　新型的干燥方法

微波干燥、热泵干燥、真空冷冻干燥等新型干燥方式，根据果脯水分含量要求，按设备的操作要求进行即可。

6.9　冷却

将烘干后的果肉片放置在温度20～25℃的密闭环境中进行冷却回软，使产品水分内外平衡。产品符合GB 14884的规定要求。

6.10　包装

干燥后的果脯应尽快包装，防止吸潮。包装材料应符合GB 4806.1规定的要求。

7　标志、标签、运输和贮存

7.1　标志

应符合GB/T 191的规定。

7.2　标签

应符合GB 7718和GB 28050的规定。

7.3　运输、贮存

应符合GB 14881的规定。

附录五　猕猴桃果酒（发酵型）加工技术规程

（T/HNSKJX 008—2021）

1　范围

本标准规定了猕猴桃果酒（发酵型）的术语与定义、要求、加工工艺及操作要点、标签、包装、运输和贮存。

本标准适用于猕猴桃果酒（发酵型）的生产加工。

2　规范性引用文件

下列文件中的内容通过文中的规范性引用而构成本文件必不可少的条款。其中，注日期的引用文件，仅该日期对应的版本适用于本文件；不注日期的引用文件，其最新版本（包括所有的修改单）适用于本文件。

GB/T 191 包装储运图示标志

GB/T 317 白砂糖

GB 2758 食品安全国家标准　发酵酒及其配制酒

GB 2760 食品安全国家标准　食品添加剂使用标准

GB 2762 食品安全国家标准　食品中污染物限量

GB 2763 食品安全国家标准　食品中农药最大残留限量

GB 4806.5 食品安全国家标准　玻璃制品

GB 4806.7 食品安全国家标准　食品接触用塑料材料及制品

GB 5749 生活饮用水卫生标准

GB/T 6543 运输包装用单瓦楞纸箱和双瓦楞纸箱

GB 7718 食品安全国家标准　预包装食品标签通则

GB 12696 食品安全国家标准　发酵酒及其配制酒生产卫生规范

GB 14881 食品安全国家标准　食品生产通用卫生规范

GB 28050 食品安全国家标准　预包装食品营养标签通则

3 术语和定义

下列术语和定义适用于本文件。

3.1 猕猴桃果酒（发酵型）

以猕猴桃鲜果为原料，经清洗、破碎、酶解、前发酵、倒罐分离、后发酵、陈酿、澄清过滤、调配、灌装、杀菌或不杀菌的产品。

4 基本要求

4.1 原辅料要求

4.1.1 猕猴桃

选择成熟度达九成以上的果实，应无污染、无病果、无烂果；符合GB 2762、GB 2763及相应食品安全标准的规定。

4.1.2 加工用水

应符合GB 5749的规定。

4.1.3 白砂糖

应符合GB/T 317的规定。

4.1.4 食品添加剂

质量应符合相关食品安全标准规定，使用应符合GB 2760相关规定。

4.2 生产加工过程卫生要求

应符合GB 14881和GB 12696的规定。

4.3 生产设备

发酵罐、冷冻罐、热水罐、贮存罐、调配罐等生产设备、容器应采用食品级不锈钢材料。

5 加工工艺

猕猴桃→清洗→破碎（同时加入SO_2）→酶解→原料改良→主发酵→倒罐分离→后发酵→陈酿→澄清、过滤→杀菌、灌装

6 操作要点

6.1 清洗

用流动水冲洗,除去果皮表面沾染的尘土、泥沙、杂质等,沥干。

6.2 破碎

将清洗干净的猕猴桃放入打浆机中,加入符合GB 2760规定的亚硫酸及其盐类,控制SO_2含量为60~100mg/L,破碎打浆。

6.3 酶解

在猕猴桃果浆中加入0.09~0.15g/kg果胶酶(酶活5万U),搅拌,常温下酶解20~24h。

6.4 原料改良

根据不同类型猕猴桃果酒酿造所需糖量添加白砂糖,搅拌溶解;降低酸度可采用碳酸氢钾或具有分解苹果酸特性的酵母和乳酸菌。

6.5 主发酵

活性干酵母按产品说明书的接种量和接种方式进行活化,接种液与发酵液温差应小于10℃。将活化的酵母接种至猕猴桃果浆中,搅拌均匀。采用自动控温发酵罐,温度控制在20~25℃,定时监测温度、残糖量。

6.6 倒罐分离

经过主发酵,糖度降至10g/L以下,进行倒罐,分离酒脚。将发酵罐上层酒液泵入另一发酵罐中继续发酵,进入后发酵。

6.7 后发酵

将分离后的酒液装入贮酒罐,在18~22℃后发酵半个月至1个月,后发酵结束后进行倒罐。

6.8 陈酿

陈酿应在不锈钢罐或橡木桶中进行,温度宜控制在12~18℃,满罐放置,如果不能满罐,必须使用惰性气体隔绝氧气。应定期检查,防止原酒氧化和微生物繁殖。

6.9 澄清、过滤

采用适当的方法澄清、过滤。猕猴桃酒稳定性检测，包括氧稳定性、冷稳定性、热稳定性、蛋白稳定性、色素稳定性、微生物稳定性等。根据酒体情况进行下胶、冷冻、过滤等处理，处理过程中加工助剂使用之前应进行添加量的试验，处理过程中应注意防止氧化。

6.10 杀菌、灌装

灌装前对酒液感官、理化、安全性指标进行检测，确保符合产品执行标准和GB 2758标准要求，检验合格后进行除菌过滤、灌装。根据不同的产品类型可选择除菌过滤后杀菌或不杀菌。采用玻璃瓶、塑料瓶等容器灌装，包装容器应清洁、封装严密、无漏气、无胀漏现象，符合食品安全标准要求和有关规定。

7 标签、包装、运输和储存

7.1 标签

预包装产品标签应符合GB 7718的规定，营养标签应符合GB 28050的规定。

7.2 包装

产品包装材料必须无毒、无害、无异味、清洁卫生，内包装应符合GB 4806.5、GB 4806.7等规定要求；包装纸箱应符合GB/T 6543的规定。外包装储运图示标志应符合GB/T 191的规定。

7.3 运输、储存

运输设施应保持清洁卫生、无异味。应储存在清洁、干燥、避光、无异味的专用仓库。运输和储存应符合GB 14881的规定。

附录六　猕猴桃质量等级

（GB/T 40743—2021）

1　范围

本文件规定了猕猴桃鲜果的规格、等级、检验方法、判定规则、包装和标识。

本文件适用于中华猕猴桃原变种（*Actinidia chinensis* Planch. var. *chinensis*）和美味猕猴桃变种（*A. chinensis* Planch. var. *deliciosa*）品种果实的分级。

2　规范性引用文件

下列文件中的内容通过文中的规范性引用而构成本文件必不可少的条款。其中，注日期的引用文件，仅该日期对应的版本适用于本文件；不注日期的引用文件，其最新版本（包括所有的修改单）适用于本文件。

GB/T 191 包装储运图示标志

GB 5009.3 食品安全国家标准　食品中水分的测定

GB/T 30763 农产品质量分级导则

NY/T 1794 猕猴桃等级规格

NY/T 2637 水果和蔬菜可溶性固形物含量的测定　折射仪法

NY/T 5344.4 无公害食品　产品抽样规范　第4部分：水果

3　术语和定义

下列术语和定义适用于本文件。

3.1　品种典型特征

本品种果实达到采收成熟度时固有的形状、色泽和内质。

4　质量等级要求

4.1　基本要求

具有品种典型特征。采收时期果实可溶性固形物含量≥6.5%，干物质含量≥15%。

4.2　规格划分

根据自然生长状态下的猕猴桃品种果实平均单果重大小，分为小果型（S）和大果型（L）两种规格，其中小果型（S）≤70g，大果型（L）>70g。

4.3　等级划分

按照GB/T 30763规定的原则并参考NY/T 1794，将符合基本要求的猕猴桃鲜果分为特级、一级和二级，各等级指标应符合表1规定。

表1　等级指标要求

项目		等级		
		特级	一级	二级
感官指标	形变总面积（cm²）	无	≤1	≤2
	色变总面积（cm²）	无	≤1	≤2
	果实表面水渍印、泥土等污染总面积（cm²）	无	≤1	≤2
	轻微擦伤、已愈合的刺伤、疮疤等果面缺陷总面积（cm²）	无	≤1	≤2
	空心、木栓化或者果心褐变等果肉缺陷总面积（cm²）	无	≤1	≤2
单果重（g）	小果型（S）	≥75	60~75	40~60
	大果型（L）	≥90	75~90	50~75

注1：形变指果面不平整、存在缺陷。
注2：色变指果面有水渍印、泥土、污物及其他杂质。
注3：小果型（S）代表品种徐香、布鲁诺、猕宝、米良一号、华美1号、红阳、华优、魁蜜、金农、素香；大果型（L）代表品种海沃德、秦美、金魁、翠香、贵长、中猕2号、金艳、金桃、翠玉、早鲜。

5　检验方法

5.1　感官检验

将鲜果置于自然光下，果面感官指标主要采用目测法，果面和果肉缺陷可借助放大镜、水果刀、量具等进行。果面缺陷检验时，一个果实存在多种缺陷，只记录最主要的缺陷。不合格果率按照公式（1）计算，用百分数表示，精确到小数点后一位。

$$\beta = \frac{m_1}{m} \times 100\% \qquad\qquad （1）$$

式中，β——单项不合格果率（%）；

m_1——不合格果质量或果数（g或个）；

m——检验样本的总质量或总果数（g或个）。

5.2 单果重

用精度0.1g的电子秤分别测定单果重量。

5.3 可溶性固形物

按NY/T 2637的规定测定。

5.4 干物质含量

按照GB 5009.3中规定的方法进行水分含量（m_0）测量，干物质含量按照公式（2）计算，用百分数表示，精确到小数点后一位。

$$\alpha=1-m_0 \qquad\qquad (2)$$

式中，α——干物质含量（%）；

m_0——鲜果水分含量（%）。

6 检验规则

6.1 组批

同一产地、同一品种、同一成熟度、同一批采收、同一等级的产品作为一个检验批次。

6.2 抽样

6.2.1 果品的取样准备

果品取样要求及时，每批果品要单独取样。如果由于运输过程发生损坏，其损坏部分（包装盒、包装箱等）应与完整部分隔离，并进行单独取样。如果认为果品不均匀，除贸易双方另行磋商外，应当把正常部分单独分出来，并从每一批中取样鉴定。

抽检果品要从果品的不同位置和不同层次进行随机取样。

6.2.2 抽样量

按NY/T 5344.4的规定执行。

6.3 交收检验

每批产品交收前，生产单位都应进行交收检验，检验内容为4.1规定的所有项目。检验合格的产品方可交收。

6.4 判定规则

交收检验项目全部符合本文件相应要求的，判定该批产品符合等级规定。若检验结果中有一项不符合的，允许从该批产品中酌情增加应抽检数量20%进行复检不合格项一次，若复检仍不符合的，则判为该批产品不符合等级规定。

6.4.1 通用要求

各级果品容许度规定允许的不合格果，只能是邻级果，不允许隔级果。容许度的测定以检验全部抽检包装件的平均数计算。容许度规定的百分率一般以数量或重量计算。

6.4.2 产地验收及质量检验容许度

特级果允许有5%以下的果实不符合本等级规定的等级划分要求；一级果允许有10%以下的果实不符合本等级规定的等级划分要求；二级果允许有10%以下的果实不符合本等级规定的等级划分要求。

单个包装内最大果实与最小果实单果重差异按照NY/T 1794规定执行。

7 包装、标识

7.1 包装

果实应用适当保护的方式包装，包装内不得有异物；单个包装内的果实产地、品种、品质和等级相同；果实上的粘贴物除去时，既不能留下可见的胶水痕迹，也不能导致果皮缺陷；包装材料应洁净且不会对产品造成外部或内在的损伤，包装材料尤其是说明书和标识，其印刷和粘贴应使用无毒的墨水或胶水；特级和一级猕猴桃果实建议单层托盘包装，果实之间应隔开。

7.2 标识

应在各包装的同一侧外面，标明产品名称、品种、产品执行标号、等级、大小、生产单位和详细地址、产地及采收、包装日期等。要求字迹清晰、完整、准确。

储运图示标志应符合GB/T 191的规定。